大型泵站常见故障案例分析

尤林贤　连振荣　马士磊　钟惠钰　等编著

黄河水利出版社

· 郑州 ·

内 容 提 要

本书调研、总结、分析了水利行业大型泵站工程中主、辅设备的常见故障,包括主水泵、主电机、变压器、其他电气设备、辅助设备、闸门、拦污栅及启闭设备、管道及伸缩节、监控系统与视频监视系统等,共列举了 50 余例典型故障,按照主机系统、电气系统、辅机系统和控制系统 4 个章节编写。每个案例均详细地描述了故障现象,分析了故障原因,提出了处置措施,制定了防止类似故障再次发生的巩固措施,列明了故障发生涉及的法规依据,同时提出了故障案例给予管理者的启示。

对于大型泵站工程管理者而言,本书具有较高的参考价值和借鉴意义。本书可供水利行业从业人员、水工建筑物设计管理人员以及相关行业科技工作者阅读参考。

图书在版编目(CIP)数据

大型泵站常见故障案例分析/尤林贤等编著. —郑州:黄河水利出版社,2023.9
ISBN 978-7-5509-3728-4

Ⅰ.①大… Ⅱ.①尤… Ⅲ.①泵站-故障-案例
Ⅳ.①TV675

中国国家版本馆 CIP 数据核字(2023)第 172793 号

组稿编辑:田丽萍 电话:0371-66025553 E-mail:912810592@ qq. com

责任编辑	周 倩	责任校对	王单飞
封面设计	张心怡	责任监制	常红昕

出版发行 黄河水利出版社
地址:河南省郑州市顺河路 49 号 邮政编码:450003
网址:www.yrcp. com E-mail:hhslcbs@ 126. com
发行部电话:0371-66020550
承印单位 河南匠心印刷有限公司
开 本 787 mm×1 092 mm 1/16
印 张 16.25
字 数 380 千字
版次印次 2023 年 9 月第 1 版 2023 年 9 月第 1 次印刷
定 价 56.00 元

前　言

　　全书调研、总结、分析了水利行业大型泵站工程中主、辅设备的常见故障,包括主水泵、主电机、变压器、其他电气设备、辅助设备、闸门、拦污栅及启闭设备、管道及伸缩节、监控系统与视频监视系统等,累计50余例典型故障,按照主机系统、电气系统、辅机系统和控制系统4个章节编写。每个案例均详细地描述了故障现象,分析了故障原因,提出了处置措施,制定了防止类似故障再次发生的巩固措施,列明了故障发生涉及的法规依据,同时提出了故障案例给予管理者的启示。对于大型泵站工程管理者而言,本书具有较高的参考价值和借鉴意义。

　　本书在编写过程中,得到了各方面的大力支持,先后在江苏省、浙江省和上海市相关泵站管理单位进行了调研,各单位提供了相关资料,在此一并表示感谢! 本书由尤林贤、钟惠钰负责统稿,具体撰写人员及分工如下:第一章由迮振荣、马士磊、陈雨清、毛程阳、张慧峰、唐闻韬、宋峥执笔;第二章由迮振荣、马士磊、史益鲜、陈棨尧、胡书庭、吴茜执笔;第三章由孙建伟、沈冲、王新、鲜凡凡、施翔、龙俊、傅金、薛萍萍、梁加洲、羊森、宋峥、毛程阳执笔;第四章由马士磊、张石磊、张慧峰、徐子轩、陈棨尧、毛程阳、张方煜、吴茜执笔。

　　因主客观条件限制,本书编写中的疏漏之处在所难免,殷切希望得到读者的批评指正!

编　者

2023 年 6 月

目　　录

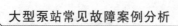

第一章 主机系统常见故障

案例一 主水泵填料漏水量异常、温度过高

一、系统结构与原理

水泵填料的作用是防止水从泵中流出,防止空气进入泵内,它由填料盒、填料、压盖、衬圈等组成。压盖用螺栓与泵体填料函部连接,密封是靠填料和轴(轴套)外圆表面及填料函内孔的接触来实现的。也就是说,靠填料变形后弥补缝隙来实现密封,因此可用调整压盖压紧程度的方法来保证密封的紧密性。常用填料材料有石棉盘根、聚四氟乙烯纤维盘根。润滑方式有压力油润滑、压力水润滑、自润滑。某站主水泵采用聚四氟乙烯纤维盘根作为填料密封材料,利用泵站抽送的介质自润滑(当运行工况发生变化时,也可采用外供润滑水给填料供水),外形结构如图1-1所示。

填料密封结构简单、更换方便,填料与轴或轴套直接摩擦,填料压得越紧,摩擦力就越大,泄漏量虽然可以减少,但填料与轴套表面的摩擦将迅速增大,严重时会发热冒烟,直至把填料烧毁;若压力过小,泄漏量又会增大。因此,填料压盖的压力必须适当,应使液体通过填料与轴套的间隙,逐渐降低压力并生成一层水膜,用以增加润滑,减小填料与轴套之间的摩擦力,并进行冷却。一般要求泄漏量以每分钟30~60滴为宜。使用填料密封,如要求一滴不漏是无法实现的。如果要求严格不漏,就不能采用填料密封。

二、故障现象

某次执行调水运行任务过程中,2#机组起动后,值班运行人员发现主水泵填料处有异味,使用红外热成像仪测量填料压盖温度达77.5 ℃;某次执行调水运行任务过程中,值班运行人员巡视到3#主水泵填料处发现大量水从填料压盖处流出,水泵外壳有大量积水。

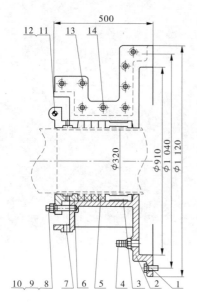

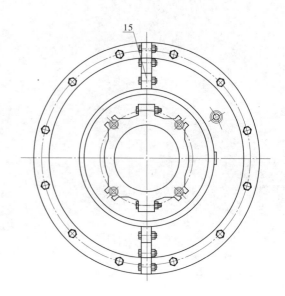

1、13—螺栓;2—填料盒座;3—衬圈;4—胶管接头 G1;5—填料;6—填料压盖;7—管堵;8—螺柱;

9、12—螺母;10—垫圈;11、14—螺钉;15—密封垫。

图 1-1　水泵填料外形结构　(单位:mm)

三、故障原因

(一)水泵填料大量出水的常见原因

(1)填料供水流量、压力过大。

(2)填料压盖过松使泵内水泄漏。

(3)填料异常磨损失效。

(二)填料发热的常见原因

(1)填料供水不足,供水流量不符合要求。

(2)安装时填料压盖压得过紧,使填料与泵轴摩擦力过大。

(3)填料安装制作工艺有瑕疵。

四、故障危害

(一)填料水量异常

水泵外壳有大量积水,影响相邻设备运行安全。随着渗水量增加,大量空气进入水泵内部,使水泵内部产生汽蚀现象。泵站发生汽蚀时,水泵的工作性能急转直下,严重时,甚至不能工作,主要原因是局部液气混合流体密度减小,叶轮对流体做功受到破坏和干扰。发生汽蚀时,气泡在压力较高处连续不断地溃灭,产生强烈的水力冲击,使得泵体产生振动和噪声。泵的机械过流部件表面损坏,叶轮表面呈现蜂窝状或海绵状。如果液体汽化时放出的气体有腐蚀作用,还会产生一定的化学腐蚀破坏。

(二)填料温度过高

压盖对盘根紧力过大时,泄漏量虽然减少了,但盘根与轴套表面的摩擦将迅速增大,填料与泵轴之间无法形成水膜润滑,热量聚集无法带走,严重时会发热冒烟,直至把盘根轴套烧毁。

五、故障处置

(一)不停机检修

(1)调整润滑水系统压力流量:打开润滑水控制柜,设置电压力表起动数值,将上限设定为 0.15 MPa,观察填料出水量,如漏水量没有变化,可调整填料进水管控制阀,直至水量正常。

(2)紧固填料压盖:对角紧固填料压盖螺栓,每次紧固螺栓 2~3 个牙距,观察填料泄漏水量,以每分钟 30~60 滴为宜。

(二)停机检修

1. 填料解体

(1)关闭对应机组填料润滑水截止阀。

(2)拆除防护围栏连接螺栓。

(3)拆除填料润滑水供水、回水管路。

(4)填料底座上方分别装设一组手动葫芦,安装吊具。

(5)拆除填料压盖连接螺栓。

(6)取出第一层填料。

(7)拆除填料底座,并吊离。

(8)取出衬套、底层填料。

2. 填料安装

(1)清理加工面锈蚀、污垢及油脂。

(2)制作聚四氟乙烯纤维盘根 2 根并涂上润滑油脂。

(3)用青稞纸制作填料底座垫圈 2 套,并在底部涂上密封胶,安装底座,并调整水平。

(4)安装底层填料、衬套、上层填料。

(5)安装填料压盖,调整压盖螺栓。

(6)安装供油管路、闸阀。

3. 质量控制

(1)新装填料必须进行注水试验,根据溢出水量调整填料压盖两侧螺栓的松紧程度。

(2)填料四周间隙均匀,出水量一致,以每分钟 30~60 滴为宜。

六、巩固措施

为防止类似故障再次出现,运行人员采取了以下几点巩固措施:

(1)定期更换填料函。

盘根填料与轴直接接触,且相对转动,造成轴与填料函的磨损,所以必须定期更换填料函。

(2)定期检查维护。

在非运行期,可通过开启润滑水机组,打开填料控制阀,观察填料渗漏水量,来判断填料密封是否正常;定期检查润滑水控制柜,清理润滑水管路,管路应畅通无堵塞。

七、相关法规依据

依据《泵站技术管理规程》(GB/T 30948—2021),需要注意以下几点:

(1)投入运行前,应对主水泵进行检查并符合其运行条件。主要检查内容和要求如下:

①填料函处填料压紧程度正常。

②技术供水正常。

③润滑油油位、油色正常。

④安全防护设施完好。

⑤离心泵宜盘车检查,水泵转动应灵活,无异常声音。

(2)润滑和冷却用油应符合水泵生产厂家的规定。

(3)水源含沙率超过7%时,不宜进行。

(4)运行期间应定期巡视检查。不同类型的泵站,根据实际情况确定水泵运行中的检查内容如下:

①填料函处滴水情况正常,无偏磨、过热现象。

②技术供水水压及示流信号正常。

③润滑和冷却用油油位、油色、油温及轴承温度正常。

④振动、声音正常。

案例二　主水泵推力轴承漏油

一、系统结构与原理

某大型泵站工程配置单泵流量 50 m³/s 轴伸泵 6 台,配套 1 600 kW 异步电动机 6 台,总装机容量 9 600 kW,设计总流量为 300 m³/s。主水泵采用 4100ZXB50-1.8 型半调节斜式轴流泵,为 15°斜式结构,壳体与结构相对于水平方向轴心都成 15°,抽出的水经 15°壳体,通过出水管沿水平方向排出。通过斜式高速电机再通过齿轮箱驱动水泵,进口流道为肘形管,出水流道为平直管。叶轮外壳、导叶体、15°弯管、出水直管沿轴向分半,水泵水导轴承承受水泵转子重量;泵运转时径向力由导体内的水泵轴承及在推力轴承箱内的径向轴承承受,采用进口 SKF 轴承,通过齿轮油循环润滑。主水泵系统结构如图 1-2 所示。

二、故障现象

某日,工作人员在机组运行检查时发现,主水泵层地面出现大量油迹。通过进一步详细检查发现,1#~6#主水泵推力轴承在运行时均出现不同程度的甩油和漏油,甩油部位为轴承盒与推力头之间的连接处。水泵及轴承润滑系统不工作时无甩油、漏油现象。

三、故障原因分析

造成主水泵轴承漏油的原因有很多,水利工程中常见的原因主要包括以下几点:

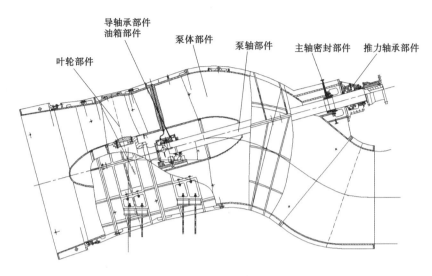

图 1-2　主水泵系统结构

（1）油压调节不到位。

本案例推力轴承采用齿轮油循环润滑方式，通过油泵将润滑油从油箱吸油后输送到轴承箱内，然后从回油口返回油箱，设计油压 0.05 MPa，油量 0.3 L/s。如油压过高、进油量过大，可导致回油速度低于进油速度，使油室油量过多而产生漏油。

（2）回油管堵塞引起回油不畅。

当回油管路有异物或杂质引起堵塞时，进入轴承盒内的润滑油无法正常回流至循环油箱，致使油位抬高至充满轴承盒，从而导致漏油。本案例中循环润滑系统在回油管至油箱处设置了滤油器，如滤芯因异物或杂质堵塞，可引起回油不畅而产生漏油。

（3）轴承组合面密封失效。

本案例推力轴承体及轴瓦均为轴向分半结构，接合面采用弹性密封材料密封。如接合面密封材料损坏或缺失，可导致接合面存在间隙，不能完全隔油而漏油。推力轴承结构如图 1-3 所示。

（4）轴封与轴承接触面磨损使间隙过大。

本案例推力轴承采用骨架油封，泵轴与骨架油封接触处堆焊 3Cr13 硬质合金，表面硬度达到 HRC50 以上。如轴封唇口润滑不良或润滑油含有杂质，可引起轴封唇口与轴承产生干摩擦，致使接触面间隙过大而产生漏油。

（5）设计、制造及安装方面的原因。

实际尺寸与设计尺寸不符或安装工艺不到位，连接部位存在间隙，导致润滑油通过连接缝隙处向外渗出。

四、故障危害

主水泵推力轴承是承受水泵运转时产生径向力的主要部件，如果轴承漏油，可导致轴承箱内油量减少，从而影响轴承润滑和冷却效果，容易造成轴承温度急剧升高甚至烧毁，

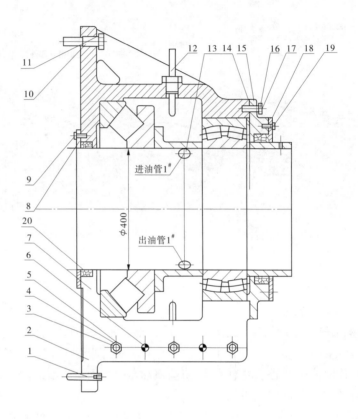

1—销;2—轴承盒;3、9、10、16—螺栓;4—螺母;5、11、17—垫圈;6—销;7—垫片;8—压板(Ⅰ);
12—P1100铂电阻;13—管堵;14—纸垫;15—轴承压盖;
18—压板(Ⅱ);19、20—油封;21—油管。

图1-3　推力轴承结构

直接导致主水泵无法正常运转。此外,本案例轴承用油采用外部油泵循环供油方式,长时间漏油可能导致油箱缺油,使循环油泵空转而损坏。再者,轴承箱漏出的油使地面油迹斑斑,并通过地面直接流入基坑廊道,易使现场工作人员在巡视检查时滑倒,造成意外伤害事故,存在一定安全隐患。

五、故障处置

根据现场检查及原因分析,为彻底消除本故障,运行人员按照下述步骤进行了检查处理。

(一)油压及管路检查处理

(1)检查 1# ~6# 循环油泵进油压力表是否正常。本案例中,油压表正常情况下应保持在约 0.05 MPa,经过运行人员检查发现,2# 油泵油压表保持在 0.04 MPa,调整油泵阀组加大进油压力后指针仍未变化,判断为2#压力表故障。更换新压力表后,指针显示2#压力表数字为2.1 MPa,明显高于设计压力,通过调整油泵压力至0.05 MPa后,2#轴承漏油现象基本消除。

(2)检查1#~6#循环油泵回油是否正常。打开循环油泵油箱盖,观察回油情况后发现,2#~5#回油量基本在0.25~0.3 L/s,符合设计要求,1#回油量为0.1 L/s,明显小于其他油泵回油量,初步判断为回油管滤芯堵塞。拆开1#回油管滤芯后发现,滤网表面覆盖铁屑等杂物,轴承箱润滑油无法正常回流,导致油箱内油位升高而漏油。工作人员将滤芯进行了清洗,再次运行后回油正常,1#轴承漏油现象基本消除。

(二)组合面密封检查处理

检查轴承箱组合面密封材料是否完好。拆开轴承箱上端,经检查发现,组合面弹性密封材料均完好,无老化或弹性性能失效等现象,判断本案例轴承漏油与组合面密封失效无关。为进一步验证漏油原因与组合面密封材料无关,工作人员将组合面密封材料全部进行了更换,再次运行后发现3#~6#轴承箱漏油现象仍然存在。

(三)轴封检查处理

检查轴封是否完好。拆开推力轴承轴封后发现,所有3#~6#骨架油封唇口均出现不同程度的磨损。本案例轴封为骨架油封,材料为胶结材料,将所有骨架油封进行了拆除更新,再次运行后发现3#、4#及6#轴承漏油现象基本消除。对5#轴承进行了进一步检查,发现该轴承下方骨架油封位置,因为堆焊,有轻微磨损。经与设计单位沟通,现场对该处轴承进行了抛光处理,并根据原设计参数重新制作了轴瓦,再次运行后无漏油现象。

六、巩固措施

为防止类似故障再次出现,制定以下巩固措施:

(1)清洗油路、更换润滑油。

将进出油管路及轴承油箱全部进行冲洗,更换滤芯及润滑油,保障油路畅通,确保系统运行正常。

(2)定期维护。

制定定期检查维护制度,每月开展润滑油系统试运行,检查油质、油量是否异常,如发现问题及时处理;每年汛前开展压力表及油质检测,如不符合要求及时更换;每年汛前汛后清洗滤芯,每两年更新一次。

七、相关法规依据

依据《泵站技术管理规程》(GB/T 30948—2021),需要注意以下几点:

(1)压力容器、起重设备等特种设备应按相关规定进行定期检测。未按规定进行检测或检测不合格的,不应投入运行。

(2)投入运行前,应对主水泵进行检查并符合其运行条件。主要检查内容和要求包括润滑油油位、油色正常。

(3)润滑和冷却用油应符合设备制造厂的规定。

（4）运行期间应定期巡视检查。对于不同类型的泵站，根据实际情况确定水泵运行中的检查内容及要求。主要检查内容及要求包括润滑和冷却用油油位、油色、油温及轴承温度，应正常。

（5）压力油系统和润滑系统应符合下列要求：

①油质、油温、油压、油量等符合要求，并定期检查。

②定期清洗压力油系统中的设备，保持油管畅通和密封良好，无渗漏油现象。

③油压管路上的阀件密封严密，在所有阀门全部关闭的情况下，液压装置、储气罐在额定压力下 8 h 内压力下降值不超过 0.15 MPa。

八、案例启示

本案例泵站工程建成于 2003 年 1 月，受多种条件限制，该泵站的运行次数和时间很少，仅仅每月开展试运行或当下游出现水污染时紧急开泵供水。但类似于本案例泵站的诸多水利工程，在建成后运行发挥效益的机会不多，仅按管理需要开展定期试运行，但类似轴承漏油等故障如不能及时发现，将直接影响工程安全运行甚至无法确保紧急情况下正常运行，严重妨碍工程效益的发挥。对于这类工程，工程管理者要更加重视巡查检查与维修养护工作，消除运行时的安全隐患。

案例三　主水泵叶轮部位异响、振动异常

一、水泵叶轮结构

叶轮是水泵的核心部件，是工作效率的主要影响因素，它的运行状况与水泵的运行状况息息相关。水泵叶轮上的叶片起主要作用，水泵叶轮的形状和尺寸与水泵性能有密切关系。水泵叶轮一般可分为单吸式和双吸式两种：单吸式叶轮为单边吸水，小流量水泵叶轮多为此种型式；双吸式叶轮为两边吸水，大流量水泵叶轮均采用此种型式。

水泵叶轮材料要有足够的机械强度，并有一定的耐磨性、耐腐蚀性。根据输送介质的要求，目前通常采用铸铁、铸钢、不锈钢叶轮，例如油泵产品输送易燃易爆油类均采用青铜材料的叶轮。水泵叶轮的作用是把原动机输入的能量传递给液体。水泵叶轮结构如图 1-4 所示。

目前，水泵叶轮的基本类型有流道式（单流道、双流道）、叶片式（闭式、开式）、螺旋离心式、旋流式四种。水泵叶轮主要有三种结构型式：有前后盖板的称为闭式叶轮；仅有后盖板的称为半开式叶轮；无前后盖板的称为开式叶轮。另外，叶片的结构型式也可分为圆柱形叶片和扭曲叶片两种。一般闭式水泵叶轮有 2~12 个后弯式叶片，具有较高的运行效率，如前述的单吸式、双吸式离心泵就采用了这种叶轮。其中，单级单吸式离心泵叶轮由于具有轴向力，有的在叶片的根部开有平衡孔。半开式与开式叶轮叶片数较少，一般为2~5 片，大多用于抽送浆粒状液体或污水，如污水泵的叶轮。在排污领域，为了保证输送含有固体颗粒、纤维等缠绕物的介质时无堵塞，常采用流道式叶轮。

（一）流道式叶轮

流道式叶轮从入口到出口是一个弯曲的流道，该类型的叶轮适用于输送含有大颗粒

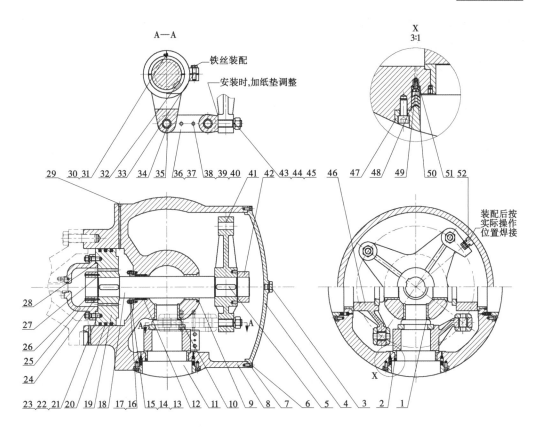

1、2—轴承;3—管堵;4—下盖;5、32—键;6、9、26、31、50—螺钉;7、28—O形密封圈;8—转子体;10—卡环;
11—叶片;12—V形组合密封圈;13、21—螺柱;14、17、22、40、44—垫圈;15、23、24、39、42、45—螺母;16—压板;
18—拉杆;19—活塞;20—活塞环;21—螺柱;25—盖;27—垫片;29—丝堵;30—定位片;
33—螺栓;34—销轴套;35—销轴;36、37—连杆;38—螺杆;41—操作架;43—耳柄;
46—拐臂;47—压环;48—V形密封;49—垫环;51—弹簧;52—导滑组件。

图 1-4　水泵叶轮结构

杂质或者是长纤维的液体。这个类型的叶轮具有优良的抗堵塞性能,它的弊端在于抗汽蚀性能弱于其他形式的叶轮。

(二)叶片式叶轮

叶片式叶轮中的半开式、开式叶轮铸造方便,并且容易维护清理输送过程中堵塞的杂质。但是它的弊端在于运输过程中固体颗粒磨蚀下压水室内壁与叶片之间的间隙加大,降低了水泵的运行效率,并且间隙的增大使得流道中液体流态的稳定性受到破坏,使泵产生振动,因此该种型式叶轮不易于输送含大颗粒和长纤维的介质。封闭式的叶轮运行效率高,能长时间平稳地运行,泵的轴向推力较小,但是封闭式的叶轮易被缠绕,不宜输送含有大颗粒或者含有长纤维的污水介质。

(三)螺旋离心式叶轮

螺旋离心式叶轮的叶片为扭曲式的,在锥形轮毂体上从吸入口沿轴向延伸。输送的液体流经叶片时不会撞击泵内任何部位,因此对水泵没有什么损伤,同时对输送的液体也没什么破坏性,由于螺旋的推进作用,悬浮颗粒的通过性强,所以采用该型式叶轮的泵适宜于输送含有大颗粒和长纤维的介质。

(四) 旋流式叶轮

旋流式叶轮的叶片全部或者部分被缩离到压水室流道,具有良好的抗堵塞性能。颗粒在压水室内靠叶轮旋转产生的涡流的推动作用而运动,悬浮颗粒运动本身不产生能量,流道内和液体交换能量。在流动过程中,悬浮颗粒或长纤维介质不与磨损叶片接触,叶片磨损的情况较轻,不存在间隙因磨蚀而加大的情况,适合于输送含有大颗粒和长纤维的介质。

二、故障现象

某工程在实际运行中水泵频繁起动且运行周期长,发现水泵叶轮周边的液体压力已经较高,有一部分会渗到叶轮后盖板后侧,而叶轮前侧液体入口处为低压,因而产生了将叶轮推向泵渗透口一侧的轴向推力。轴向推力过大引起叶轮与泵壳接触处的磨损,加之工作环境的恶劣与长周期的频繁使用,动力较强,还会产生较大幅度的异常振动,造成轴承频繁损坏,维修费用较高。

三、故障原因

造成主水泵叶轮部位异响、振动异常的原因有很多,常见的原因主要包括以下几点:

(1)水泵内腔空间较小,造成划痕的原因是冷却水中含有硬性杂质,如机体或泵体清砂不彻底,安装在车辆上的管路焊接件及管路内壁清理不净等,经阶段性高温运行,硬性杂物脱落于循环水中,卡在泵体和叶轮端面或径面,造成部分叶轮端面和叶轮外径有较为明显的不属于加工所形成的摩擦划痕,使叶轮受阻而造成松动。

(2)由于叶轮端面和径面与泵体间隙较小,在冬天冷冻,或忽视放水,或放水不净等结冰后,叶轮受阻松动造成空转,产生异响或异常振动。

(3)水泵组各部螺栓松动,尤其是水泵座固定螺栓、输水管连接螺栓松动造成水泵工作时振动加剧,并导致水泵叶轮边缘与泵壳接触摩擦,进一步加大振动,甚至使叶轮和泵壳损坏;此外,安装中水泥砂石基础尺寸较小,水泥强度等级低,水泥与砂石比过小,捣固与养护不足等,都造成基础不牢固,引起泵组工作时振动。

(4)由于润滑不充分,水泵起动中产生抖动,产生异响或异常振动。

(5)轴承磨损严重或加工安装等位置不当使叶轮传动轴下沉,加之运转中水的推力作用,使叶轮与导流壳的下边碰撞摩擦。尤其是半封闭式叶轮,水流通道小,更易引起叶轮与导流壳碰撞摩擦而引起振动。严重下沉将使叶轮与导流壳卡死而无法工作。

(6)电机技术状态差引起振动。

四、故障处置

为消除故障,针对不同原因,按照下述步骤进行处理。

(一) 改造叶轮平衡孔

首先根据叶轮口环和泵体口环间隙面积计算出 5 个平衡孔的平均面积,然后计算出平衡孔的直径。主要参数有以下 4 个:叶轮口环外径($D = 200.80$ mm)、泵体口环内径($D_1 = 202.16$ mm)、叶轮平衡孔内径(d)、平衡孔数量(5 个)。

(1)计算口环间隙面积:

$$S = \frac{\pi D_1^2}{4} - \frac{\pi D^2}{4} = \frac{3.14 \times 202.16^2}{4} - \frac{3.14 \times 200.80^2}{4} = 430.2(\text{mm}^2)$$

(2)计算平衡孔直径 d。

由 $S = \frac{5\pi}{4}d^2$ 得 $d = \sqrt{\frac{4S}{5\pi}}$,代入数值后计算得 $d = 10.5$ mm。

(3)调整轴承窜量为 0.08 mm。

(二)消除安装误差

对于安装不当引发的振动,在泵组安装前,严格检查水泵轴、传动轴、电动机轴有无变形。若有变形必须校直后再安装。安装前要检查传动皮带轮在轴上的转动摆差,即上下跳动量和左右摆差量都不得过大,摆差量不得超过 1.7 mm,应控制在 1 mm 左右为宜。水泵轴、传动轴、电动机轴的中心线(轴线)必须调整到同一直线上重合。

(三)提高叶轮的预紧力和抗冲击力

虽然通过强化试验,叶轮没有松动,但考虑到实际使用情况,应留有一定的安全裕度,采取过盈配合端面双向四面劈口固定方式,提高叶轮转矩力。做好工序控制,如泵体、机体、管路部件的清理,并在使用说明书上增加如新机器使用时应勤换冷却水、注意防冻和放水时应放净等内容,以使冷却水中硬性杂质及时排掉,避免卡划叶轮造成松动。叶轮中心搭子周边壁厚由于空间限制而较薄,所承受的预紧力比较小,造成叶轮运动时抗冲击力减小,为不影响流量和整机要求,将叶轮中心搭子盘体增加 5°~6°的拔模斜度,以增加叶轮孔在搭子周边的壁厚,尽量提高叶轮的预紧力和抗冲击力。

(四)规范施工要求

对于水泵松动导致的异响和振动,在泵组安装前,打基础时,一定要按规范要求的尺寸和质量标准施工,不得随意缩小基础尺寸,或降低水泥强度等级,或减小水泥比例。施工中严格按程序和规程操作,以确保基础坚固和稳定。安装中和作业前都要认真紧固各种连接的螺栓,易松动的部位要用双螺母或锁片锁牢,螺母的垫圈必须用有防松措施的弹簧垫圈,不得用平垫或旧弹簧垫代用,这种严格的防松措施是与其他连接防松措施的根本区别,不得马虎。

(五)充分润滑轴承

润滑不充分会导致起动中产生抖动。在深井水泵起动前必须特别注意,要加足预润水,并确定在预润水流进泵轴各橡胶轴承后再起动,不能注水后立即起动,以防止有的(下部)橡胶轴承没得到充分润滑而抖动;同时,在整个起动过程中,要不间断地向注水管中注入预润水,直到水泵出水后才能停止。

(六)调整叶轮间隙

对于叶轮与导流壳碰撞摩擦产生的振动,需要调整导流壳与叶轮间的轴向间隙。将间隙增大,便可消除碰撞。但该间隙也不得过大,若此间隙过大,水的回流损失加大,水泵的抽水效率下降。

水泵停机后,用手扳动动力盘,如果感觉转动阻力很大,但仍能转动,此时说明水泵叶轮与导流壳下边有接触和摩擦,其配合间隙已消失,应当重新调大间隙;如果用手转动动力盘,转动灵活自如,则说明没有碰撞和卡阻,但可能间隙较大。调整间隙时,首先松开调整螺母,使传动轴和叶轮自动下沉,叶轮与导流壳接触。此时刻记下泵轴的高度位置。然后上提泵轴,使水泵叶轮上缘与导流壳上边缘接触后再刻记下泵轴的高度位置。两次测得的泵轴高度差值应在(15±2)mm。如果差值不在此范围内,则说明连接水管的螺栓松动,应拧紧恢复到正常值范围内。最后将泵轴的高度确定在该正常的活动差值中间偏上的位置,固定并锁紧调整螺母,再用锁片锁牢。这时叶轮在导流壳内的位置高度适宜,既无碰撞摩擦振动,也不会因间隙过大而使回流损失增加。

(七)消除电机振动

对于电机技术状态差引起的振动,首先要修复电动机转子,消除因动平衡失衡引起的跳动。检查电动机轴承间隙,必要时更换新轴承。定时向轴承内注油,注油量不宜过多,应为油腔的 50%~66%,以免黄油过多溢出引起电机发热的弊端。

五、巩固措施

为防止类似故障再次出现,运行人员采取了以下几点巩固措施。

(一)操作运行

严格执行操作规程,杜绝违章操作和野蛮操作。做好工序控制,如泵体、机体、管路部件的清理,并在使用说明书上增加对新机器使用时应勤更换冷却水、注意防冻和放水应放净等内容,以使冷却水中硬性杂质及时排掉,避免卡划叶轮造成松动。一般不做快速大幅度调整,保证流量变化平缓。

(二)检查养护

做好状态监测,保证离心泵的润滑良好,定期清理泵入口过滤器,加强易损件的维护,发现问题及时分析处理。

六、相关法规依据

依据《泵站技术管理规程》(GB/T 30948—2021),需要注意以下几点:

(1)设备起动、运行过程中应监视设备的电气参数、温度、声音、振动以及摆度等情况。

(2)投入运行前应对主水泵进行检查并符合其运行条件。主要检查内容和要求如下:

①填料函处填料压紧程度正常。

②技术供水正常。

③润滑油油位、油色正常。

④安全防护设施完好。

（3）润滑和冷却用油应符合设备制造厂的规定。

（4）水源含沙率超过 50 kg/m³ 时,不宜运行。

（5）全调节水泵的调节机构应灵活可靠,无卡滞、渗漏油现象,温度、声音正常,叶片角度指示正确。

（6）运行中应采取措施防止杂物进入泵内。

（7）水泵的汽蚀、振动、摆度和噪声应在允许范围内。

（8）运行期间应定期巡视检查。不同类型的泵站,根据实际情况确定水泵运行中的检查内容及要求。主要检查内容及要求如下:

①填料函处滴水情况正常 ,无偏磨、过热现象。

②技术供水水压及示流信号正常。

③润滑和冷却用油油位、油色、油温及轴承温度正常。

④振动、摆度和噪声正常。

七、案例启示

本案例中的工程通过检查研究水泵异响及异常振动发现问题,通过对水泵叶轮平衡孔的扩大改造,实现了水泵的长周期运行,由原来的每月维修两台次延长至每年维修两台次。由此可见,水泵叶轮平衡孔扩大可以降低由于轴向推力过大造成的轴承频繁损坏的频率,减少设备维修费用,节省人力物力,保证持续运行时间。

诸如此类,在工程运行中发现一个问题,需要以小见大地去深挖背后的原因,找到解决方案,保障工程安全可靠运行,甚至产生一定的经济效益。对广大的水利工程管理者而言,这种探究精神是值得学习的。

案例四　主水泵叶片破损开裂

一、系统结构

叶轮由若干旋转叶片构成,是水泵的供能装置,其主要作用是把机械能通过离心力的作用传递给液体,以提高液体的静压能和动压能,并实现液体的提升和排出。所以,叶轮是水泵的重要构件,构成叶轮的叶片也非常重要,要具有足够的机械强度、耐磨耐蚀性能。

二、故障现象

某站某次运行过程中,运行人员发现机组有异常声响,立即停机。为查找原因,进行了运行检测和停泵后进入壳体的水泵设备内部检查。设备检测分两种形式:一种是逐台对运行中的水泵机组各部位进行振动和噪声检测;另一种是逐台进入水泵内部进行叶轮等部件的检测。检测情况如表 1-1、表 1-2 所示。

表 1-1　机组振动和运行噪声检测情况

检测项目和内容		2# 机组	4# 机组	6# 机组
振动及平衡检测	水泵振动烈度	1.595 5	1.494 4	0.977 3
	水泵振动烈度级别	1.8	1.8	1.12
	水泵振动级别	B	B	B
	电机振动位移均方根	31.707	23.336	23.169
	电机振动烈度级别	B	B	B
噪声监测	水泵声压级	95.22 dB	88.93 dB	87.74 dB
	电机声压级	93.18 dB	92.93 dB	93.55 dB
	噪声级别	D	B	B
评定	水泵振动噪声	振动大、噪声大	振动大、噪声较小	振动稍大、噪声较小
	电动机振动噪声	相对大	噪声大、振动良	相对大

表 1-2　水泵内部检测情况

检测项目	2# 机组	4# 机组	6# 机组
叶轮室	无明显锈蚀、磨损	无明显锈蚀、磨损	无明显锈蚀、磨损
叶轮叶片	进水边有多条裂纹,有贯穿性裂纹,叶片与轮毂连接螺栓及铅封松动脱落	进出水边有多条裂纹,出水严重,且有贯穿性裂纹,大面积斑驳锈蚀,叶片轮毂处锈蚀严重	进出水边有轻微裂纹,叶片表面散布斑驳锈蚀,叶片轮毂处锈蚀严重,铅封脱落
叶片汽蚀	无	无	无
叶片间隙	未测	符合要求	符合要求
导叶体	大面积点状、片状锈蚀,进水边尤其严重	大面积点状、片状锈蚀,进水边尤其严重	大面积点状、片状锈蚀,进水边尤其严重
主轴	锈蚀情况严重,润滑良好,无明显弯曲	锈蚀情况严重,润滑良好,无明显弯曲	锈蚀情况严重,润滑良好,无明显弯曲
轴封及填料函	轻微漏水、锈蚀严重	轻微漏水、锈蚀严重	漏水严重、锈蚀严重
水导轴承	无明显锈蚀,污泥较多,润滑良好	无明显锈蚀,污泥较多,润滑良好	无明显锈蚀,污泥较多,润滑良好
水泵壳体密封	密封紧密,无渗漏	密封紧密,无渗漏	密封紧密,无渗漏
底座	连接完好,无明显锈蚀	连接完好,无明显锈蚀	连接完好,无明显锈蚀

本案例主要针对叶轮叶片问题展开故障分析,并讨论故障处理方式,以杜绝同类事故的再次发生。

三、故障原因分析

造成水泵叶片破损开裂的原因很多,主要包括以下几点。

(一)设备方面

循环水泵叶片制造质量不佳、安装及检修工艺差,导致叶片断裂。

(二)运行管理方面

水泵超工况运行,低水位运行累计时间过长,引起水泵入口水流不稳定;叶片角度安放不合理,负荷不均匀而改变叶片的受力情况,引起叶片损坏;流道进水口淤积严重,边孔流态差,或有硬物进入流道。

(三)制造缺陷

叶片制造中存在较多的铸造气孔,导致运行中从气孔处很快产生了疲劳裂纹,最终因疲劳裂纹扩展造成了断裂失效。

(四)运行环境

水中铜离子的强氧化作用和叶片材料中磷含量偏高,共同导致了水泵叶片晶间腐蚀断裂的发生。

(五)塑性压缩变形

具有一定冲击动能的砂粒以不同角度冲击泵壳及叶片表面,金属首先在撞击点发生弹性变形,接触面中心应力最大,继而开始进入塑性流动状态。随着砂粒动能的消耗,砂粒的动能逐渐转化为金属塑性变形功,速度减慢直至砂粒停止运动,且塑性变形区进一步扩大。此后,金属表面弹性变形部分将恢复,而塑性变形将继续保留,形成冲击凹坑,在凹坑边缘有塑性变形中挤出的金属堆积物。

(六)微切削和断裂

在砂粒的不断冲击下,反复形成塑性冲击坑,这些堆积物因重新受挤压变形和位移而从金属表面剥落。同时,在较小的砂粒冲击角下,凸起的堆积物受剪切折断,形成金属显微屑片,宏观表征为过流表面出现鱼鳞状规则小凹坑,并有蜂窝状麻点产生,如图1-5所示。

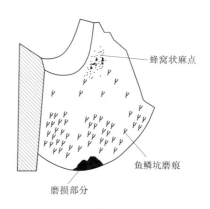

图1-5　砂粒冲击后的叶片表面

四、故障处置

为彻底消除本故障,运行人员按照下述步骤对叶轮叶片部位进行拆卸,开展检测与修复工作。

(一)2#机组检测与修复

2#机组全部叶片拆卸后,经抛光除锈,于2018年12月20日进行了着色渗透探伤,发现叶片表面有细微裂纹。鉴于该情况,决定采用超声波或X光射线探伤再次进行探伤,以判别叶片内部缺陷。

2018年12月24日,对叶片进行X光射线探伤,但发现叶片太厚,射线无法穿透,不能显现内部结构。之后又联系几家厂家,均因叶片厚度无法进行X光射线探伤。

2018 年 12 月 25 日,某检测有限公司工作人员携带超声波探伤设备,依据《汽轮机铸钢件超声波探伤及质量分级方法》(JB/T 9630.2—1999) 分别对 2# 机组 3 个叶片进行探伤,如图 1-6 所示。

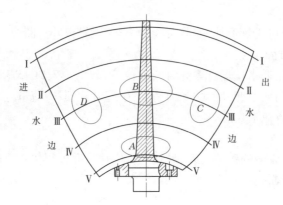

图 1-6　叶片探伤区域

分别对叶片根部 A 区域、叶片中部进水边侧 D 区域、中间部位 B 区域、出水边侧 C 区域(叶片外缘比较薄,无法探测)进行超声波检测,结果发现:

(1)叶片根部 A 区域发现 70 mm 深不规则的缺陷。

(2)叶片中部中间部位 B 区域比较厚的位置也存在不同程度的缺陷。

(3)叶片中部进水边侧 D 区域、出水边侧 C 区域比较薄的部位基本情况良好。

2019 年 1 月 7 日,业主授权某水工质量检测中心为第三方检测单位,再次对 2# 机组叶轮部件 3 个叶片进行了超声波探伤。从探伤结果看,1# 叶片比较严重,叶片中间部位存在大面积的铸造缩松等缺陷;2#、3# 叶片除局部区域有铸造缩松外,轻微缺陷点分布较多。

由于超声波探伤技术限制,无法判断 1# 叶片大面积缺陷到底为铸造缩松、冷隔状态及是否为运行时产生的裂纹。为判别缺陷状态,在缺陷严重的 1# 叶片中间位置钻一直径为 30 mm 的孔,用来观察该位置的缺陷。钻孔出来的铁屑层显示缺陷面为一层黄色锈迹,据此判断大面积缺陷为铸造冷隔。

根据探伤结果,叶片采用如下方式修复:对叶片内部冷隔及细微缺陷不进行修补,对叶片表面的细微龟裂纹(分析认为该缺陷是材料热处理导致的)不进行修补,对叶片进、出水边的贯穿性裂缝进行修复,修复方式为焊补。

(二)4# 机组检测与修复

4# 机组全部叶片拆卸后,经抛光除锈,发现叶片表面裂纹比较多,其中 2# 叶片原先的局部黑斑处不断有污物渗出。采用超声波进行探伤,以判别叶片内部缺陷:

(1)叶片根部细微裂纹较多。

(2)1# 叶片进口边有 4 条贯穿性裂纹。

从探伤结果看,2# 叶片比较严重,叶片表面局部存在大面积的铸造缩松等缺陷;1#、3# 叶片除局部有铸造缩松外,轻微缺陷点分布较多。

根据探伤结果,叶片采用如下方式修复:对叶片铸造缩松等细微缺陷不进行修补,对叶片表面的细微龟裂纹(分析认为该缺陷是材料热处理导致的)不进行修补,对叶片进、出水边的贯穿性裂缝进行修复,修复方式为焊补。

(三)6#机组检测与修复

6#机组全部叶片拆卸后,经抛光除锈,发现叶片表面裂纹比较多,1#及2#叶片内面分布有不规则的黑斑,3#叶片表面裂纹较多。

采用超声波进行探伤,以判别叶片内部缺陷,从探伤结果看:

(1)1#及2#叶片内部均布较多不规则的点状缺陷。

(2)2#及3#叶片表面有较多不规则裂纹。

(3)叶片根部细微裂纹较多。

根据探伤结果,叶片采用如下方式修复:对叶片铸造缩松等细微缺陷不进行修补,对叶片表面的细微龟裂纹(分析认为该缺陷是材料热处理导致的)不进行修补,对叶片较大(长)的裂缝进行切割并观察深度,如是浅表性裂纹,则焊补修复。

五、预防巩固措施

为防止类似故障再次出现,运行人员采取了以下几种预防巩固措施。

(一)合理选用耐磨性和韧性好的材质

耐磨性和韧性是一对相互矛盾的性能,耐磨性高但韧性差,在垂直冲击下,容易引起脆性断裂,应结合具体零件进行硬度设计,找到耐磨性与韧性的优化组合。一般选材倾向于选择硬度高的抗磨性材质,如叶片选用含碳量3.5%的高铬铸铁,其硬度可达HV800左右,或者选用2Cr13硬度和韧性均佳的合金不锈钢,在淬火状态下硬度高,耐磨蚀性好。建议不锈钢水泵叶片材料选择更耐晶间腐蚀的304L不锈钢。

(二)表面热处理

在热处理中,金属材料金相组织会发生一系列的变化,例如合金钢在较低温度淬火并回火时,可获得回火马氏体组织,硬度提高,导致合金抗磨性提高。但是淬火后的回火温度控制对于合金钢的硬度及耐磨性至关重要,最优回火温度取决于合金的化学成分。若低于此回火温度,合金脆性增加;若高于此回火温度,会产生不良合金组织。厂家对工件进行热处理时,必须进行固溶处理和稳定化处理,以获得单相奥氏体组织,从而有效地消除晶间腐蚀的倾向。

(三)渗镀法

利用扩散渗镀法使抗磨元素如铬、碳、氮等渗入金属表面,以提高泵部件表面抗磨损性能。例如,铬属于碳化物形成元素,与碳有较大亲合力,铬的碳化物弥散于零件表面,便使合金硬度和抗磨蚀性提高;而渗氮对球墨铸铁、合金铸铁有较好的抗磨作用。目前,应用的双层辉光等离子单元渗金属技术、多元渗技术,能成倍地提高金属表面的耐磨性。

(四)非金属涂层法

非金属涂层法是将环氧树脂、聚氨酯、陶瓷、橡胶或复合尼龙等非金属材料,经过一定的配方和工艺处理,将其喷涂在水泵被磨损表面进行修复。常用的有环氧树脂涂层保护,固化后的环氧树脂具有很高的黏接强度,与钢母材黏接时抗拉强度达 $50\sim70$ MPa,表面光滑无孔隙,防止了水泵过流部件被磨蚀。在使用过程中要注意配方恰当和处理工艺到位,喷涂之前部件表面除常规清洗外,还应进行化学处理,以保证涂层的黏附质量,母材需加温预热,否则影响表面处理效果。另外,还有的采用等离子喷涂氧化铝陶瓷工艺进行表面修复。对于新泵,可在过流表面喷涂环氧金刚砂面层,或整铸聚氨酯涂层,以保护叶片流道不受磨损。

(五)堆焊法

在水泵易受磨损部位堆焊或铺焊高抗磨合金复层,如高铬合金,对于提高抗磨蚀性能效果特别显著,常用于修复被磨损部件。但这种方法对零件基体材料的可焊性要求高,在焊接工艺上有一定的难度。焊前应彻底清除表面油污和锈蚀物,并用化学清洗剂进行清洗。由于常采用镍铬合金焊条堆焊有较大的收缩量,易产生裂纹,因此应保持母材预热和焊后保温,焊接后应磨光焊层表面,并尽可能进行回火处理,消除焊接应力。

(六)合金粉末喷焊法

喷焊防护是随着低熔点粉末材料的研制成功而在喷涂和堆焊基础上发展起来的一种金属表面保护技术。它是用氧-乙炔火焰或等离子将配制好的合金粉末(如镍合金)喷涂喷焊于叶片和叶轮表面进行修复。这种方法不受其他环境的影响,任何场地都可以加工,修复成本低,喷焊层表面硬度可高达 HRC60~70,涂层致密无孔,表面光滑平整,厚度易于控制,有更高的与母材的黏附力、密实性和强度。但由于在喷涂过程中存在着收缩内应力,因此适用于一般磨损性不太严重的中小型水泵的表面保护。

(七)完善阴极保护设备

完善循环水泵的阴极保护设备。

(八)严格控制运行水位

制订循环水泵进水缓冲池的水位预警制度,严格控制水泵投入运行的水位。

(九)改良设计

加强设备巡视和监测,严格把好检修的质量关、工艺关,提高检修人员对设备的检修和安装技术水平,确保检修和安装质量。联系水泵制造厂家对叶片的叶型和有关技术参数、尺寸进行改良设计。

(十)保证水泵运行环境

在循环水泵各条进水道中设计、安装活动格栅网,定期清理网上的垃圾,保障水泵坑有最佳的进水量。设置活动拦污栅以后,可以大大减少进入固定粗拦污栅的垃圾,避免了起动循环水泵进行抽水后清理固定粗拦污栅垃圾的工作。而且可以在循环水泵正常运行的情况下随时清理活动拦污栅的垃圾,根据活动拦污栅垃圾堵塞的严重程度,进行定期和不定期清理。

(十一)加强水泵运行管理

及时清洗旋转滤网,确保旋转滤网水流畅通;严密监视循环水泵进口集水池水位变化,当水位低于定值时,及时停止一台循环水泵运行或禁止起动备用循环水泵;严密监视循环水泵各运行参数的变化情况,如发现设备异常,及时做出相应处理。

(十二)及时清理水道和取水口垃圾

准备利用机组停机的时间,对取水口和引水管进行疏通,清理管内垃圾及淤泥、碎石,确保进入集水池的水流量,提高循环水泵进口集水池的水位。

六、相关法规依据

根据《泵站技术管理规程》(GB/T 30948—2021),需要注意以下几点:

(1)设备起动、运行过程中应监视设备的电气参数、温度、声音、振动以及摆度等情况。

(2)投入运行前应对主水泵进行检查并符合其运行条件。主要检查内容和要求如下:

①填料函处填料压紧程度正常。

②技术供水正常。

③润滑油油位、油色正常。

④安全防护设施完好。

(3)润滑和冷却用油应符合设备制造厂的规定。

(4)水源含沙率超过 50 kg/m³ 时,不宜运行。

(5)全调节水泵的调节机构应灵活可靠,叶片角度指示正确,温度、声音正常并无渗漏油现象。

(6)运行中应采取措施防止杂物进入泵内。

(7)水泵的汽蚀、振动、摆度和噪声应在允许范围内。

(8)运行期间应定期巡视检查。不同类型的泵站,根据实际情况确定水泵运行中的检查内容及要求。主要检查内容及要求如下:

①填料函处滴水情况正常,无偏磨、过热现象。

②技术供水水压及示流信号正常。

③润滑和冷却用油油位、油色、油温及轴承温度正常。

④振动、摆度和噪声正常。

七、案例启示

本案例泵站工程受多种条件限制,临江取水泵站的作用没有发挥,运行次数和时间很少,仅仅根据需要每隔一段时间保养性开泵运行 1～2 h。类似于本案例泵站的诸多水利工程,在建成后运行发挥效益的机会不多,仅按管理需要每隔一段时间进行保养性运行,但保养性运行并不能够发现实际运行中可能出现的问题。对于这类工程,工程管理者需要更加重视巡查检查与维修养护工作,消除运行时的安全隐患。

案例五　主电机绝缘检测不合格

一、系统结构与原理

某大型泵站工程配备 Y630-6 型三相异步电动机。该装置由定子(静止部分)、转子(旋转部分)、端盖、轴承、轴承端盖、风扇组成。该电机额定功率为 1 600 kW,额定电压为 6 000 V,额定频率为 50 Hz。三相异步电动机基本结构分解示意图如图 1-7 所示。

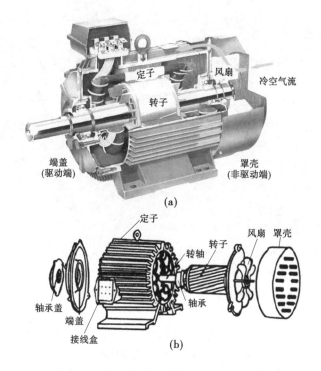

图 1-7　三相异步电动机基本结构分解示意图

三相异步电动机是感应电机的一种,是通过同时接入三相交流电源供电的一类电动机,由于三相异步电动机的转子与定子旋转磁场以相同的方向、不同的转速旋转,存在转差率,所以叫三相异步电动机。三相异步电动机是根据电磁感应原理工作的,当定子绕组通过三相对称交流电时,则在定子与转子间产生旋转磁场,该旋转磁场切割转子绕组,在转子回路中产生感应电动势和电流,转子导体的电流在旋转磁场的作用,受到力的作用而使转子旋转。三相异步电动机的工作原理如图 1-8 所示。

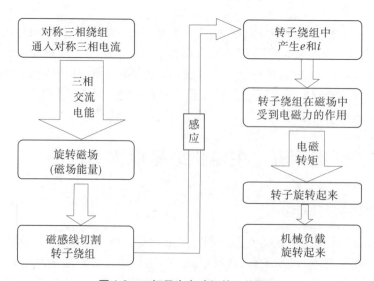

图 1-8　三相异步电动机的工作原理

二、故障现象

某日（环境温度 7 ℃），运行人员在主机组试运行前进行例行绝缘检测，发现 2# 主电机绝缘检测不合格，吸收比低于标准值 1.3，极化指数远低于标准值 1.5，试运行工作被迫停止。主电机绝缘电阻及吸收比检测结果如表 1-3 所示。

表 1-3　主电机绝缘电阻及吸收比检测结果

检测项目	ABC—地绝缘电阻
$R_{15\,s}/M\Omega$	385
$R_{60\,s}/M\Omega$	423.5
$R_{10\,min}/M\Omega$	526
吸收比	1.10
极化指数	1.24
评定值	定子绕组在接近运行温度时的绝缘电阻值不应低于 rMΩ（r 等于额定电压的 kV 数）；主电机吸收比不应小于 1.3

注：温度：7 ℃；湿度：46%。

根据表 1-3 可知，该主电机绝缘电阻测试结果为：15 s 时的测试值为 385 MΩ，60 s 时的测试值为 423.5 MΩ，10 min 时的测试值为 526 MΩ，吸收比为 1.10，此电动机的额定电压为 6 000 V，显然吸收比小于规定要求的 1.3。

三、故障原因

造成主电机绝缘故障的原因有很多，水利工程常见的原因主要包括以下几点。

（一）电机设计制造的缺陷

电机制造故障主要表现在制造电机时，电机厂家对电机线圈的槽口及端部没有做强化处理，使这些部位绝缘的耐热及抗振能力低。

（二）电老化

在电气设备中，绝缘材料在电场的作用下，性能会发生不可逆的变化直至失效，这个过程称为电老化。电力设备绝缘在运行过程中会受到工作电压和过电压的作用。在长期工作电压下，绝缘若发生局部放电，将会使绝缘材料发生局部损坏。若绝缘结构的介质损耗过大，则在长期工作电压的作用下，绝缘将因过热而损坏。在雷电过电压和操作过电压的作用下，绝缘中可能发生局部损坏。以后再承受过电压作用时，损坏处逐渐扩大，最终导致完全击穿。

（三）热老化

电力设备绝缘在运行过程中，周围环境温度过高，或电力设备本身发热而导致绝缘温度升高。在高温作用下，绝缘的机械强度下降，结构变形，氧化、聚合而导致材料丧失弹性，或材料裂解而造成绝缘击穿，电压下降。

（四）氧化老化

绝缘材料在空气中受到水分、酸、臭氧、氮的氧化物等的作用，物质结构和化学性能会改变,以致降低电气和机械性能。氧化老化与温度有密切关系,而且受风的影响,风能补充新鲜空气,加速化学反应。由于氧气的吸入机械强度下降,氧化老化的程度可由吸入氧气的体积来确定。

(五)机械力老化

电动机在运行中产生机械振动,引起交变机械负荷,在机械负荷、自重、振动、撞击和短路电流电动力的作用下,对绝缘的槽部、端部及槽口处产生挤压、拉伸、断裂,定子线圈产生位移以及端部下垂,导致绝缘损坏。

(六)湿度老化

环境的相对湿度对绝缘材料耐受表面放电的性能有影响。水分使由电晕产生的几种氧化物变为硝酸、亚硝酸而腐蚀金属,使其变脆。水分侵入绝缘内部,将会造成介质电损耗增加或击穿电压下降。

四、故障危害

按照最坏结果考虑,主要阐述电动机绝缘故障的危害。因电动机绝缘故障种类较多,此处仅对缺相运行、匝间短路、相间短路三种情况进行阐述。

(一)缺相运行

造成缺相运行的原因很多,如电缆与引出线连接不好烧断一相、电源熔丝熔断一相、电缆接线鼻强度不够断裂一相等,缺相运行电流为额定电流的1.4倍,如果保护不动作,电动机绕组会因过热烧毁。由于缺相运行而烧毁的电动机绕组,其损坏特征明显,卸开电机端盖,看到端部的1/3或2/3绕组烧黑或变为深棕色,而其余的两相绕组完好无损或稍微烤焦,则说明是缺相运行造成的。

(二)匝间短路

电动机在下线过程中造成绝缘损坏或电磁线的质量有问题,因匝间短路而烧坏的电机绕组,其特征也较明显。在线圈的端部,可以清楚地看到有几匝或一圈或一相绕组烧焦,这部分电磁线往往被烧成裸铜线,而短路部分以外的本相或其他两相线圈都比较完好或稍微烧焦。

(三)相间短路

相间短路都发生在绕组端部。绕组端部相间绝缘垫片强度低或损坏,在电机受热或受潮的情况下,这些薄弱处绝缘下降,最后击穿形成相间短路。也有过桥线连接套管处不妥或发热烧损,过桥线连接处相碰造成相间短路。

五、故障分析

绝缘电阻和吸收比的测试是电气设备检查中一项重要的工作,是判断电气设备绝缘性能是否良好的最基本、最常用的方法。

测量电动机绝缘电阻,实际上就是在绕组对地间或绕组之间的绝缘介质上加相应的直流电压,绝缘电阻随时间的增加而增大。绝缘电阻用于表征同一直流电压下,不同加压时间所呈现的绝缘特性变化。绝缘电阻的变化取决于电流 i 的变化,它直接与施加直流电压的时间有关,一般均统一规定绝缘电阻的测定时间为 1 min。因为对于中小型电动机,绝缘电阻值 1 min 即可基本稳定。通常要求在加压 1 min 后,读取的兆欧表的数值才能代表真实的绝缘电阻值。绝缘电阻的数值受外界因素影响很大,如温度、湿度等,因此单从一次测量结果难以判断绝缘状态,必须在相近条件下对历次测量结果加以比较才能进行判断。

绝缘吸收比就是由测量开始计算,经 15 s 时的绝缘电阻 $R_{15 s}$ 与 60 s 时的绝缘电阻 $R_{60 s}$ 的比值,即 $K = R_{60 s}/R_{15 s}$。对于吸收比来说,因测出的是 2 个电阻的比值,所以其数值与电动机的尺寸、材料、容量等因素无明显关系,且受其他偶然因素的影响也较小,可以较精确地反映试品绝缘的受潮情况。在绝缘良好的状态下,其泄漏电流一般很小,相对而言,吸收电流却较大($R_{15 s}$ 较小),吸收比 K 值就较大;而当电动机绝缘有缺陷时,电介质的极化加强,吸收电流增大,泄漏电流的增大更显著($R_{60 s}$ 较小),K 值就减小并趋近于 1。所以,根据吸收比的大小,就可以判断绝缘的良好程度。

在热状态(温度为 75 ℃)条件下,一般中小型低压电动机的绝缘电阻值应不小于 0.5 MΩ,高压电动机每千伏工作电压定子的绝缘电阻值应不小于 1 MΩ,每千伏工作电压绕组式转子绕组的绝缘电阻值最低不小于 0.5 MΩ;电动机二次回路绝缘电阻值不应小于 1 MΩ。当绝缘介质受潮或变质时,其吸收比 $K = R_{60 s}/R_{15 s}$ 的数值小于绝缘良好时的数值。通常规定:对沥青浸胶或烘卷云母绝缘,吸收比 $K < 1.3$,对环氧粉云母绝缘,吸收比 $K < 1.6$,认为电动机受潮,须考虑对电动机进行干燥处理。

随后,电气检修人员就地解体检查电动机,打开接线盒及中性点箱,未见异常。打开电动机侧面的加热器挡板,有烟雾冒出并伴有烟味,然后打开主电机两侧挡板,发现主电机引出线侧线圈时钟 6~7 点位置端部过桥引线处多根由于烟熏变黑,且存在受潮和积灰问题,继续检查,发现 C 相线圈根部崩断。经过全面检查,诊断出故障原因为主电机 C 相线圈连接处接触不良。经过处理后,再做电气耐压试验,A、C 相电气绝缘良好,$2.5U_n$ 直流耐压试验合格,而 B 相绕组在直流电压升到 $1.8U_n$ 时突然发生闪烁击穿,查找后发现发生绝缘击穿位置在电机非引出线侧 B 相时钟 5 点位置,线圈出槽口发生绝缘击穿现象。

综上所述,发生本次故障的原因主要是制造电机时,对电机线圈在槽口及端部的绑扎没有做强化处理,使这些部位绝缘的耐热及抗振能力降低,同时,由于电动机受潮和绝缘表面及缝隙中的积灰等问题,进一步导致了绕组绝缘出现故障。

六、故障处置

为彻底消除本故障,运行人员按照下述步骤开展了一系列故障处置工作。

(一) 焊接

针对主电机 C 相线圈大桥连接处接触不良问题,运行人员对故障位置进行重新焊接,并对已焊接好的绝缘钢板进行电化学防腐处理,以减少或消除因电化学防腐处理产生的电流和电压波动,以避免电机绕组绝缘老化后产生电火花、放电。

(二) 吹风、清擦

用 2~3 个大气压的压缩空气吹扫,并用干净布清擦重点部位,如定子、转子绕组、铁芯,定子、转子绕组引线,滑环、碳刷架等。

（三）干燥

电机干燥方法较多，如用红外线灯泡、电阻器加热，机壳用棉毯或毡布保温，但加热时绕组最高温度不应超过 90 ℃（电阻法测试），机壳上部应有一小窗，以定期排除潮气。电机在干燥过程中，每隔 1 h 测一次绝缘电阻，连续记录，作出烘干曲线。受潮电机在加热开始时，绝缘电阻值先下降，再回升，直至稳定 8 h 以上，干燥完成。

（四）清洗

对电机进行清洗，利用溶剂溶解并冲洗掉黏结在绝缘结构表面的污垢，以及浸入绝缘裂纹和气孔中及绕组和铁芯绝缘结构空隙中的油污、炭粉、尘埃，可提高电机绝缘电阻。清洗电机的方法较多，当前普遍使用的是用汽油清洗，清洗效果比较好。但是，汽油是易燃物，场地要严格做好火灾预防措施。另外，也有采用氯乙烯或三氯乙烯清洗的。这是一种不易燃且溶解能力强的溶剂，挥发性较好。清洗后，一般不用干燥或稍微干燥即可，对工期短的抢修使用效果较好，但毒性大，影响操作者健康。

七、巩固措施

为防止类似故障再次出现，运行人员采取了以下几点巩固措施。

（一）改进绝缘

为了解决绝缘降低的隐患问题，对电机存在安全隐患的线圈全部进行更换，在线圈的选材及制作工艺上选用高质量产品，从而从根本上改善电机的绝缘性能。

（二）定期维护

制定泵站主电机巡视检查制度和维修养护制度，定期对故障隐患进行巡视检查，发现问题及时处置；每年汛前汛后进行维修养护，确保系统运行正常。

八、相关法规依据

（一）《泵站技术管理规程》（GB/T 30948—2021）相关规定

（1）投入运行前应对主电动机进行检查并符合运行条件。主要检查内容和要求包括：测量定子和转子回路的绝缘电阻值，绝缘电阻值及吸收比符合相关规定。绝缘电阻值不符合要求时，应查找原因并处理。

（2）不同类型的主电动机，应根据实际情况确定维护项目和周期。

（3）主电动机大修项目、主要技术参数记录表和总结报告内容及格式见 GB/T 30948—2021 附录 E；大修技术要求应执行 SL 317—2021 的规定，并做好记录。

（4）主电动机定期维护项目应包括以下内容：

①定子清扫及各部位螺纹紧固件、垫木及端部线圈接头处理。

②定子绕组引线及套管的维修，定子端部线圈接头处理。

③电动机风洞盖板密封处理。

④转子各部分的清扫检查处理。

⑤碳刷、刷架、集电环及引线等的清扫、维修或更换。

⑥机架各部位检查清扫。

⑦润滑油（脂）的检查添加，润滑油的定期化验。

⑧电动机定子、转子之间间隙测量。

（二）《电力设备预防性试验规程》（DL/T 596—2021）相关规定

交流电动机：额定电压 3 000 V 及以上者，交流耐压前，定子绕组在接近运行温度时的绝缘电阻值不应低于 rMΩ（r 等于额定电压的 kV 数）；500 kW 及以上的电动机，应测量吸收比或极化指数，环氧粉云母绝缘吸收比不应小于 1.6，极化指数不应小于 2.0。3 000 V 及以上者使用 2 500 V 绝缘电阻表。

（三）《电气装置安装工程 电气设备交接试验标准》（GB 50150—2016）相关规定

测量绕组的绝缘电阻和吸收比，应符合下列规定：1 000 V 及以上的电动机应测量吸收比，吸收比不应低于 1.2，中性点可拆开的应分相测量。

（四）《泵站设计标准》（GB 50265—2022）相关规定

（1）电动机主要参数、结构形式等选择应满足用途、检修维护等条件要求，并应符合国家现行有关标准的规定。

（2）泵站主电动机的选择应符合下列规定：

①主电动机的容量应按水泵运行可能出现的最大轴功率选配，并留有一定的储备，储备系数宜为 1.05~1.20，电动机的容量宜选用标准系列。

②主电动机的型号、规格和电气性能等应经过技术经济比较选定。

③当技术经济条件相近时，电动机额定电压宜优先选用 10 kV。

④当泵站机组需变速运行时，宜采用变频调速装置。

（3）机组应优先采用全电压直接起动方式，并应符合下列规定：

①母线电压降不宜超过额定电压的 15%。

②当电动机起动引起的电压波动不致破坏其他用电设备正常运行，且起动电磁力矩大于静阻力矩时，电压降可不受 15% 额定电压的限制。

③当系统对电压波动有特殊要求时，也可采用其他起动方式。

④必要时应进行起动分析，计算起动时间和校验主电动机的热稳定。

（五）《泵站运行规程》（DB32/T 1360—2009）相关规定

测量高压主电机定子、高压母线和站用变压器的绝缘电阻值，采用 2 500 V 兆欧表测量，绝缘电阻应不小于 10 MΩ，主电机绝缘吸收比应不小于 1.3；测量高压主电机转子、低压主电机绝缘电阻值，采用 500 V 兆欧表测量，绝缘电阻应不小于 0.5 MΩ。否则应进行干燥或其他处理，合格后方可投运。

九、案例启示

本案例泵站工程建成于 2003 年，其主电动机在长期运行中，由于受潮、浸水绝缘表面和缝隙中有积灰等多种因素影响，电机绝缘材料产生老化，出现起动跳闸的问题。

诸如此类，对于泵站工程而言，因为建成已久，在长期的运行维护过程中，由于受到高温、机械振动、摩擦、电气故障和运行管理不善等多种因素影响，电机绝缘材料产生老化，使电机性能下降，存在明显的安全隐患。对广大的水利工程管理者而言，此类问题应值得注意。

案例六　主电机轴承超温

一、系统结构与原理

某大型泵站工程配备 Y630-6 型三相异步电动机。该装置由定子(静止部分)、转子(旋转部分)、端盖、轴承、轴承盖、风扇组成。该电机额定功率为 1 600 kW,额定电压为 6 kV,额定频率为 50 Hz。

轴承是电动机定子、转子衔接的部位,轴承有滚动轴承和滑动轴承两类,滚动轴承又有滚珠轴承(也称为球轴承),目前多数电动机都采用滚动轴承。这种轴承的外部有储存润滑油的油箱,轴承上还装有油环,轴转动时带动油环转动,把油箱中的润滑油带到轴与轴承的接触面上。为使润滑油分布在整个接触面上,轴承上紧贴轴的一面一般开有油槽。

二、故障现象

某日,某泵站试运行期间,3#机主水泵电机驱动端轴承室的轴瓦温度达到 85 ℃,保护动作触发跳闸。

三、故障原因

在电机运行过程中,轴承温度高或者升温大的原因有很多,根据实际情况概括为以下几种。

(一)轴承的质量

电机轴承质量存在问题,例如轴承存在内外圈不光滑、有锈迹、滚动体不圆、有斑点、保持架容易变形等问题,在电机高速旋转时都会导致轴承发热。

(二)散热不良

电机负荷过大或是其他散热原因,使电机整体温度过高,致使轴承温度也升高。

(三)润滑油脂

电机轴承润滑脂对轴承温度影响非常大。轴承内的润滑脂过少,轴承旋转时摩擦增大产生热量。轴承内的润滑脂过多,轴承内产生的温度不容易散去,并且增加了电机运转时的负荷,使电机电流增大导致温度升高。润滑脂选得不合适或使用维护不当,润滑脂质量不好或已经变质,或混入了灰尘杂质等都可造成轴承发热。

(四)装配工艺

电动机装配不当导致轴承发热的情况有以下几种:

(1)电机外轴承盖与滚动轴承外圈之间的轴向间隙太小。大型和中型电机一般在非轴伸端采用球轴承,轴伸端采用滚子轴承。这样,当转子受热膨胀时,可以自由伸长。而小型电机由于两端均采用球轴承,其外轴承盖与轴承外圈间应有一适当间隙,否则,轴承就可能因受轴向过大的热伸长而发热。

(2)电机两侧端盖或轴承盖未装好。如果电机两侧端盖或轴承盖装得不平行或止口没有靠严,则会使滚珠偏出轨道旋转而发热。

（3）滚动轴承安装不正确、配合公差太紧或太松。一般卧式电机中,装配良好的滚动轴承只承受径向应力,但如果轴承内圈与轴的配合过紧,或轴承外圈与端盖的配合过紧,即过盈配合过大时,则装配后会使轴承间隙变得过小,有时甚至接近于零。这样转动就不灵活,运行中就会发热。如果轴承内圈与轴的配合过松,或轴承外圈与端盖配合过松,则轴承内圈与轴,或轴承外圈与端盖,就会发生相对转动,产生摩擦发热,造成轴承的过热。

（4）电机在拆装时装置不精确,运行时可能会导致电流高,轴承温度高。

（五）其他原因

（1）轴承发生了弯曲。这时轴承受力不再是纯径向力,故而引起轴承发热。

（2）与负载机械的连接不良。联轴器装配不良,皮带拉力过大,与负载机械的轴心不一致,带轮直径过小,带轮离轴承太远,所受的轴向或径向负载过大等。

（3）电机运行环境振动过大,增加了轴承的磨损,使温度升高。

（4）夏季轴承温度受外部环境影响。

四、故障危害

轴承是电机最重要的支撑部件。一般情况下,电机的滚动轴承温度超过 95 ℃,滑动轴承温度超过 70 ℃,就是轴承超温。

电机运行时,轴承超温是一种常见故障,其原因又是多种多样的,有时很难准确诊断,在很多情况下处理不及时,往往会给电机造成更大的损坏,使电机寿命缩短,以致影响工作和生产。

五、故障处置

为彻底消除本故障,维修人员按照下述步骤开展了一系列故障处置工作。

（一）第一次处理

对电机驱动端轴承进行了解体检查后发现该轴承有磨损,随后对轴瓦进行了翻瓦研刮处理（翻瓦需要拆除对轮螺栓）,对瓦顶和瓦口间隙进行了测量,对甩油环进行了打孔处理,以增加甩油量。处理完毕后进行回装。次日 6 点 30 分再次起动试运行,短时间内此轴承温度又达到跳泵值,而且跳泵后温度继续上涨至 92 ℃。

（二）第二次处理

第二次跳泵后,更换电机驱动端轴瓦,对新轴瓦进行了着色检查。更换新轴瓦后瓦顶间隙 0.27 mm,瓦口间隙 0.11 mm（超标）,经咨询厂家可不做调整。轴瓦回装后对对轮中心进行了复查调整,对甩油环两侧面进行打孔处理,以增加甩油量。调整回装完成后未连接对轮先进行空转电机,空转电机进行 2 次。第一次是 1 点 40 分转至 3 点 20 分,轴瓦温度上升至 78 ℃手动停泵;第二次是 4 点 20 分转至 5 点 40 分,轴瓦温度上升至 78 ℃手动停泵。

（三）第三次处理

空转电机 2 次温度均升至 78 ℃,部门组织召开专题会,决定再次进行翻瓦检查,把新旧两套轴瓦进行对比检查,尽量使用旧轴瓦,目的是修刮放大油囊和瓦口间隙。维修人员对新旧轴瓦进行研磨测量对比,发现旧轴瓦接触不均匀,而且几乎看不到接触角,靠一端接触,新轴瓦接触较均匀,对比后决定使用新轴瓦,并对新轴瓦进行油囊修刮。修刮轴瓦油囊后回装空转电机,轴瓦温度 56 ℃,对轮连接后带泵试转,电机驱动端轴承温度 61 ℃,试转正常。

六、巩固措施

环境温度高是事故发生的主要原因。发生事故时,室外环境温度在 37 ℃ 左右且负荷较高。

为防止类似故障再次出现,运行人员采取了以下巩固措施。

(一)增设散热设备

瓦顶间隙、瓦口间隙放至上限,扩大油囊;增加冷却水管;增加轴流风机,加速空气流动;调整轴承润滑油油量,保证轴瓦温度正常。

(二)定期维护

制定泵站主电机巡视检查制度和维修养护制度,定期对故障隐患进行巡视检查,如发现问题及时处置;每年汛前、汛后进行维修养护,确保系统运行正常。

七、相关法规依据

《泵站技术管理规程》(GB/T 30948—2021)中相关规定如下:

(1)电动机轴承的允许最高温度不应超过制造厂的规定值。制造厂未作规定的,可按表 1-4 的规定执行。

表 1-4　电动机轴承的允许最高温度

轴承类型	允许最高温度/℃
滑动轴承	70
滚动轴承	95
弹性金属塑料轴承	65

(2)当电动机各部温度与正常值有较大偏差时,应检查电动机及冷却装置、润滑油系统和测温装置等是否工作正常。

八、案例启示

本案例泵站工程建成于 2003 年,其主电机在长期运行中,由于受到高温、机械振动、摩擦、电气故障和运行管理不善多种因素影响,设备出现老化、散热不良等问题,尤其是在夏季环境温度高时,轴承温度过高会影响运行。

主电机作为水泵的重要设备,轴承温度高是最为普遍且影响较大的隐患之一,只有根据实际情况认真分析原因,使用正确的方法去解决问题,不断提高检修工艺水平,才能保证泵站设备长期安全、稳定、经济、环保地运行。

案例七　主电机起动后随即跳闸

一、系统结构与原理

某大型泵站工程配备有 Y 系列三相异步电动机,额定功率为 1 600 kW,额定电压为 6 kV,额定频率为 50 Hz,运行方式为连续工作制(S1),磁极数为 6,该款电动机主要由定子(包括定子铁芯、定子绕组、机座、端盖等)和转子(包括转子铁芯、转子绕组、转轴等)组成。总体来说,结构较为简单,运行安全,效率较高,价格经济,可稳定地向水泵提供动力,确保泵站正常运行。

二、故障现象

某日,对某泵站机组进行试运行,开启后不久,运行人员观察到,主电机及水泵停止转动,高压开关室主机组断路器跳闸,开关柜面板上电流表显示为零。5~10 min 后,水泵反转,此时运行人员立刻关闭出水侧闸门,水泵反转才得以停止。

三、故障原因

造成主电动机起动后立即跳闸的原因有很多,本案例主要讨论电动机软起动装置跳闸、线路短路及电源缺相三种情况。

(一)电动机软起动装置跳闸

传统电动机起动时,电流会瞬间增大,对系统冲击大并且极易损坏电气设备,对电网也会造成一定的负担。为解决这个问题,本泵站配备有电动机软起动器,这是一个具有软起动、软停车、轻载节能和多种保护功能的电动机控制装置,通过调节电路中的输出电压,有效降低了电路中的峰值电流,从而有效保护了电路及电动机。

常见电动机软起动装置跳闸的原因有以下三种:

(1)水位差较大时,实际电流高于继电保护装置设定的保护电流。设定保护电流时,往往会以正常水位差下电动机的起动电流作为参考。电动机的额定电流为 186.9 A,假设设定的保护电流为 280 A,持续时间 5 s,这在正常水位差的情况下,电路中实际电流可能达不到保护跳闸的条件。可是,当水位差过大时,电动机负载会显著增加,电流也会明显增加,当电流持续超过设定的保护电流时,就会造成保护跳闸。

(2)电动机软起动装置设定的上升时间小于机组正常起动时间。在设定电动机软起动装置上升时间时,未充分考虑机组的实际起动时间。当设定的上升时间偏短,未能保证到机组正常运行时,机组将进入全压运行状态,电动机承受的电流将急剧增加,就会造成跳闸。

(3)电动机软起动装置设定的起动限制电流偏小。未充分考虑到电动机起动时的实际电流,电动机软起动装置设定的起动限制电流小于电动机起动的实际电流,当实际电流超过起动限制电流时,就会造成跳闸。

（二）线路短路

泵站电气跳闸最有可能出现的原因就是线路短路，泵站运行受外部干扰较多，经常受外部因素影响，往往会出现电机线圈烧毁、断路器开关烧毁、接触器短路等情况，会在极短的时间内形成很大的电流，从而触发机组的保护装置跳闸。

线路短路的主要原因有以下两种：

（1）主回路短路。泵站运行时间较长，电动机内部绝缘性能会变差，往往会导致电动机内部线路短路。比如三相电动机中，有一相接地短路或者有两相连通短路。

（2）二次回路短路。二次回路中，有继电器、绕圈、开关等电气元件，这些电气元件中若有的发生短路，整个线路也会发生短路。

（三）电源缺相

电源缺相是比较少见的，但在该泵站运行中确实是发生过的，所以在此说明。正常情况下，电网输送的电应该是三相交流电，所以相对应的电动机也是三相交流异步电动机。如果电网输送的电变成二相交流电，电动机就会起动保护装置，跳闸保护电动机。

四、故障处置

根据以上故障原因，现场运行人员逐一进行排查，并对各个故障原因给出处置方法。

（一）电动机软起动装置跳闸

1. 保护电流设定

根据电气设计相关规程，在通风条件良好的情况下，保护电流设定为额定电流；在通风条件不好的情况下，由于散热条件差，可相应增大保护电流设定值。

2. 上升时间设定

经过多次测试，机组正常起动时间为 12～14 s，原设定的上升时间为 10 s，小于机组的正常起动时间。为此，将上升时间设定为 15 s。

3. 限制电流设定

根据相关规程规定，限制电流 =（机组运行无功补偿后功率因数×变压器过载系数×主变压器容量−300）×额定电流/400，根据此公式算出的就是软起动器的起动限制电流，在实际操作中，设定值可以比该公式算出值略高。

（二）线路短路

若确定是线路短路，还要进一步区分是主回路短路还是二次回路短路。这两种情况下，处理的方式也不一样。

1. 主回路短路

主回路短路的处理方式比较麻烦，一般情况下，运行人员没有办法自行处理，需要将电动机送至厂家，对电动机进行维修，主要是对电动机线路的绝缘性进行提升，重新缠绕绝缘纸，使得各相线路的绝缘性符合实际工作要求。

2. 二次回路短路

二次回路短路是线路短路中较为常见的，也是较方便处理的。运行人员确定好短路的电气元件后，进行更换就可以了。更换后，对电路绝缘电阻进行重新测量，如符合规定要求，就可以重新运行。

(三) 电源缺相

该问题运行人员无法处理解决,需与当地供电部门进行沟通,确定输送的电力是三相交流电后,就可以再次尝试运行。

五、巩固措施

泵站机组中主电动机是个很重要的设备,一旦发生故障,轻则部分电气元件损坏,重则电动机损伤。因此,要格外重视泵站机组设备的管理和养护,通过良好的设备管护,避免故障的发生。

(一) 重视全过程的设备管理养护

对泵站机组运行前的检查、运行中的巡视、运行后的检修全过程的维修养护。

1. 运行前的检查

在泵站机组运行前,第一步,要全面检查机组中的电气设备。常见的一些问题有连接处是否牢靠、电压表的显示是否正常、保险丝是否熔断及电源有无短路现象,如果发现有异常情况发生,应立即查找故障所在,并及时维修完成。第二步,检查管道中是否存在渗漏情况,以及输泵设备的压力值和液压值是否处于正常范围之内。第三步,检查轴承的润滑油的油量和油质,转子转动是否灵活无卡阻、进水侧闸门是否开启等。

2. 运行中的巡视

检查水泵进水口是否有杂物,如果有杂物,要及时清理,防止堵塞进水口或杂物进入机组内,造成泵站过载或损坏机组。检查机组轴承与动力机的温度是否正常、是否存在异常的运行声音及振动,仪表的显示是否在正常数值区间内;如果上述情况存在,要立即停止运行,开展全面检查,查明原因并维修完成后,再开机运行,谨防因异常运行损坏设备。

水泵运行后,要及时对重要零部件进行维护保养与检修,延长零部件的使用寿命。

(二) 加强电动机重点管理养护

电动机运行检查必须严格按照国家现行规定和相关产品质量标准进行,以确保电动机正常运行。电动机必须置于通风良好的环境中,在巡检制度中应明确为日常巡检重点对象。定期检查和测试电动机轴承绝缘件,防止电动机轴承绝缘件受潮或老化。定期检查和测试电动机的润滑轴承,确保电动机的润滑油正确,并及时跟踪和更换有润滑问题的电动机轴承。

在起动前,注意观察绝缘电阻、电压是否平衡,转子运行是否顺畅,接地线是否完好等重点环节,在运行时要注意电动机是否有异常噪声产生、三相电流与电压差异是否在范围之内、电动机温度是否过高、有无异味,如有则须立即停止运行,及时进行检查和维修。

六、相关法规依据

《泵站技术管理规程》(GB/T 30948—2021)中相关规定如下:

(1)投入运行前,应对主电动机进行检查并符合运行条件。

(2)电动机三相电流不平衡之差与额定电流之比不应超过 10%。

案例八　同步电机失磁

一、系统结构与原理

同步电机包括定子和转子两部分,定子铁芯内壁槽内装有三相对称绕组,称为定子绕组,转子上装有励磁绕组。励磁绕组中通直流电源后建立一个恒定的主磁极磁场。

供给同步电机励磁电流的电源及其附属设备统称为励磁系统。励磁系统向电机的励磁绕组供电以建立转子磁场,可以根据运行工况自动调节励磁电流以维持电机运行要求,同步电机结构如图1-9所示。

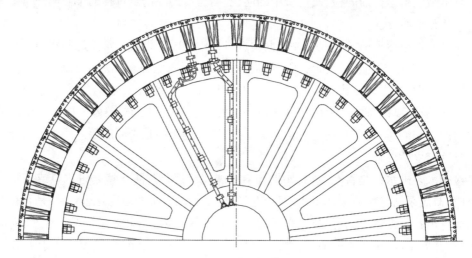

图1-9　同步电机结构

励磁系统一般由励磁功率单元和励磁调节器两个主要部分组成。励磁功率单元向同步电机转子提供励磁电流;而励磁调节器则根据输入信号和给定的调节准则控制励磁功率单元的输出。励磁系统的自动励磁调节器对提高电力系统并联机组的稳定性具有相当大的作用。自动调节励磁装置通常由测量单元、同步单元、放大单元、调差单元、稳定单元、限制单元及一些辅助单元构成。

改变电机的励磁电流,一般不直接在其转子回路中进行,因为该回路中电流很大,不便于直接调节,通常采用的方法是改变励磁机的励磁电流,以达到调节发电机转子电流的目的。

常用的方法有:改变励磁机励磁回路的电阻,改变励磁机的附加励磁电流,改变可控硅的导通角等。

改变可控硅导通角的方法,就是根据电机电压、电流或功率因数的变化,相应地改变可控硅整流器的导通角,电机的励磁电流便跟着改变。这套装置一般由晶体管、可控硅电子元件构成,具有灵敏、快速、无失灵区、输出功率大、体积小和质量轻等优点,在事故情况下能有效地抑制电机的过电压和实现快速灭磁。

二、故障现象

在同步电动机运行过程中,转子励磁回路某处断路或接触不良、励磁绕组匝间短路、励磁机或晶闸管励磁系统发生故障等原因,造成转子失去直流励磁电流,使转子磁场消失,这种状态即为失磁状态。

同步电动机失磁后的主要表现如下:

(1)电机在额定负载下运行,失磁后,电机定子电流大幅波动。

(2)失磁后,电磁转矩大幅波动,电机运行不平稳,电机在旋转方向上出现抖动。

(3)失磁后,电机转速下降,进入失步状态,电机振动明显。

(4)转子电流表显示为零或接近于零。

(5)失步运行后,阻尼环电流增大,转子各部分温度升高。

三、故障原因

电动机失磁的原因有很多,一般归纳为励磁回路开路或短路,常见的原因主要包括以下几点。

(一)励磁变压器故障

励磁变压器故障或在运行过程中绝缘降低,造成放电,导致励磁变压器保护动作跳闸,失磁保护动作导致机组跳闸。

(二)转子开路

由于集电环制造质量不佳,集电环上2个或多个铜环内部短路,相当于转子单相开路;如果转子铁芯在压装过程中压得过紧,导致片间绝缘降低或损坏,会在转子铁芯内部形成较大涡流,从而导致转子开路。

(三)转子回路短路

转子端部绕组固定不牢,垫块松动,运行中由铜铁温差引起的绕组相对位移,造成匝间短路;选用的匝间绝缘材料材质不良,含有金属性硬刺或绕组铜导线加工成形后不严格地倒角与去毛刺,运行中在离心力的作用下刺穿匝间绝缘,造成匝间短路等均可能导致转子回路短路。

(四)励磁滑环打火

励磁滑环打火引起发电机失磁,碳刷压簧压力不均,造成部分碳刷电流分布不均,致使个别碳刷电流过大,引起发热。碳刷存在脏污现象,污染了碳刷和滑环接触面,造成部分碳刷和滑环接触电阻增大继而出现打火。另外,正、负极碳刷磨损程度不均衡,负极磨损一直比正极磨损严重,因磨损严重造成滑环表面不平度加大,未及时得到控制造成滑环打火,引起失磁。

(五)励磁调节系统故障

励磁调节系统故障引起发电机失磁,发电机励磁系统调节器故障,造成励磁调节器转子过电压保护动作,导致失磁保护动作跳闸。

四、故障危害

同步电机失磁会对电网及电机本身构成一定的危害,主要有下列两点。

（一）对电机本身的影响

同步电机正常运行时，电磁转矩与轴上的负载转矩平衡，失磁时，转子绕组开路，产生较大的感应电压，由于转子磁场突然衰减，电磁转矩也突然降低，电机失步，转子与定子旋转磁场有了相对运动，阻尼绕组切割定子旋转磁场，产生感应电流和异步电磁转矩。

失步后阻尼绕组有较大的电流，容易引起阻尼绕组发热，致使阻尼条断裂和开焊，易造成励磁绕组匝间短路、匝间绝缘损坏、转子绕组接地等故障。根据同步电动机阻尼绕组的热容量和散热条件，一般允许电动机在 10 min 以内失磁异步运行。

（二）对电网的影响

同步电机在运行中失磁或部分失磁，可能导致电动机失步并转入异步运行，无功功率方向发生变化。正常运行时，同步电动机总是处在过激励状态下，产生感性无功功率，失磁后，电动机从电网吸收感性无功功率，造成电网振荡或崩溃，电压下降。

五、故障处置

为消除故障，运行人员停机并按照下述步骤进行排查：

（1）检查是否由于灭磁开关误跳闸导致失磁，对与机组灭磁开关跳闸有关联的机组继电保护装置、监控系统、灭磁开关控制回路等进行检查和试验，并对直流电源设备进行检查。

（2）对励磁系统进行全面检查，如励磁控制器损坏，应立刻起动备用励磁控制器恢复励磁。

（3）检查励磁系统，测量励磁绕组对地绝缘电阻，如果测量值小于 0.5 MΩ，应检查判断绝缘值降低的部位，如励磁绕组受潮，应对绕组进行除湿干燥处理，对碳刷、集电环等部位进行清洁。

六、巩固措施

为防止失磁故障出现，运行人员采取了以下巩固措施：

（1）励磁装置投运前，检查所有接线正确、牢固；各元器件投运试验完成，功能完整。

（2）励磁系统投运前进行试运行，打开手动模式，人为进行投磁、增磁、减磁、灭磁操作，确保控制器工作正常。

（3）励磁系统投运前，按照相关规程规范要求测量转子绕组的绝缘值，如不符合要求，应进行干燥，阻值符合要求后，方能投运。

（4）定期检查励磁系统运行状态有无异常情况，有无接头发热等，检查主、从励磁控制器运行是否正常，主、从机运行定期轮换。

案例九　同步电机电刷与集电环之间产生电火花

一、系统结构与原理

电动机滑环装置由励磁电缆、刷架、电刷、刷握和集电环等部件构成。滑环外部安装有碳刷的刷架,旋转的时候,碳刷在滑环上滑动,其作用是通过静止的电刷与集电环环面接触,将励磁电流送入转子绕组。转子接入直流电流,转子是旋转的,导线是静止的,导线连接在滑环上,电刷连接滑环和转子,巧妙地把动态的转子和静态的滑环连接起来。该装置的性能好坏直接影响到励磁电流能否顺利地送入转子绕组,从而影响电动机的稳定运行。

二、故障现象

打火是电动机滑环装置运行过程中常见的现象之一。在电动机运转过程中,电刷与集电环接触部位发出火花,若不及时消除,可导致电动机滑环大面积打火,电刷及集电环表面温度升高,对电动机安全运行造成直接威胁,严重时还会被迫停机。就大型电动机而言,紧急停机不仅造成系统出力下降,影响系统稳定运行,而且对电动机本身也将产生危害。

三、故障原因

(一)检修后刚投入运行时产生火花的原因

(1)电刷接触面研磨不良,与集电环未完全接触。

(2)电刷通流回路接触电阻大,造成与其他电刷的负荷分配不均匀。

(3)弹簧与电刷间失去绝缘,弹簧因流过电流而发热变软、失去弹性。将弹簧与电刷绝缘,如弹簧已失去弹性,则必须更换。

(二)运行中产生火花的原因

(1)使用的电刷牌号不符合要求或更换的电刷牌号错乱。

(2)电刷压力不均匀,或不符合要求。压力过小,碳刷与集电环接触不良;压力过大,碳刷与集电环摩擦力增大,不仅加剧磨损,还会使集电环积聚热量,发生过热现象。

(3)电刷磨短,电刷磨短至不能保持所需压力。

(4)电刷和刷辫间、刷辫和刷架间的连接松动。

(5)电刷在刷盒中摇摆或动作卡涩,火花随负荷而增加。

(6)集电环表面凹凸不平、振动过大也会产生火花。

(7)电刷间负荷分布不均匀、电流不平衡会导致部分碳刷载流量过大,温度升高,最终产生火花。

(8)集电环和碳刷接触面有脏污,影响碳刷与集电环接触面积,增加摩擦损耗,长期运行会产生电弧灼伤,集电环表面产生突起和凹坑。

(9)集电环与碳刷部位通风不畅,热量堆积,温度整体升高。

四、故障危害

电动机运行中碳刷打火、过热是常见的故障之一,若不及时消除,可导致电机滑环形成环火,对安全运行造成直接威胁,严重时被迫停机。不仅造成系统出力下降,影响系统稳定运行,而且对发电机组本身也将产生危害。

五、故障分析

电刷和集电环部位打火是电机运行中可能会出现的故障。可能是因为使用的电刷型号不符合规定、电刷磨损过大、电刷压力不均匀、集电环和电刷表面不清洁或表面烧毛等。需要将电机停止运转后一一进行排查，找出故障原因，正确处置。

六、故障处置

如个别电刷发生轻微打火现象，电刷温度无明显上升，可不停机，运行人员加强巡视观察。如果发生电刷大面积打火现象，应紧急停机，检查打火原因并及时处置。

停机后应检查电刷与集电环接触是否良好、集电环表面是否平整、电刷压簧压力及电刷磨损情况等，确定打火原因。

（1）检查滑环与电刷表面如发现不清洁或有烧毛现象，应使用帆布浸少许酒精擦抹，或在研磨工具上，以细玻璃砂纸（0号）研磨。

（2）检查刷握和刷架上有无积垢及油污，若有积垢或油污则应及时清理，用刷子扫除或用风机吹净。使用压缩空气吹扫时，压力不应超过0.3 MPa。

（3）如电刷与集电环未完全接触，用0号细砂纸将电刷与集电环的接触面磨成圆弧，使电刷与集电环的接触面积占整个电刷截面面积的75%以上，轻负荷运行1~2 h，使其接触面积达到80%以上，或直接更换为研磨好的电刷。

（4）检查电刷与铜辫的接触是否良好、刷辫与刷架引线回路中各螺丝是否紧固。

（5）检查电刷牌号，加强对碳刷备品备件的检查与验收，避免使用不合格碳刷，使用前测量其阻值。当发现碳刷磨损严重时，必须更换使用制造厂指定的或经过试验适用的同一牌号的电刷，用弹簧秤检查电刷压力，并进行调整，各电刷压力应均匀，其差别不应超过10%，及时更换压力不足的压簧。

（6）检查集电环表面的不平度，应不超过厂家的规定值，否则应进行车削打磨处理。如发现集电环表面有滑道斑驳、痕迹严重不均匀、有电灼伤的痕迹（摸起来有突起或凹点）等情况，则必须进行处理。

（7）检查碳刷磨损是否正常，如果出现磨损严重的碳刷，应立即进行更换。应注意，一般情况下在同一时间内，每个刷架上只许更换一个电刷。为了避免电刷磨出凸缘，电刷不允许超出集电环外。根据电刷磨损的情况（一般当电刷磨损至只剩25~30 mm时），以相同牌号及相同尺寸的电刷更换，在同一滑环上，尤其是同一极性上，电刷要一起更换，不能只更换其中一部分。

七、巩固措施

为防止类似故障再次出现，应采取如下措施：

（1）汛前汛后认真开展主电机设备检查，及时清洁集电环和电刷表面，使用压缩空气或吸尘器清理刷握和刷架附近特别是绝缘部件上的碳粉和灰尘，检查集电环是否有变形或不光滑情况。

（2）检查电刷有无异常振动、跳动情况，如有，应检查碳刷是否损坏；及时更换磨损严重、长度不达标的电刷,要更换同品牌同型号的电刷,新换的碳刷使用前要进行磨弧。

(3)检查碳刷活动情况,保证碳刷能在刷握内自由移动,与刷握内壁有 0.1～0.2 mm 间隙,确认碳刷在刷握内无卡滞现象。

(4)定期测量压簧压力,更换压力不达标的压簧,如条件允许,可以更换为恒压弹簧。

(5)定期检查紧固电刷和刷辫间、刷辫和刷架间的连接件是否紧固;检查固定螺栓是否松动,刷辫有无变色或断股情况。

(6)检查集电环表面是否光滑、是否存在高温变色痕迹、有无电弧灼伤情况,若有,应及时处理。

(7)运行人员加强巡查。运行人员每日按时巡查,观察是否有火花,测量集电环和碳刷装置的温升情况,观察异常声音,检查集电环碳刷的均流情况,检查是否存在碳刷异常振动。

(8)在碳刷和集电环部位安装红外热成像摄像机,通过摄像头热成像画面可以实时监测碳刷与集电环各部位温度情况,如果发现温度异常立即发出警报提醒运行人员;通过摄像头可见光画面可以实时观看碳刷部位运转情况,如果发生打火现象可以第一时间发现并立即处置。

八、相关法规依据

(一)《电机用电刷》(JB/T 4003—2001)相关规定

(1)电刷刷体与软接线间的连接电阻应符合表 1-5 规定。

表 1-5　电刷刷体与软接线间的连接电阻

刷体截面面积 S/mm²	连接电阻 ≤/Ω		
	S、D、J 类	D 类中含浸渍剂	R 类
$S \leqslant 25$	0.010	0.012	0.020
$25 \leqslant S < 50$	0.008	0.010	0.016
$50 \leqslant S < 100$	0.005	0.008	0.010
$S \geqslant 100$	0.004	0.005	0.008

注:S—石墨;D—电化石墨;J—金属石墨;R—树脂黏合石墨。

(2)与刷握接触的电刷表面粗糙度参数 Ra 的最大允许值为 12.5 μm,其他表面为 25 μm。

(3)电刷材质结构必须均一,不允许有裂纹、分层和夹杂料,以及影响使用性能的表面缺陷。

(4)每块电刷的棱边和分瓣电刷的每部分棱边,均不允许存在超过 5 处大于 0.5 mm 深的缺口。

(5)电刷不应擦伤、弄脏换向器或集电环,运行中不应破损。

(二)《大中型泵站主机组检修技术规程》(DB32/T 1005—2006)相关规定

卧式和斜式电动机集电环与电刷安装应符合如下要求:

（1）集电环表面光滑，摆度应不大于0.05 mm。若表面不平或失圆达到0.2 mm，应重新加工。

（2）集电环上的电刷装置应安装正确，电刷在刷握内应有0.1~0.2 mm的间隙，刷握与集电环应有2~4 mm的间隙。

（3）电刷与集电环应接触良好，电刷压力宜为15~25 kPa，同一级电刷弹簧压力偏差不应超过5%。

（4）刷架的绝缘电阻应大于1 MΩ。

（5）换向片间绝缘应凹下0.5~1.5 mm，整流片与绕组的焊接应良好。

九、案例启示

碳刷与集电环在电机的较为隐蔽部位，却又是日常检查检修中较为重要的部位，因此对集电环与碳刷的运行维护与检修工作应引起足够重视。

运行巡视工作要完善，增加监视监控手段，充分利用目前较为成熟的热成像摄像机，实时监控碳刷与集电环的运行状况。

检查检修工作要到位，按照厂家说明书要求、相关规程规范要求进行检修，如发现问题立即处置，坚决不能带"病"运行，最终将安全隐患变成运行事故。

案例十　同步电机起动不同步

一、系统结构与原理

三相交流电动机是用三相交流电产生的旋转磁场来带动电机转子旋转的，在产生旋转磁场的空间放一个永久磁铁，该磁铁就会跟着磁场旋转了。把永久磁铁转子放在有旋转磁场的定子铁芯中，它将跟随旋转磁场一同旋转，其转速与旋转磁场一致，故称之为同步电动机，模型如图1-10所示。

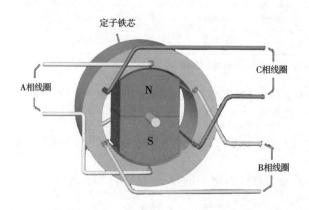

图1-10　永磁同步电动机模型示意图

实际上的三相交流同步电动机转子多数是电励磁的，转子上有励磁绕组，用直流励磁电源产生固定磁场，电励磁三相交流同步电动机原理模型如图1-11所示。

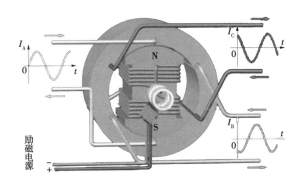

I_A—A 相电流；I_B—B 相电流；I_C—C 相电流。

图 1-11　电励磁三相交流同步电动机原理模型示意图

三相交流同步电动机的起动较麻烦，同步电动机起动瞬间，转速远低于亚同步转速（95%额定转速，转差率 $S = 0.05$），同步转矩的大小随功角变化，由于功角变化很快，同步转矩对转子的作用是一种高频振动的转矩作用，转子转速来不及变化。在这种转差较大的情况下，同步转矩的平均值等于零，只能引起转子振动，不能迫使转子加速，所以同步转矩不能用来起动。泵站同步电动机都采用异步起动，通过装在转子磁极上的鼠笼绕组产生异步转矩。当定子绕组接入电网后，在气隙中产生旋转磁场，并在转子的鼠笼绕组中产生感应电流，此电流与旋转磁场相互作用产生异步电磁转矩，克服机组的静摩擦力矩，使转子转动并加速，随着转速增加，水泵的负荷也增加，而水阻力矩与转速的平方成正比地增加。待机组转速达到亚同步转速以上后，将励磁绕组通入直流电流，使转子产生直流磁场，定、转子磁场相互吸引而产生同步转矩，把转子牵入同步。因此，同步电动机的起动过程分为从静止加速到亚同步转速的异步起动过程和从亚同步转速加速到同步转速的牵入过程。在异步起动过程中存在着由鼠笼绕组产生的异步转矩和励磁绕组闭合后产生的单轴转矩。为使三相交流同步电动机起动旋转，常用以下三种方法。

（一）辅助电动机起动法

选用一台与同步电动机极数相同的小型异步电动机作为起动电动机，起动时，先用起动电动机将同步电动机带动到异步转速，再将同步电动机接上三相交流电源，这样同步电动机即可起动，但这种方法仅适用于空载起动。

（二）变频电源起动法

先采用变频电源向同步电动机供电，调节变频电源使频率从 0 缓慢升高，旋转磁场转速也从 0 缓慢升高，带动转子缓慢同步加速，直到额定转速。该方法多用于大型同步电动机的起动。

（三）异步起动法

在转子上加上鼠笼或起动绕组，使之有异步电动机功能，在起动时励磁绕组不通电，相当于异步电动机起动，待转速接近磁场转速时再接通励磁电源，就进入同步运行。

二、故障现象

某日，进行汛前检查时，发现 2# 机组带负荷起动不能牵入同步运行，然后采用手动投励和加大励磁电流起动,仍不能牵入同步运行。

三、故障原因

根据经验,同步电机水泵机组不能起动,主要有以下几种原因:

(1)水泵轴抱死,致使电机堵转而不能起动。

(2)电机保护定值整定过小,不能躲过起动电流。

(3)同步电机定子线圈存在短路故障。

(4)碳刷与滑环之间存在大量污渍,使同步电机转子励磁回路不通。

(5)同步电机励磁装置故障。

四、故障危害

负序电流产生的负序旋转磁场相对于转子以 2 倍同步转速旋转,并在转子绕组(包括励磁绕组和阻尼绕组)中感应出 2 倍频率的电流、在转子表面感应出涡流,这些电流将在绕组中和铁芯表面引起额外损耗并产生热量,使得转子温升增高。特别是汽轮发电机,涡流在转子表面沿轴向流动,在转子端部沿圆周方向流动而形成环流。这些电流不仅流过转子本体,还流过护环,流经转子的槽楔与齿、护环与转子之间的许多接触面,这些地方具有接触电阻,发热尤为严重,可能产生局部高温,破坏转子部件与励磁绕组绝缘。水轮机散热条件较好,负序磁场引起的转子过热的影响相对小些。

由于负序旋转磁场与转子磁场之间有 2 倍速的相对运动,因而它们之间将产生以 2 倍频率(100 Hz)脉动的转矩,这个附加转矩同时作用在转子轴和定子机座上,并引起 100 Hz 的振动和噪声。水轮发电机中大量的焊接机座结构容易被振动损坏,因此水轮发电机中必须采用阻尼绕组以削弱负序旋转磁场。

除对发电机本身的影响外,对电网其他设备及附近的通信设施也产生不良影响。发电机的不对称运行导致电网电压的不对称,不对称的电压加于用户的设备上会产生不良影响,如使得异步电动机的电磁转矩、输出功率和效率降低,并引起转子过热等。另外,发电机绕组中因有负序电流而出现更高次的谐波电流,这些高频电流会对输电线附近的通信线路产生音频干扰。

五、故障分析与处置

根据上述同步电动机的起动原理,结合现场起动的实际情况,因为电动机未达到亚同步转速,励磁无法投入,投励整定为 2.5 Hz(转差率 $S = 0.05$)。水泵起动对电动机来讲,属于轻载起动,它只要克服机组本身质量产生的静摩擦力矩就可以转动。由于转速增加,水阻力矩也相应增加,当阻力矩增加到与电动机电磁力矩相等时,电动机就无法继续加速,使之达不到亚同步转速,虽然采用手动投励,由于转差太大,达不到牵入同步的条件,无法牵入同步。

根据同步电动机牵入同步条件分析,不能牵入同步运行的原因,大致分为以下两个方面:

(1)起动电压压降大,影响牵入转矩减小。

泵站电源由所在地某变电站用 35 kV 电压,通过 7.3 km 架空线路(导线型号为 LGJ-70)
送至本站 5 600 kVA 降压变压器高压侧,经降压至 6 kV 电压后向电动机供电,
如图 1-12 所示。

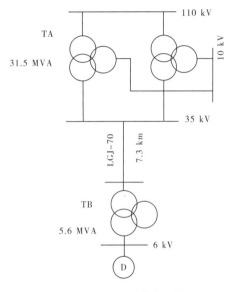

图 1-12　泵站供电系统

因为供电线路不远,加上供电系统大,按最小运行方式计算,达到亚同步转速时,电压
仍在 5.5 kV 左右,牵入转矩为额定转矩的 0.96 倍,比厂家的设计值还高,该供电设计不
会影响牵入同步,故排除这方面原因。

(2)电动机起动转矩小于或等于阻力矩,转子无法加速。

机组起动后,阻力矩包括机组转动部分的重力和水推力产生的摩擦力矩、抽水负载的
水阻力矩。起动时的泵扬程不高,叶片角度调在−6°,流量也不大,因此阻力矩也较小,经
计算只有额定转矩的 47%,不会影响加速。通过多次起动失败的现象分析,只有电动机
在异步起动过程中励磁绕组闭合后产生的单轴转矩没有加以限制,才会出现此种现象。

在异步起动过程中,励磁绕组不允许开路,转子起动瞬间和在低转速区,可能在励磁
回路中产生高压,破坏励磁绕组绝缘。但也不允许向励磁绕组通入直流电源,这是因为直
流磁势会产生附加电源,大大增加了定子绕组的损耗和发热,严重时会产生堵转和剧烈振
动。随着转速升高,励磁回路中的电压逐渐降低,接近亚同步转速时,电压已降到很低,这
时才允许将励磁回路送入直流电源,所以异步起动过程中,必须将励磁绕组短路。因此,
在异步起动过程中,转子受到起动绕组产生的异步转矩和励磁绕组因短路引起的单轴转
矩的作用。异步转矩与普通鼠笼型感应电动机一样,而单轴转矩相当于一台定子三相转
子单相的感应电动机。定子三相绕组产生的磁势切割转子单相绕组产生电势,在转子回
路中产生频率为 Sf_1 的脉振磁势。根据磁势理论,一个脉振磁势可以分解成正、反两个旋
转磁势,与定子旋转磁势同方向旋转的叫正序磁势,另一个叫负序磁势。同方向旋转的正
序磁势与定子磁势相对静止,产生普通感应电动机的异步转矩,称为正序转矩 M_Z。反方

向旋转的负序磁势的定子转速为 $(1-2S)n_1$，在定子绕组中感应出频率为 $f_0=(1-2S)f_1$ 的电流并建立相应的旋转磁势 F_0。转子反转磁势与 F_0 相互作用产生另一个异步转矩，称为负序转矩 M_0，该转矩在 $S=0.5$ 时为零，在 $S<0.5$ 时为负，在 $S>0.5$ 时为正。将转子单相绕组所产生的上述两个异步转矩合成起来，称为单轴转矩 M_P。将起动绕组所产生的异步转矩与单轴转矩相加，即得异步起动过程中的合成电磁转矩 M，如图1-13所示。当励磁回路中没有串电阻或串入的电阻太小时，电动机的合成转矩将在转差率 $S=0.5$ 的地方产生最小电磁转矩 $M_{\min}$。

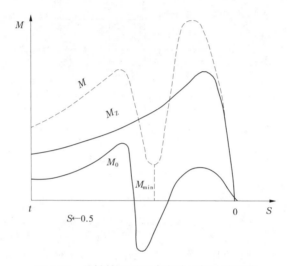

图1-13 单轴转矩对同步电动机起动的影响

如果负载阻力矩大于或等于电动机最小电磁转矩 $M_{\min}$，电动机便卡在 $n=1/2n_1$ 附近不能继续升速。为了限制单轴转矩对起动的不利影响，往往在异步起动时，励磁绕组要串入 5~10 倍于励磁绕组电阻的附加电阻来限制电流，如图1-14所示。

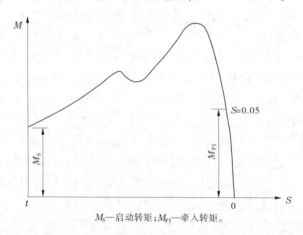

M_S—启动转矩；M_{PI}—牵入转矩。

图1-14 同步电动机起动过程中的异步转矩

根据上述分析，对该泵站 2# 机组励磁回路的附加电阻进行测量，结果附加电阻偏小，只有 0.6 Ω，为励磁绕组电阻的 1.4 倍。当电动机转速升至 $n=1/2n_1$ 时，就出现了最小转矩。随着转速上升,负载阻力矩增加较快,且超过了电动机电磁转矩,使电动机无法加速到亚同步转速的情况。这就是该泵站 2#组起动失败的主要原因。随即将 2#机组励磁回路的附加电阻增到 3.6 Ω(电动机励磁绕组电阻的 8.37 倍),再起动便顺利牵入同步运行。

六、巩固措施

为防止类似故障再次出现,运行人员研究分析了各种起动方式,进行了比较。

(一)全压异步直接起动

对于任何电机,全压异步直接起动都是最经济、最简单的起动方式,如果供电系统能够承受并且电机也能够成功起动,那么全压异步直接起动应为优先选用的方式。

此种方式在国内以往的泵站机组起动中应用最多,这不但是因为以往泵站多为中小型,也是人们习惯于和熟知此种方式,并且以往对运行及供电要求也不高的缘故。由于近年来大型泵站及特大型泵站的逐渐增多及对运行和供电要求的提高,全压异步直接起动方式受到挑战及一定限制。采用全压异步直接起动方式首先应进行起动计算。如果计算结果表明直接起动时电压达85%及以上,采用全压异步直接起动无可非议。如果起动压降超过15%,要根据工程具体情况而定。如果机组可以起动成功并且压降值不至于引起相关设备的误动或影响其他设备正常运行,此方式仍可采用,否则,只能另觅他途。

往往一些大型泵站工程,机组起动计算时起动压降虽超过15%,但机组起动仍可成功而不采用全压异步直接起动是因为考虑工程总体要求而定的,如机组起动频繁程度、相关设备对电压质量要求等。另外,有的工程由于流量调节等要求已装设了变频装置,这时,机组起动可结合总体情况利用已有的变频装置。再次,有的工程为了降低投资,采用1台变频起动装置或其他起动方式作为主起动方式,全压异步直接起动作为紧急备用方式(起动压降虽超过15%,但可起动成功的情况)。

全压异步直接起动不一定单独使用,也可与其他方式联合使用,以达到工程技术经济合理的目的。

(二)变频起动

变频起动方式在技术上具有很多其他方法不可比拟的优点,如设备静止、维修方便,多台机组可共用1套设备(可降低投资比)等。它的起动电流倍数可调,既可大于1,也可小于1。它可以在限流(起动电流不超过电机额定电流值)的同时获得大的起动转矩,可以实现包括软停止在内的各种启停功能,可做到对系统及机组无冲击。机组制造可以按正常工况下的参数最优结构制造,主机正常运行无附加损耗,特别是对于泵站所需配套变频器容量也不需太大,其配套设备均可装于柜内,既方便了布置,也减小了占地面积,又减轻了维护工作量,并且此种方式也易于实现微机控制。从现在的可控硅技术而言,其元件可靠性已非常高。

变频起动方式在机组起动方面不论是国内还是国外已得到了广泛的应用,在我国已有很多大型泵站和抽水蓄能电站采用了此种起动方式。另外,各大型钢铁行业中容量从几千千瓦到几万千瓦的大型风机大多数也采用了变频起动方式。根据国内现在的实际情况,在变频器运行方面已具有成功的经验,并且其技术性能是其他方式无法比拟的,但它的最大缺点是投资大。所以,投资往往成为考虑这种方式是否被采用的关键。

对于工程规模较大、装机台数较多的大型或特大型泵站,采用变频起动方式,其综合投资及工程整体性能均可能较优。此时,变频起动方式往往成为一种较为合理的方案。

(三)磁控电抗器起动

磁控电抗器起动装置问世已有 10 余年,是我国具有独立知识产权的技术,已在我国冶金、石化等许多领域的大容量电动机上广泛采用。此起动方式下的起动电流一般为 2~3 倍额定电流,起动时间一般为 15~50 s。其技术性能不如变频起动方式优越,但略优于下述的热变电阻起动方式;其经济性能优于变频起动方式,与下述的热变电阻起动方式相比略高。从装置布置占用建筑面积上,基本与变频起动方式的装置相当,比下述的热变电阻起动方式装置略小。

磁控电抗器起动装置具有简单可靠、环境适应性好、体积小及免维护等优点。在泵站工程中还未见应用实例,但根据其工作原理、性能及许多同类电动机成功运行经验可见,应用于泵站工程从技术上是可行的。

(四)热变电阻起动

热变电阻起动装置是近年来兴起的一种起动方式。其技术在我国具有独立知识产权,虽在我国矿山、冶金、石化等领域的电动机上已采用,但其运行经验与其他方式相比还属于刚刚起步。此起动方式的起动电流一般为 2~4 倍额定电流,起动时间一般为 15~50 s。现阶段其技术性能远不如变频起动方式优越,与磁控起动装置相比也略低。但其经济性能远优于变频起动方式,也比磁控起动装置略低。其装置布置占用建筑面积比变频起动装置及磁控起动装置的大。

热变电阻起动方式与传统液阻起动装置相比具有简单、可靠及基本免维护等优点。在泵站工程中还未见应用实例,但从同类电动机成功运行经验可见,应用于泵站工程从技术上是可行的。

七、相关法规依据

(一)《泵站技术管理规程》(GB/T 30948—2021)中相关规定

(1)电动机在冷热状态下连续起动的次数及间隔时间应符合制造厂规定。

(2)电动机的运行电压应在额定电压的 95%~110% 范围内。

(3)电动机三相电流不平衡之差与额定电流之比不应超过 10%。

(4)同步电动机励磁电流不应超过额定值。

(二)《泵站运行规程》(DB32/T 1360—2009)中相关规定

(1)三相电源电压不平衡最大允许值为 ±5%。主电机运行电压应在额定电压的 95%~110% 范围内。如低于额定电压的 95%,定子电流不超过额定数值且无不正常情况,可继续运行。

(2)主电机的电流不应超过铭牌规定的额定电流,特殊情况下超负荷运行时,须经总值班同意并加强主电机运行监视。主电机过电流与允许运行时间不应超过表 1-6 规定值。

表 1-6 主电机过电流与允许运行时间关系

过电流/%	10	15	20	25	30	40	50
允许运行时间/min	60	15	6	5	4	3	2

(3)主电机电流三相不平衡程度,满载时最大允许值为15%,轻载时任何一相电流未超过额定数值时,不平衡的最大允许值为10%,如超过上述允许范围,应查明原因。

(4)根据电网需要调整功率因数,但定子及转子电流均不应超过额定数值。

(5)主电机起动前,应测量定子、转子绝缘电阻。若主电机绝缘电阻及吸收比较历年正常值有明显下降,应查明原因并将其消除。具有保温措施、不易受潮且起动频繁的备用主机组,在运行期间短时间内重新投入运行,可不测量绝缘电阻。主电机备用期间有条件的应采取保温措施,防止绝缘受潮。

八、案例启示

本案例中的泵站工程在进行汛前检查时,发现机组不能牵入同步运行,立即对故障进行了处置。对广大水利工程管理者而言,务必认真做好检查工作,将故障隐患排除,以免造成大事故。

案例十一 主电机通风机故障

一、通风机的结构及工作原理

通风机以电机为驱动设备,主要结构包括集风器、叶轮、导叶、扩散筒等部件,其中集风器主要负责气体的进入。通风机在进行工作时,由通风机的电动机带动叶轮进行旋转,此时空气会经通风机的集风器入口流入通风机内部。随着通风机内部叶轮的转动过程,进入的气体就转换为动能。当能量通过叶轮后,会再次流入通风机实现气流的转换。当气流成功转换后,再将空气送入通风机的内部扩压器中,将部分空气动能转换为静压能,再次输送到通风机的管路中。通风机的叶轮上有许多不同角度的机翼型叶片,这些叶片的安装角度能够推动气流的前进方向,提高通风机的工作效率。

二、故障现象

某工程项目有2个相同的通风系统,在相同位置各安装1台相同规格的通风机。2台通风机在使用1年后发生相同故障,叶轮均有1个叶片断裂。

三、原因分析

造成通风机叶片断裂的原因有很多,主要包括以下几点。

(一)设备质量

对故障叶轮进行探伤、材料成分、硬度、金相、电镜等分析,从宏观到微观分析叶片出现故障的起因及诱因。

叶片断口宏观上有贝纹线,微观上均为疲劳裂纹,并伴有二次裂纹,断裂性质为疲劳断裂。

叶片的断裂性质表明,叶片在运行时受到交变载荷作用,与设计工况不符。正常工况下,叶片应该承受的力主要有径向离心力和由气压产生的推力,理论上不存在交变载荷,即交变载荷是通风机叶片断裂的诱因。

(二)系统匹配

为确定叶片交变载荷产生的原因,经现场实际考察发现,该通风机的出口为一垂直竖井水泥风管,且没有任何导流措施,风机出口与墙壁距离为 1.5 m。一般而言,风管与通风机的出口连接,在靠近通风机出口处的转弯必须与通风机的旋转方向一致,使气流通畅均匀,通风机出口处到转弯处宜有不小于 3D(D 为通风机入口直径)的直管段。通风机的入口直径为 1.3 m,为保证气流通畅,通风机出口到转弯处应至少为 4 m,实测仅为 1.5 m。由于出口距离较短,正常运转时,通风机叶片可能会受到出口气流的反弹作用,从而出现喘振现象。

2019 年 3 月,在该风机轴承位置安装垂直、水平及轴向 3 个方向的振动传感器进行风机振动监测。该通风机采用刚性连接,根据《通风机振动检测及其限值》(JB/T 8689—2014),其最大允许振动值为 4.6 mm/s。经过对监测数据(见图 1-15)分析,发现确实是典型的由气流引起的通风机振动,而且振动幅度非常大。

由图 1-15 可知:

(1)x 方向振动速度大部分在 2 mm/s 左右,最高不超过 4 mm/s,与通风机出厂测试数据较为接近。

(2)y 方向振动速度大部分在 3.5 mm/s 左右,最高不超过 5.5 mm/s,是通风机出厂测试数据的 2 倍左右。

(3)z 方向振动严重超标,速度最小值接近 20 mm/s,最大值达到 34.6 mm/s,最小值是出厂测试数据的 8 倍左右,最大值是出厂测试数据的 14 倍左右(超出报警停机值5 倍)。

由此可知,气流可能从通风机出口直接吹在竖井管道墙壁上反弹四射,如图 1-16 所示。由于通风空调系统具有足够大的容积,部分反弹气流可能会与通风机出口气流相互撞击,与通风机组成一个弹性的空气动力系统,即造成通风机喘振。

四、故障处置

该通风机运行工况超出了设计工况范围,交变载荷是通风机叶片断裂的诱因。为确保通风机可靠运行,首先对通风机叶轮采取了加强设计,提高了叶轮抗轴向交变载荷的能力;在系统匹配上,对风道系统加以优化改进,降低了通风机喘振风险。

(一)叶轮结构优化设计

考虑交变载荷的存在,叶片采用加强型结构,在叶片根部背面增加一块加强板,使叶片根部受力点面积加大,增强抗交变载荷能力。

(二)通风系统的优化建议

在通风机出口处增加导流管,使通风机出口气流以一定倾斜角度射向对面墙壁,避免

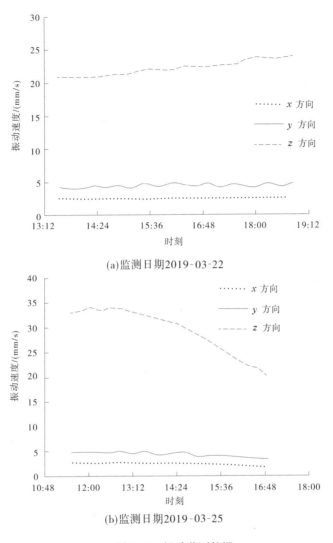

(a)监测日期2019-03-22

(b)监测日期2019-03-25

图 1-15　振动监测数据

反弹气流与通风机出口气流相互撞击而形成弹性空气动力系统,从而避免通风机发生喘振。

五、常见故障及原因

(一)通风设备压力异常

通风机使用过程中时常会出现设备风压异常的情况,导致空气排除工作受到影响,通风机通风效果减弱。

造成通风机压力异常的原因有很多,可能是:通风机经过长时间的使用却疏于清洁保养,长期的杂物累积在管道中,致使连接处的管道堵塞;管道损坏也会导致通风机压力异常;当工作人员进行设备连接时,如未按规定进行连接操作,也会导致通风机漏气,引起通风机的风压异常。

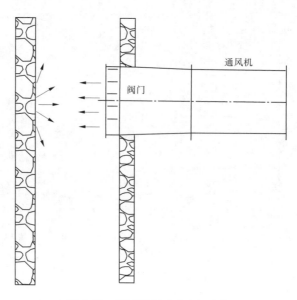

图 1-16　通风机振动产生示意图

(二)通风设备叶轮损坏

长时间的设备使用却忽视相应的维护与保养,会导致通风机部件损坏情况的发生。在通风机的使用过程中,会出现叶轮损坏的情况,导致通风工作受到影响。

造成该现象的原因:一般是通风机的长时间使用缺乏维护,叶轮受潮后发生氧化、腐蚀现象;也有可能是内部叶轮安装不稳固,叶轮转速受到影响;还可能是设备长时间超负荷运转导致的叶轮损坏。

(三)齿轮轴承运转异常

通风机的轴承运转异常,造成转速降低。

造成这种情况的原因可能是:通风设施与电机的同心度发生错位或者轴承安装角度错误,使得风机轴承出现磨损;同时如果通风机中存油沟坡度过缓,也会导致轴承受损;磨损轴承质量也是影响轴承磨损情况发生的重要因素之一,如轴承件质量不达标、耐磨度较差,会加速轴承磨损情况的发生。

(四)通风设备密封不严

通风设备密封不严也是通风机常见故障的一种。

造成通风机密封圈松动或损坏的原因:可能是使用时间较长,导致密封圈老化后出现变形、腐蚀;常年工作的通风设备密封圈也会出现严重磨损情况;工作人员安装密封圈时,不规范的安装手法也会导致密封圈安装错位,安装不当进一步导致密封圈松动的情况。

(五)矿井风门设施损坏

通风机的风门也会存在一些故障问题,例如风门无法正常开关。这种情况一般是由于通风设备长时间的使用使风门轴磨损,致使通风机风门无法正常开启或关闭;或者风门的门轴处卡入异物也会导致风门无法正常使用;另外,金属的风门上有非常多的孔洞,这些孔洞在潮湿的情况下与空气接触会发生氧化与腐蚀,致使风门损坏。

六、巩固措施

针对不同故障,运行人员采取了以下几点预防巩固措施。

(一)通风设备压力异常

针对通风机的压力异常问题,在通风机的日常维护中,工作人员要注意对主电动机的清洁与养护。通风机的电动机作为核心部件,如产生问题,会直接影响通风设施的正常使用。在进行日常维护时,要对设施周围的粉尘、油污及时清除,防止杂物堆积对电动机产生干扰效果,同时对管道内部进行定期检查清理。对管道的检查过程中,如发现损坏及时更换,并注意工作人员连接管道操作的规范性,保证通风机的正常运行。

(二)通风设备叶轮损坏

在这种情况下,工作人员需要加强对通风机叶轮的日常维护与保养,定期对内部叶轮进行检查,防止叶轮氧化、腐蚀情况的发生,同时工作人员要注意通风机的规范使用,避免由于长时间超负荷工作引起叶轮损坏。

(三)齿轮轴承运转异常

针对通风机轴承磨损这一情况,需要工作人员定期检查轴承的润滑油是否充足,加强对轴承的润滑保养工作,保证轴承处于润滑的状态,并定期进行轴承的润滑检查,同时需要规范润滑油的使用方式,严禁不同的润滑油混合使用。

(四)通风设备密封不严

针对这一情况,需要工作人员及时对通风机密封圈进行维修与更换,同时加强工作人员的安装操作规范性,避免错误操作影响通风机的正常使用。

(五)矿井风门设施损坏

针对通风机风门损坏的情况,需要对风门进行定期检查,确保风门的密封性、门轴的灵活度;同时也要定期检查是否能够正常开启或关闭,风门及其表面金属是否存在腐蚀生锈等痕迹,及时对通风机门轴涂抹润滑油,以减少门轴使用磨损,对风门进行定期检查与擦拭,以减小风门被腐蚀概率;工作人员在使用通风机风门时,也应按照规定进行操作,轻开轻关,避免因重力振动导致的风门损坏。

七、相关法规依据

《通风机振动检测及其限值》(JB/T 8689—2014)中振动速度与振动位移限值见表 1-7。

表 1-7　振动速度与振动位移限值

支承类型	振动速度(峰值)v/ (mm/s)	振动位移(峰值)X/ μm	近似对应的振动速度有效值 v/ (mm/s)
刚性支承	≤6.5	≤$1.24×10^5/n$	≤4.6
挠性支承	≤10	≤$1.90×10^5/n$	≤7.1

注:n 为通风机工作转速,单位为 r/min。

八、案例启示

对于此类叶片断裂故障,通常会认为是设备设计强度不足或制造质量的问题。通过深入分析发现,本案例系统布置不合理,与通风机不匹配才是叶片断裂的根本原因。加强叶轮强度设计只能延迟故障发生的时间,而改进系统布置、使系统与通风机匹配才能从根本上避免故障的发生。诸如此类,在工程运行中发现一个问题,需要以小见大地去深挖背后的原因,找到解决方案,保障工程安全可靠运行,甚至产生一定的经济效益。对广大的水利工程管理者而言,这种探究精神是值得学习的。

第二章　电气系统常见故障

案例一　变压器内部异响

变压器作为电力设备的核心部件,有着极其广泛的应用。然而,电力设备的噪声主要来自内部的变压器,因此分析变压器异响产生的根源,采取相应的措施来降低变压器噪声显得十分重要。

一、设备概况

某大型泵站工程含有1座35 kV变电站,配备SZ9-12500/35油浸式有载调压变压器1台,容量为12 500 kVA,额定电压为35/6.3 kV,冷却方式为油浸自冷式,噪声水平为64 dB。绕组联结如图2-1所示。

变压器在正常运行时,应是均匀的"嗡嗡"声,这是由于交流电通过变压器的绕组时,在铁芯里产生周期性变化的交变磁通,交变磁通的变化引起铁芯的振动而发出的响声。

二、故障现象

某日运行人员在例行巡视检查过程中发现,变压器出现强烈且不均匀的噪声且振幅加大,有时还发出"吱吱""叮当""嘤嘤""哼哼"等异响。运行操作人员初步判断为发生故障。

三、故障原因

造成变压器声音异常的原因有很多,主要原因包括以下几点:

(1)当有大容量的动力设备起动时,负荷变化较大,使变压器声音增大。当变压器带有电弧炉、可控硅整流器等负荷时,由于有谐波分量,所以变压器声音也会变大。

(2)过负荷使变压器发出很高且沉重的"嗡嗡"声。

面向高压侧

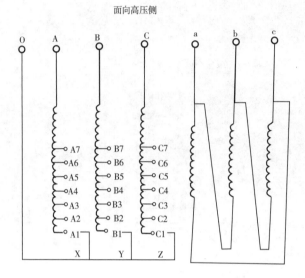

图 2-1　绕组联结

（3）个别零件松动,如铁芯的穿芯螺丝固定不牢,使铁芯松弛,造成硅钢片间产生振动,从而产生强烈且不均匀的噪声且振幅加大。

（4）内部接触不良,或绝缘有击穿,或绕组或引出线对外壳闪络放电,或铁芯接地线断线,造成铁芯对外壳感应而产生高压,变压器发出放电的"噼啪"声。

（5）系统短路或接地,通过很大的短路电流,使变压器发出很大的噪声。

（6）系统发生铁磁谐振时,变压器发出粗细不均的噪声。

（7）变压器内部有一阵阵的"嘤嘤"声,是在轻负荷或空负荷的情况下,某些离开叠层的硅钢片端部发生振动造成的。

（8）铁芯和线圈的振动通过铁芯、油箱、器身与箱底基座的固定部分和变压器油等传递到油箱,引起油箱及其上面的附件机械振动产生噪声。

（9）其他辅助设备产生的噪声。

四、故障危害

变压器发出任何轻微异常响声均不能轻视,应及时辨别变压器中的异常声音,准确判断出缺陷可能发生的位置并及时消缺处理,避免因缺陷不及时处理造成事故发生,保障变压器设备安全运行。

五、故障分析

变压器异响产生是一个复杂的过程,从变压器的结构来看,异响主要来源于异常机械振动和异常放电。

机械振动主要有硅钢片磁吸伸缩效应引起的铁芯振动、负载电流产生漏磁引起的绕组和支撑结构件的振动等。当变压器由于机械振动异常引发异响时,极易导致干式变压器内部机械结构的破坏,继而引发绝缘缺陷。绕组松动、绕组形变、绝缘脱落、铁芯夹件夹紧力下降等都能引起振动异常导致异响。有研究表明,这类振动引发的异响,其频率主要集中在 50~1 000 Hz。

异常放电引发的异响主要是由于表面毛刺、结构松动以及局部绝缘劣化等因素,引起变压器高压端或带电绕组出现电晕或沿面的局部性放电,进而电离空气,空气中气体分子相互碰撞、分解,导致异常声响的出现。与振动导致的异响不同,放电引起的异响的频率更高,因此理论上可以通过异常声响的频率特性区分异响缺陷类型。

六、故障处置

(一)及时断电检修

对变压器运行过程中的异常声音进行处理时,首先需要对变压器的故障级数进行判断。如果声音异常较为明显而且出现了振动,那么可能是电路内部的压力较大,导致电路无法承受;还有一种可能是变压器的容量不足,负荷过大,从而导致变压器无法安全稳定地工作。针对以上两种情况,在检修的过程中,工作人员必须及时切断电源,在变压器停止工作后再打开变压器,测量电路压力,并分析电流温度相关参数,及时查看整个电路的线路问题,更换局部电路或者调整电压等,为后续的检修调整提供更多的数据支持。变压器空载试验线路如图 2-2 所示。

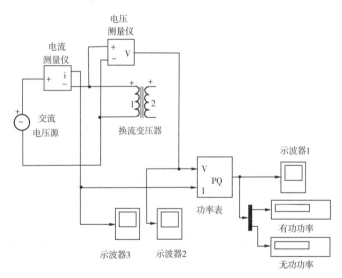

图 2-2 变压器空载试验线路

(二)调整运行方式

为了有效地解决在变压器运行过程中出现的异常声音问题,可以调整运行方式。如变压器在运行过程中具有较高的负荷,可以通过适当调整运行方式来进行优化,可以先使变压器停止工作,对其内部的零件进行检查,检查完成后再通电,再次观察变压器的运行状况。如由于部分变压器使用年限较长,在运行的过程中会产生较多的热量,导致设备中的绕阻容易出现故障,影响到变压器整体的运行。为了有效缓解这种状况,可以调整变压器的运行电流,在此基础上再判断变压器是否还会出现异响。

(三) 强化对变压器的检查

为了进一步保障变压器的稳定运行,工作人员可以将检修人员分为几个不同的小组,按照时间表相互配合来进行检修,并记录所有的检修过程,通过检修记录的数据信息来判断变压器的实际工作状况。在进行具体的检修工作之前,工作人员需要确认具体的设备使用年限及运行检修周期。所有检修工作人员都要充分重视设备的实际运行状况,并制定科学合理的变压器检修管理制度。

七、巩固措施

变压器检修投入运行前,应检查高压套管末屏接地是否良好,如有异常应及时处理。在末屏处于接地状态时,使用万用表测量接地片对变压器外壳(地)的电阻值是否满足要求。

变压器检修过程中发现变压器铁芯多点接地时,应及时进行处理。变压器铁芯应有且只能有一点接地,若出现两点及以上的接地,视为多点接地。变压器铁芯多点接地运行将导致铁芯内部出现故障,危及变压器的安全运行。

变压器运行中如发现接头连接发热,应分析发热原因,及时安排处理。因为导引线的载流接头是变压器的重要组成部分,接头连接不好将引起发热甚至烧断,严重影响变压器的正常运行,如接头过热必须及时进行消缺处理。

检修变压器有载开关时要做过渡电阻测试试验,必须测量弧触头与主触头之间的阻值,并注意弧触头与主触头之间是否有迂回回路,避免迂回回路引起测量误差。

变压器检修过程中发现有载开关直流电阻值存在超差,可能是由于油膜或氧化膜的存在造成的。试验前应先操作 10 个循环,以解决有载开关氧化膜的问题;如果是油膜问题,开关必须吊芯打磨主触头动触头。直流电阻不合格时,必须排除人为因素和仪器等因素。

加强变压器运行巡视,对变压器发出的任何轻微异常响声均不要放过,准确判断出缺陷可能出现的位置并及时进行消缺处理,避免因缺陷不能及时发现处理而造成事故发生,保障变压器设备安全运行。

加强变压器运行检查,当发现变压器本体轻瓦斯动作时,应及时收集气体,化验分析其成分,及时进行放气处理,并分析判断产气原因,避免因变压器内部故障未及时处理造成事故,确保变压器设备安全运行。

八、相关法规依据

(一)《电力变压器运行规程》(DL/T 572—2021)相关规定

(1)变压器日常巡视检查一般包括变压器声响是否均匀、正常。

(2)变压器声响明显增大,很不正常,内部有爆裂声应立即停运,若有运用中的备用变压器,应尽可能先将其投入运行。

(二)《电力变压器检修导则》(DL/T 573—2021)相关规定

常见变压器本体声音异常情况的检查,包括连续的高频率尖锐声,异常增大且有明显的杂音、"吱吱"声或"噼啪"声、"嘶嘶"声、"哺咯"的沸腾声、"哇哇"声等。

(三)《6 kV～1 000 kV 级电力变压器声级》(JB/T 10088—2016)相关规定

容量为 30～63 000 kVA,电压等级为 6 kV、10 kV、20 kV、35 kV 和 66 kV 级的油浸式电力变压器的声功率级应不超过表2-1规定的限值。

表 2-1　油浸式电力变压器的声功率级限值

等值容量(kVA)/ 电压等级(kV)	声功率级 LWASN/dB(A)	
	油浸自冷(ONAN)	油浸风冷(ONAF)
30/6～10	50	—
50/6～35	50	—
63/6～35	50	—
80/6～35	52	—
100/6～35	52	—
125/6～35	54	—
160/6～35	54	—
200/6～35	56	—
250/6～35	56	—
315/6～35	58	—
400/6～35	58	—
500/6～35	60	—
630/6～66	60	—

九、案例启示

变压器声级超标故障常有发生,因此研究故障产生的原因和处置措施,采取有效方法减少此类故障,对保障变压器的运行安全意义重大。

针对变压器故障的检查和处置,除加强巡视检查、及时停机检修外,应加强对先进检修设备与技术的引进,如变压器振动声学测试技术、基于 NNLS 的波束形成声学成像技术、异响实时在线监测装置等,通过监测设备所提供的数据配合算法,实时、准确判断设备的故障问题,从而全面提升工作人员的检修效率,保障变压器的安全、稳定运行。

案例二　油浸式变压器本体轻瓦斯告警信号动作

主变压器是电力系统的重要组成部分,也是大型泵站工程的主要设备之一。主变压器的安全、稳定运行十分重要,其一旦发生故障,将造成泵站主机组无法运行,工程效益无法得到及时发挥。作为变压器的主保护之一,瓦斯保护可分为轻瓦斯和重瓦斯,其中轻瓦斯动作于信号告警,重瓦斯动作于跳闸。

一、设备概况

某大型泵站工程含有 1 座 35 kV 变电站,配备 SZ9-12500/35 有载调压油浸式主变压器 1 台,主要技术指标如表 2-2 所示。

表2-2　有载调压油浸式主变压器的主要技术指标

设备型号	SZ9-12500/35	额定电压	35/6.3 kV	额定电流	206.2/1 145.5 A
连接组别	YNd11	调压范围	(+4~-2)×2.5%	冷却方式	油浸自冷(ONAN)
调压方式	有载调压	高压绕组温升	65 K	绝缘油重	5 800 kg
油面温升	55 K	低压绕组温升	65 K	绝缘等级	A(105 ℃)

二、故障现象

某日运行人员在日常巡视检查中发现,35 kV 主变压器进线开关柜仪表室面板继电保护装置"本体轻瓦斯告警"指示灯点亮。查看主变压器油枕油位正常,油位较之前未发生大幅变化,如图 2-3 所示;上层油温正常,油温较之前也未发生大幅变化,如图 2-4 所示;本体气体继电器内部充满淡黄色油,集气盒内未见明显气体,如图 2-5 所示;现场运行声音为平稳且规律的"嗡嗡"声,未发现明显异常气味;油箱及散热器外部未发现渗漏油情况。

图2-3　油位正常

图2-4　温度正常

图2-5　无明显气体

三、工作原理

轻瓦斯告警信号是通过安装在油箱和油枕之间管路上的气体继电器来实现的。气体继电器一般包括探针、气塞、重锤、上下浮子、磁铁、上盖、弹簧、干簧接点、挡板及接线端子。变压器正常运行时,气体继电器内是充满变压器油的,如图 2-6 所示。

当变压器在运行过程中出现轻微故障时,油箱内部的变压器油在电弧的作用下将分解产生多种游离气体,游离气体向上运行,逐渐集聚在气体继电器顶部,迫使气体继电器内部油面下降(见图 2-7)。当下降到限定位置使油面低于上浮子时,上浮子随着油面落下带动磁性开关元件动作,使信号接点 1、2 接通(见图 2-8),发出报警信号,报警信号传

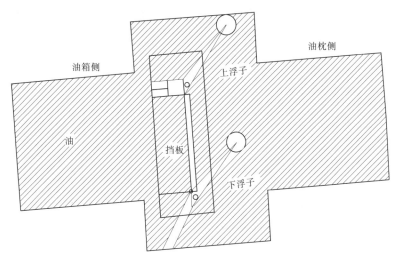

图 2-6　正常运行时变压器油充满气体继电器

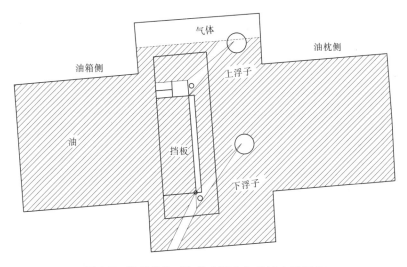

图 2-7　轻微故障时气体集聚在气体继电器顶部

输至 35 kV 主变压器进线开关柜仪表室面板继电保护装置经定义的开关量输入接点 DI6 (见图 2-9),进而触发继电保护装置"本体轻瓦斯告警"指示灯点亮。

四、故障原因

导致变压器本体轻瓦斯告警信号动作的原因有很多,本案例仅描述大型泵站工程运行管理中常见的故障原因。

(一)内部轻微故障

内部轻微故障主要为变压器内部故障,如匝间短路、绝缘损坏、接触不良、铁芯多点接地等原因产生的电或热现象。在电或热的催化下,变压器油箱内部的绝缘油发生化学反应,从而产生不溶于绝缘油的游离气体。游离气体随着油流向上攒动,逐渐集聚在气体继电器顶部,导致变压器本体轻瓦斯告警信号动作。

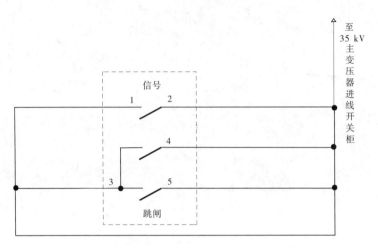

图 2-8　气体继电器内部信号接点原理图

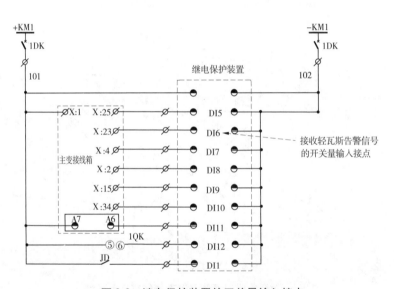

图 2-9　继电保护装置的开关量输入接点

(二)本体结构件漏气

变压器箱体或各种附件,如冷却器、散热器、潜油泵、氮气阀、安全阀、继电器及各种连接口密封不严实,使空气进入油箱内部。空气随着油流集聚在气体继电器顶部,同样可能导致变压器本体轻瓦斯告警信号动作。

(三)操作不当进气

作业人员开展的与绝缘油有关的工作,如缺油时的补油、新安装变压器时的注油、长期运行后的滤油、电气预防性试验时的取油等操作不当,均可能导致外部空气进入油箱内部,导致变压器本体轻瓦斯告警信号动作。

(四)油面下降

气温骤降,变压器油热胀冷缩,或者变压器箱体、各种附件及焊缝接口等处出现渗漏油情况时,引起油面下降,使上浮子或下浮子随着油面下落带动磁性开关元件动作,使信号接点 1、2 或者 3、5 接通,可能导致本体轻瓦斯告警信号动作,甚至重瓦斯保护跳闸,如图 2-10 所示。

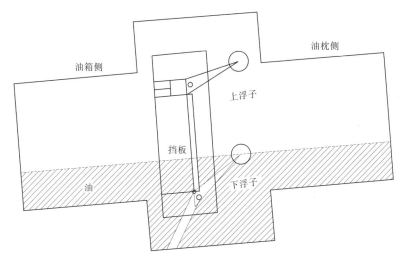

图 2-10   油面下降时上浮子、下浮子落下带动磁性开关元件动作

(五) 呼吸器堵塞

呼吸器的主要作用是清除和干燥由于变压器油温变化而进入油枕胶囊内的杂质和潮气,以免变压器受潮。当变压器油受热膨胀时,呼出油枕内胶囊中多余的空气;当变压器油温降低收缩时,吸入外部空气。当呼吸器堵塞后,遇到气温降低时,油箱内部绝缘油收缩导致油箱内部形成负压,加之低温使绝缘油中气体溶解度下降,引起油中气体析出并在气体继电器顶部集聚,引起本体轻瓦斯告警信号动作。

(六) 电气二次回路故障

"气体继电器接线端子—变压器本体接线端子箱—35 kV 主变压器进线开关柜仪表室接线端子排—继电保护装置接线端子"这一段电气二次回路出现短路故障或多点接地等情况,可能导致气体继电器轻瓦斯告警信号误动作。

(七) 继电保护装置本身故障

继电保护装置内部软件或硬件自身发生故障,可能导致变压器本体轻瓦斯告警信号误动作,此种情况极易在电气试验后出现。

(八) 气体继电器本身故障

气体继电器本身结构组成复杂,不同厂家不同型号的气体继电器内部结构相差甚大。就 QJ 型气体继电器而言,其组成一般包括探针、气塞、重锤、浮子、磁铁、上盖、弹簧、干簧接点、挡板及接线端等。如气体继电器本身内部结构件发生故障,则可能导致信号接点误接通,使轻瓦斯告警信号误动作。

(九) 变压器进水受潮

当变压器进水受潮后,水和金属发生锈蚀反应,形成电极化反应,产生 H_2 或者 O_2;或者受潮后引起局部放电,导致油纸绝缘发生分解反应,产生 C_2H_2 或 H_2,进而引发轻瓦斯告警信号动作。

(十)变压器高压侧油气套管内渗

变压器高压侧套管内气侧和油侧内渗,当油温低于 35 ℃ 时,套管内气侧的 SF_6 气体向油侧灌气,引发轻瓦斯告警信号动作。

(十一)变压器铁芯多点接地

油箱底部磁屏蔽焊接不牢固,脱落的焊点在油流的作用下洒落在变压器铁芯、油道、油箱底部等处,造成铁芯多点接地形成环流而发热,绝缘油局部裂变,产生游离气体,引发轻瓦斯告警信号动作。

(十二)断流阀设置不合理

断流阀的作用是在火灾情况下及时关断油箱和油枕的通路,防止火情扩大。当其关断流量动作值设置过低时,在冷热变化较大的季节,油流明显超过断流阀关断流量时,容易产生误动作。

五、故障分析

35 kV 主变压器进线开关柜仪表室面板继电保护装置"本体轻瓦斯告警"指示灯点亮后,查看主变压器油枕油位正常,油位较之前未发生大幅变化,说明本体油箱及附件无渗漏油现象;上层油温正常,油温较之前未发生大幅变化,说明未发生内部故障;本体气体继电器内部充满淡黄色油,集气盒内未见明显气体,说明未发生漏气、进气、进水、呼吸器堵塞及内部轻微故障等情况;现场运行声音为平稳且规律的"嗡嗡"声,未发现明显异常气味,说明变压器本体运行正常。通过上述故障原因可知,故障可能发生在电气二次回路、继电保护装置及气体继电器本身,应对此三处进行重点排查。

六、故障处置

(一)电气二次回路

运行人员拆开 35 kV 主变压器进线开关柜仪表室面板继电保护装置 DI6 接线端子,使用 1 000 V 绝缘电阻表测量气体继电器接线端子至继电保护装置 DI6 端子之间的回路绝缘电阻,发现相对地、相对相之间绝缘电阻均大于 1 MΩ,故排除电气二次回路故障的可能。

(二)气体继电器本身

运行人员至 35 kV 主变压器接线端子箱,拆开气体继电器信号接点 1、2 号端子,拨至万用表蜂鸣挡位,使用红、黑表笔分别接触气体继电器信号接点 1、2 号端子,万用表未发出蜂鸣声,说明气体继电器信号接点 1、2 号并未接通,即气体继电器本身并未发出轻瓦斯告警信号。这一测试也符合上述故障现象的判断,即轻瓦斯告警信号动作后油枕油位正常,上层油温正常,集气盒内未见气体,运行声音平稳,无明显异常气味,无渗漏油情况。由此可初步判断,故障点为继电保护装置。

(三)继电保护装置

联想起之前曾做过电气预防性试验,运行人员判断应该为继电保护装置故障。随即联系电气预防性试验机构和继电保护装置厂家,按照继电保护装置厂家的建议,对继电保护装置进行故障信息消除并复归、程序自检后,"本体轻瓦斯告警"指示灯熄灭;运行人员将本体轻瓦斯告警信号电气二次回路再次接通,对继电保护装置再次进行程序自检操作,"本体轻瓦斯告警"指示灯未点亮,其后也再未出现过"本体轻瓦斯告警"指示灯点亮的现象。

七、巩固措施

(一)严格遵守操作规程

在进行油浸式电力变压器注油、换油、采油等油处理过程中,严格遵守制造厂家和相关规程规范的要求,防止油箱出现渗漏油、进漏气等现象,避免本体轻瓦斯告警。

(二)做好设备管理记录

油浸式电力变压器一般情况下多作为大型泵站工程电力系统中的主变压器,其运行安全与否决定着泵站工程运行的稳定。做好油浸式电力变压器的安装、运行、检查、养护、维修及试验等记录,出现故障后,多维度、全方位进行深度分析,精准判断故障原因,并及时处理,避免发生事故。

(三)特殊情况下加强巡视

在冷热交替、狂风暴雨等恶劣天气,或设备已出现轻微异常现象等特殊情况下,应加强对设备重要部位的巡视,如油箱、油枕、散热器、呼吸器、吸湿器、气体继电器、压力释放阀、套管、法兰连接等结构件;加密对设备重要数据的记录,如电流、电压、功率等电气量和环境温度、湿度、油温、油位、气体、故障时间间隔等非电气量参数。

(四)电气试验后及时复归

每次电气预防性试验后,工程管理单位的运行人员应和试验人员共同对电气设备情况进行检查,如接线端子有无漏接和错接、设备表面有无击穿损坏、压力释放阀顶针是否复位、气体继电器气塞和探针是否复位等;对开关设备进行试操作,如高压断路器能否成功分合闸、隔离手车能否成功摇进试验位置和工作位置、接地开关能否成功分合闸等;对继电保护装置报警信息进行检查,如显示屏有无显示告警信息、自检程序有无异常等。一切确认无误后方可将设备投入正式运行。

(五)总结故障发生后的检查方法

变压器轻瓦斯告警信号动作后应严密监视变压器的运行情况,并立即查明原因,予以处理,必要时可停止变压器运行,所以总结故障发生后运行人员的检查方法就尤其重要。运行人员可从看后台信号、听运行声音、观油位油色、分析气体性质、测二次回路五个方面着手检查。

八、相关法规依据

(一)《变压器油中溶解气体分析和判断导则》(DL/T 722—2014)相关规定

变压器油是由许多不同分子量的碳氢化合物分子组成的混合物,电或热故障可以使某些 C—H 键和 C—C 键断裂,伴随生成少量活泼的氢原子和不稳定的碳氢化合物的自由基,这些氢原子或自由基通过复杂的化学反应迅速重新化合,形成 H_2 和低分子烃类气体,如 CH_4、C_2H_6、C_2H_4、C_2H_2 等,也可能生成碳的固体颗粒及碳氢聚合物(X-蜡)。油的氧化还会生成少量的 CO 和 CO_2，长时间的累积可达显著数量。

(二)《泵站运行规程》(DB32/T 1360—2009)相关规定

变压器瓦斯保护动作的处理方式如下所述：

(1)变压器发生瓦斯保护动作，主要有以下原因：二次回路故障；检修、加油时气体进入变压器；温度发生变化、渗漏油导致变压器油位下降过低；内部发生电气短路故障。

(2)变压器发生瓦斯保护信号动作，应严密监视变压器的运行情况，并立即查明原因，予以处理，必要时可停止变压器运行。

(3)变压器发生瓦斯保护跳闸动作，应立即检查变压器的温升、油位及其他保护动作情况，进行变压器油色谱分析等化验工作，查明故障原因前不应试送电。

(三)《电力设备预防性试验规程》(DL/T 596—2021)

检修等级：以电力设备检修规模和停用时间为原则，分为 A、B、C、D 四个等级。其中，A、B、C 级是停电检修，D 级主要是不停电检修。

A 级检修：电力设备整体性的解体检查、修理、更换及相关试验。

B 级检修：电力设备局部性的检修，主要组件、部件的解体检查、修理、更换及相关试验。

油浸式电力变压器的试验项目中关于气体继电器校验及其二次回路试验的周期、判据、方法及说明见表2-3。

表 2-3　油浸式电力变压器的试验项目、周期和要求

序号	项目	周期	判据	方法及说明
22	气体继电器校验及其二次回路试验	1. A、B 级检修后； 2. ≥330 kV：≤3 年； 3. ≤220 kV：≤6 年； 4. 必要时	1. 按设备的技术要求； 2. 整定值符合运行规程要求，动作正确； 3. 绝缘电阻不宜低于 1 MΩ	采用 1 000 V 绝缘电阻表

(四)《电气装置安装工程 电气设备交接试验标准》(GB 50150—2016)相关规定

各类变压器试验项目应符合下列规定：应对气体继电器、油流继电器、压力释放阀和气体密度继电器等附件进行检查。

(五)《泵站技术管理规程》(GB/T 30948—2021)相关规定

对运行设备、备用设备应按规定内容和要求进行定期巡视检查。遇有下列情况之一，应增加巡视次数：

(1)恶劣天气。

(2)新安装的、经过检修或更新改造的、长期停用的设备投入运行初期。

(3)设备缺陷有恶化的趋势。

(4)设备过负荷或负荷有显著变化。

(5)运行设备有异常迹象。

(6)有运行设备发生事故跳闸未查明原因，而工程仍在运行。

(7)有运行设备发生事故或故障，而发生事故或故障的同类设备正在运行。

(8)更新改造泵站新旧设备联合试运行。

（9）运行现场有施工、安装及检修等工作。

（10）其他需要增加巡视次数的情况。

九、案例启示

对大型泵站工程而言，其运行管理者开展技术管理工作主要依据的是《泵站技术管理规程》的相关规定。其中旧的《泵站技术管理规程》（GB/T 30948—2014）规定：电气设备、仪表、压力容器、起重设备等应按相关规定进行定期检测；未按规定进行检测或检测不合格的，不应投入运行。此处的相关规定主要为《电力设备预防性试验规程》（DL/T 596），该规程中对不同电气设备试验周期均有不同规定。而新的《泵站技术管理规程》（GB/T 30948—2021）规定：设备及监控系统应按规定每年进行检查、维护、调试及预防性试验，其性能指标应符合相关规定。这就对大型泵站工程电气设备预防性试验频次提出了更高的要求，要求每年开展 1 次。

案例三 油浸式变压器重瓦斯保护跳闸动作

重瓦斯保护作为油浸式电力变压器的主保护之一，直接动作于跳闸，其意义至关重要。

一、设备概况

某大型泵站工程有 1 座 35 kV 变电站，配备 SZ9－12500/35 油浸式有载调压电力变压器 1 台，额定电压为 35/6.3 kV，冷却方式为油浸自冷（ONAN），绝缘等级为 A 级。变压器本体油箱气体继电器设置有轻瓦斯和重瓦斯保护，有载调压分接开关油箱气体继电器设置有重瓦斯保护。电气一次接线如图 2-11 所示。

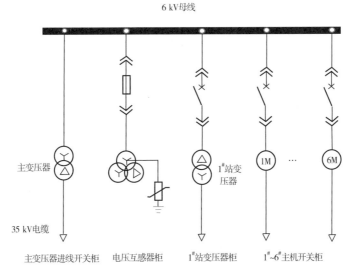

图 2-11 电气一次接线

二、故障现象

某日运行人员在进行多机组试运行应急演练的过程中,主机组突然全部停止运行,除直流电源和 UPS 电源(不间断电源)供电设备外,站内其他辅助设备均失去交流电源,查看 35 kV 主变压器进线开关柜仪表室面板继电保护装置"本体重瓦斯保护跳闸"指示灯点亮,35 kV 主变压器进线开关柜断路器处于分闸状态,35 kV 主变压器及其下级设备均停电。立即查看主变压器本体油枕和有载调压分接开关油箱油位均正常;停电时与运行时的油温相比无较大变化,但较前一天有明显升高,约 10 ℃;变压器本体油箱气体继电器内部充满淡黄色油、无气体;变压器未发现明显异常气味;油箱及散热器外部未发现渗漏油情况。

三、工作原理

重瓦斯保护跳闸动作是通过安装在油箱和油枕之间管路上的气体继电器来实现的。气体继电器一般包括探针、气塞、重锤、上下浮子、磁铁、上盖、弹簧、干簧接点、挡板及接线端子。变压器正常运行时,气体继电器内是充满变压器油的。当变压器内部发生严重故障时,油箱内的油被分解、汽化并产生大量气体,油箱内压力瞬时升高,上部气体压着绝缘油迅速向油枕流动,油流冲击管路中气体继电器的挡板。当油流流速超过挡板的灵敏度时,挡板就顺着油流的方向运动(见图 2-12);运动至设定位置时带动开关元件动作,使跳闸接点 3、4 接通(见图 2-13);发出跳闸保护信号,跳闸保护信号传输至 35 kV 主变压器进线开关柜仪表室面板继电保护装置经定义的开关量输入接点 DI5(见图 2-14),进而触发继电保护装置"本体重瓦斯保护跳闸"指示灯点亮,同时使 35 kV 主变压器进线开关柜的断路器跳闸,将变压器从电网中及时切除。

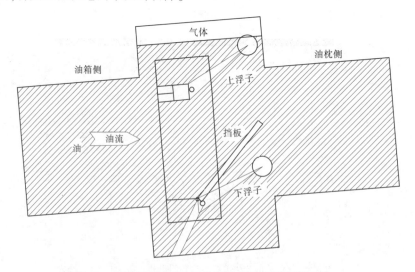

图 2-12 挡板顺着油流方向运动并带动开关元件动作

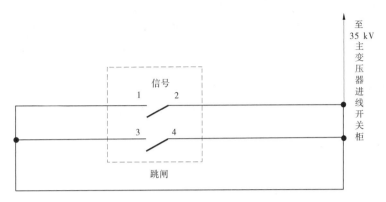

图2-13 变压器本体油箱气体继电器工作原理

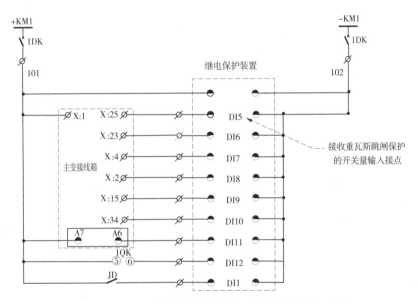

图2-14 继电保护装置的开关量输入接点

四、故障原因

导致变压器本体重瓦斯保护跳闸的原因同样有很多,本案例仅描述大型泵站工程运行管理中常见的故障原因。

(一)内部严重故障

主要为变压器内部故障,如匝间短路、绝缘损坏、接地等原因造成的严重的电或热现象,在油箱内部产生大量气体和油流,直接触发气体继电器重瓦斯保护跳闸接点。此类严重故障的发生,一般都伴随多种异常现象,如异味、异响、油位和油温波动明显、气体继电器内部集气明显,同时出现轻瓦斯告警信号等。

(二)二次回路故障

"气体继电器接线端子—变压器本体接线端子箱—35 kV 主变压器进线开关柜仪表

室接线端子排—继电保护装置接线端子"这一段电气二次回路因接线盒进水、受潮、蛇鼠啃咬、作业不规范等，导致绝缘降低、短路、接地情况时，可能导致气体继电器跳闸接点误导通，使继电保护装置误采信号。

（三）油箱严重渗漏油

当变压器箱体及其附件等处出现严重渗漏油时，油面快速下降，使上、下浮子随着油面下降带动开关元件动作，相继发出轻瓦斯告警信号和重瓦斯保护跳闸动作，如图 2-10 所示。

（四）继电保护装置本身故障

继电保护装置内部软件或硬件自身发生故障，或者在电气试验后动作信号未及时复归，可能导致变压器本体重瓦斯保护跳闸误动作。

（五）气体继电器本身故障

气体继电器本身年久失修，内部结构件锈蚀、老化后发生故障，则可能导致跳闸接点误接通，产生误动作。《电力变压器运行规程》（DL/T 572—2021）明确规定，已运行的气体继电器应每 2~3 年进行内部结构和动作可靠性检查。

（六）油流速度整定值不合理

当内部发生故障后，气体和油流往往同时出现，产气速率决定了油流速度，当油流速度整定值设置过小时，轻微的故障产生的气体极易使油流速度超过整定值，导致重瓦斯跳闸保护误动作。自冷式变压器流速整定值一般为 0.8~1 m/s。

（七）合闸瞬间励磁涌流过大

励磁涌流过大导致线圈所受电动力增大，造成变压器铁芯和绕组振动较大，引起内部油流涌动，从而触发气体继电器重瓦斯保护跳闸接点动作。

（八）油枕内进入空气

因注油、检修等作业不当，空气进入油枕并集聚在胶囊外侧，当变压器带负荷或高温运行时受热膨胀，集聚的空气使胶囊产生褶皱并堵塞呼吸器，压力差使变压器内部的绝缘油经过气体继电器流向油枕方向，造成重瓦斯保护跳闸动作。

（九）环境温度及负荷突变影响

当突然遇到极端恶劣天气或负荷突变导致油温在短时间发生较大变化时，可能在油箱本体与油枕之间形成压力差，进而产生油流，当油流速度超过设定值时可能产生重瓦斯保护跳闸动作。

（十）呼吸器呼吸不畅

当呼吸器堵塞时，油枕、呼吸器及大气之间呼吸不畅通，变压器因油温变化而产生的热胀冷缩效应无法通过呼吸器呼出和吸入空气进行补偿，在油箱内部将产生压力差，导致重瓦斯保护跳闸误动作。

五、故障分析

通过查阅该大型泵站工程近期的操作票、工作票及主变压器的维护记录可知，故障前一个月因供电部门对 35 kV 线路进行维护，需要临时停电 2 d，停电前泵站管理单位运行人员进行了倒闸操作，使主变压器停运。主变压器停运后的第二天，运行人员巡视时发现主变压器本体油箱顶部漏油,进一步检查发现漏油点为气体继电器法兰密封处。当时运行人员初步判断为主变压器停运前后油温由 50 ℃降为 20 ℃,使气体继电器法兰处油封遇冷收缩,加之主变压器长期运行时的振动使气体继电器法兰四周的螺栓松动,油枕内的绝缘油在重力作用下通过气体继电器法兰间隙流出,运行人员在紧固气体继电器法兰螺栓的过程中发现螺栓确实已经松动,这一点也证实了上述的判断。当时,主变压器本体油箱顶部漏油的处理方法就是将气体继电器法兰四周螺栓进行平衡性紧固,处理后未再出现漏油现象,如图 2-15、图 2-16 所示。

图 2-15　对称紧固法兰

图 2-16　处理后不再漏油

结合故障前一个月的漏油处理情况,运行人员初步判断本次主变压器本体重瓦斯保护跳闸动作是多种综合因素导致的。一是故障前一个月主变压器停运后,温度骤降,气体继电器法兰间隙增大,油箱漏油,同时因为温度降低使油箱内部压力下降导致大量空气进入油箱本体。二是故障后检查发现呼吸器内的干燥剂下部出现少许粉末并轻微变色(蓝色变粉色),下部油杯内的变压器油已经出现油垢、凝固现象,呼吸明显不畅。三是在进行多机组联合试运行应急演练的过程中,相继开启 1#、2#、3#、4#、5#、6#主机组同时运行,每台主电机功率为 1 600 kW,加之其他辅机负荷,总负荷超过 10 000 kW。负荷的突变使油温明显升高,温度的升高使之前进入绝缘油中的大量空气溶解度上升,内部压力明显增大,在油箱本体与油枕之间形成内外压差,并产生流向油枕的油流,当油流速度超过气体继电器整定值时,产生重瓦斯保护跳闸动作。

六、故障处置

(一)气体继电器排气

运行人员打开气体继电器上部盖板,拧下气塞帽,逆时针旋拧气塞排出气体,使气体继电器内部充满变压器油,当气塞帽处有变压器油排出时,顺时针拧紧气塞,如图 2-17 所示。

(二)油枕内部排气

打开油枕上部排气孔,由注油口向油枕内部注油,直至上部排气孔出油,再关闭排气孔和注油口。此时,打开油枕下部的排油口排油,直至油位计指示正常油位。

完成以上操作,即可完成主变压器的排气工作。

(三)更换油杯内的变质油和呼吸器内的干燥剂

运行人员从底部托住油杯并将其拆下,清除油杯中的油垢并用吸油纸清洁内壁;松开呼吸器与油枕连接的导管法兰螺栓,拆下呼吸器,倒出内部干燥剂并清洁内壁后,重新装入颗粒大于3 mm、无粉末或碎裂的蓝色干燥剂,呼吸器拆下的同时用洁净的毛巾封住导管法兰孔,以免杂质和空气进入胶囊内;复装呼吸器;重新加入干净的变压器油至正常油位线;顺时针旋转安装油杯,旋转到紧固状态后再次反方向旋转油杯一圈半,如图2-18所示。

图2-17　气体继电器气塞

图2-18　故障呼吸器

采取上述处置措施后,随即将主变压器投入正常运行,空载及负载后未再出现过因重瓦斯保护而跳闸的现象。

七、巩固措施

(一)严格作业规范

在处理油浸式电力变压器油箱本体、油枕及其附件渗漏油故障时,要严格遵守《电力变压器检修导则》(DL/T 573—2021)及相关操作规程要求,防止内部绝缘油浸入空气、水蒸气、杂质等,故障处理完毕后及时进行排气,以防止气体继电器误动作。

(二)更换油杯材质

本案例中的油浸式变压器于2003年投入运行,油杯采用非透明的不锈钢材质,运行期间,无法查看内部油质情况,难以判别变压器油呼吸是否正常。本次故障处理时更换为透明的玻璃材质,且标有油位刻度线,便于以后的运行巡视检查。

(三)定期维修养护

大型泵站工程一般每年度均开展电气设备预防性试验,试验时主变压器需要停电,运行人员可利用这一时间段开展全面的维修养护,如紧固螺栓、更换油封、检查呼吸器、调试安全阀和温控器等,保持主变压器时刻处于良好的运行状态。

八、相关法规依据

(一)《电力变压器运行规程》(DL/T 572—2021) 相关规定

(1)变压器运行时气体继电器应有两套接点,彼此间完全电气隔离。一套用于轻瓦斯报警,另一套用于重瓦斯跳闸。有载分接开关的瓦斯保护接跳闸。

(2)变压器在运行中滤油、补油、换潜油泵时,应将其重瓦斯改接信号,此时其他保护装置仍应接跳闸。

(3)已运行的气体继电器应每2~3年进行内部结构和动作可靠性检查。

(4)当油位计的油面异常升高或呼吸系统有异常现象,需打开放气或放油阀门时,应先将重瓦斯改接报警信号。

气体继电器保护动作跳闸时,在查明原因消除故障前不得将变压器投入运行。为查明原因应重点考虑以下因素,做出综合判断:

(1)是否呼吸不畅或排气未尽。

(2)保护及直流等二次回路是否正常。

(3)变压器外观有无明显反映故障性质的异常现象。

(4)气体继电器中集聚气体量,是否可燃。

(5)气体继电器中的气体和油中溶解的气体的色谱分析结果。

(6)必要的电气试验结果。

(7)变压器其他继电保护装置动作情况。

变压器跳闸后,应立即查明原因。如综合判断证明变压器跳闸不是由于内部故障所引起的,可重新投入运行。若变压器有内部故障的现象,应做进一步检查。

(二)《电力变压器检修导则》(DL/T 573—2021) 相关规定

气体继电器的动作校验要求如下:

(1)检验应由专业人员进行。

(2)对于轻瓦斯报警信号,注入 200~250 mL 气体时应正确动作。

(3)除制造厂有特殊要求外,对于重瓦斯报警信号,当油流速度达到下述规定时应正确动作:

①自冷式变压器 0.8 ~1.0 m/s;

②强迫油循环变压器 1.0~1.2 m/s;

③120 MVA 以上变压器 1.2~1.3 m/s。

(4)指针停留在动作后的倾斜状态,并发出重瓦斯动作标志(掉牌)。

九、案例启示

对大型泵站工程而言,当遇到需要常年运行的特殊情况时,往往需要对主变压器进行带电维修养护。在主变压器带电期间,更换呼吸器前是否需要根据实际情况投入或退出重瓦斯保护跳闸压板,应当引起运行人员的重视。

当呼吸器呼吸畅通时,油枕里胶囊内部与外部大气相通,内外压力始终保持在一种平衡状态。在更换呼吸器干燥剂和油杯内变质油的过程中,不会引起油枕内压力变化,在油箱内部和油枕内也就不会形成压力差,所以主变压器油箱内就不会产生强烈的油流流向油枕方向,也就不会产生重瓦斯保护跳闸动作。此时,更换呼吸器干燥剂和油杯内变质油作业前,无须退出重瓦斯保护跳闸压板。

当呼吸器呼吸堵塞时,油枕、呼吸器及大气之间呼吸不畅通,此时如遇到变压器油温突变(如极端天气、负荷突变等),油热胀冷缩,温度越高,主变压器油箱内部压力越大。当油箱内部压力增大到一定程度后,如进行呼吸器干燥剂和油杯内变质油更换作业,呼吸通道被重新打开,则使油箱内的油流瞬时冲向油枕内部,导致重瓦斯保护跳闸动作。此时,更换呼吸器干燥剂和油杯内变质油作业前,就需要退出重瓦斯保护压板,而改接信号。

案例四　变压器温度过高报警

一、系统结构与原理

在影响变压器使用寿命的多个因素中,温度会引起绝缘老化,是对变压器的使用寿命影响最大的一个因素。变压器的温度与周围空气温度的差,叫变压器的温升。变压器铭牌中的"额定温升"则指变压器运行时发热产生的比"标准环境温度"高的温度,所谓"标准环境温度"我国规定为 40 ℃,规定"标准环境温度"是为了在不同地方、不同季节使用变压器时有一个统一的参考标准。对于油浸式变压器,它的值等于变压器的上层油温减去"标准环境温度";对于干式变压器,它的值等于变压器绕组的温度减去"标准环境温度"。

变压器内部热量传播不均匀,故变压器各部位的温度差别很大。对变压器在额定负荷时,各部分温度的升高做出规定,这是变压器的允许温升。

干式变压器温控器启停阈值、超温报警值应根据变压器的绝缘等级设定,原理就是不超过最高允许温度。绝缘等级是指所用的绝缘材料的耐热等级,干式变压器按绝缘等级分类可分为 A、E、B、F、H、N、C 7 个等级,温升限值的大小反映了绝缘材料的耐热性能,例如,A——105 ℃是指变压器工作时本身的温度与当天的环境温度相加不超过 105 ℃;其他等级依此类推。

根据《泵站技术管理规程》(GB/T 30948—2021)对干式变压器各部位的允许温升做出了明确规定,如表 2-4 所示。

表 2-4　干式变压器各部位的允许最高温升值

变压器部位	绝缘等级	允许最高温升值/℃	测量方法
绕组	A	60	电阻法
	E	75	
	B	80	
	F	100	
	H	105	
铁芯表面及结构零件表面	最大不得超过接触绝缘材料的允许最高温		温度计法

以现在最常见的 F 级和 H 级举例:F 级可设定 95 ℃起风机、75 ℃ 停风机、110 ℃超温报警、130 ℃超温跳闸;H 级可设定 105 ℃起风机、85 ℃停风机、130 ℃超温报警、150 ℃超温跳闸,当然,这个设定值可以根据实际情况进行调整。

油浸式变压器的绝缘结构主要是油纸绝缘,是变压器油和绝缘纸的组合结构。油浸式变压器多为 A 级绝缘,IEC 的定义为"A 级绝缘在 105 ℃的温度下,连续工作 7 年后,绝缘材料的机械强度的降低小于 50%"。《电气绝缘 耐热性和表示方法》(GB/T 11021—2014)中也有类似的规定,标定的耐热等级为 105 ℃,即耐热最高允许温度 105 ℃。而变压器运行中绕组温度要比上层油的平均温度高出 10～15 ℃,就是当运行中上层油温达85~95 ℃时,实际上绕组已达 105 ℃左右,如果长时间运行在此极限温度下,绕组绝缘会严重老化,并加速绝缘油的劣化,影响使用寿命,所以油浸式变压器温度设定比较低。一般上层油温可设定 65 ℃起风机、55 ℃停风机、80 ℃超温报警、90 ℃超温跳闸。

油浸式变压器设计参考的环境温度为 20 ℃。在外部冷却空气为 20 ℃,变压器以额定电流运行,某种温度等级的绝缘材料发生热老化而损坏时,规定变压器的寿命一般为20 年。对油浸式电力变压器,在绕组热点温度为 98 ℃下相对热老化率为 1。也就是说,热点温度为 98 ℃时,变压器的热老化满足上述规定寿命的要求。98 ℃是对非热改性绝缘纸而言的,对于热改性绝缘纸相对热老化率为 1 的温度为 110 ℃。

变压器的热点温度最好不超过 140 ℃。虽然在正常周期性负载和长期急救负载的情况下,变压器热点温度都允许超过 98 ℃,但最好不超过 140 ℃。这是因为超过 140 ℃,绝缘纸可能会产生气泡,绝缘纸的含水量越高,产生气泡所需的温度越低,产生的气泡有可能会影响变压器的绝缘,甚至造成事故。根据"六度"原则,热点温度每降低 6 ℃,绝缘纸的老化速度会降低一半,相应的变压器的绝缘寿命会增加 1 倍。因此,我们控制变压器的运行温度,有着重要的意义。

某大型泵站油浸式电力变压器的结构如图 2-19 所示。

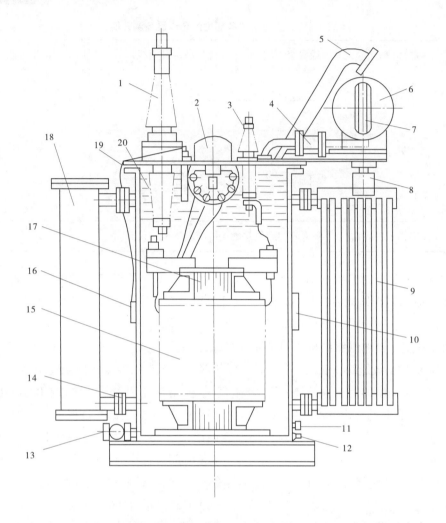

1—高压套管;2—分接开关;3—低压套管;4—气体继电器;5—安全气道(防爆管或
释压阀);6—储油柜;7—油位计;8—吸湿器;9—散热器;10—铭牌;11—接地螺栓;
12—油样活门;13—放油阀门;14—活门;15—绕组;16—信号式温度计;
17—铁芯;18—净油器;19—油箱;20—变压器油。

图 2-19   油浸式电力变压器的结构

图 2-20 是油浸式电力变压器的器身,它主要由铁芯和绕组两大部分组成。在铁芯和绕组之间、高低压绕组之间及绕组中各匝之间均有相应的绝缘。高压侧的引线为 1U、1V、1W,低压侧的引线为 2U、2V、2W、N。另外,在高压侧设有调节电压用的无励磁分接开关。

二、故障现象

某日,运行管理人员在例行巡查中发现,油浸式主变压器高压进线柜开关面板上继电保护装置显示"主变压器温度过高"报警,进一步检查现场油浸式主变压器温度控制器,发现温度指针指示值超过高温报警设定值。

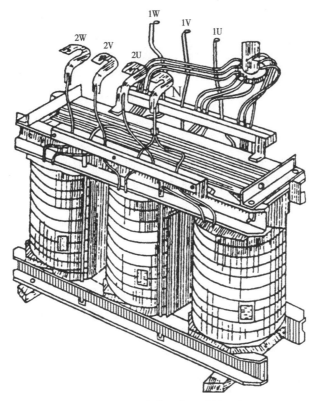

图 2-20 油浸式电力变压器的器身

三、故障危害

变压器绝缘损坏大多数是由过热引起的,温度上升,会降低绝缘材料的耐压能力和机械强度。当变压器最热点温度达到 140 ℃时,油中就会产生气泡,气泡会降低绝缘或引发闪络,造成变压器损坏。

变压器过热对其使用寿命具有极大的影响。变压器的绝缘耐热等级为 A 级时,绕组绝缘极限温度为 105 ℃。油浸式变压器绕组平均温升限值是 65 K,顶部油温升是 55 K,铁芯和油箱是 80 K。对于变压器来说,在额定负载情况下,绕组的最热点控制在 98 ℃以下,通常最热点比上层油温高出 13 ℃,即上层油温控制在 85 ℃以下。

变压器长时间在温度很高的情况下运行,会缩短内部绝缘纸板的寿命,使绝缘纸板变脆,易发生破裂,失去应有的绝缘作用,造成击穿等事故。

四、故障分析

变压器高温运行,如果是因为室温过高、负荷过重等造成温度缓慢上升,可以超过 85 ℃继续运行,但不能超过 95 ℃(这时变压器中心铁芯或绕组可能超过 105 ℃,可能导致损坏绝缘,缩短使用寿命或烧毁变压器)。当变压器绕组温度超过 85 ℃,顶部油温与室温温差超过 55 ℃时,可能存在超负荷、电压过低、电流过大、内部有故障等问题,继续运行会导致损坏绝缘,缩短使用寿命或烧毁变压器。分析产生问题的主要原因有:

（1）变压器铁芯硅钢片之间绝缘损坏。出现此类故障时，油的闪点下降，瓦斯继电器也会频繁动作。

（2）变压器内部绕组故障，绝缘损坏。出现此类故障时，油质变坏，瓦斯动作，三相绕组直流电阻不平衡，三相电压电流不正常，可通过油化验分析，用电桥测试三相绕组判断确定。

（3）分接开关接触不良（脱挡）。此故障可通过油品分析闪点下降情况，经直流电阻的测试，检查电压电流是否正常判断确定，这种故障应吊芯修理和重装分接开关。

（4）套管内外部接线接触不良。此种故障可通过直流电阻测试确定。这种故障应在外部停电情况下处理，加大套管与导体的接触面，拧紧螺栓。若在套管下部（变压器身内），应进行吊芯处理。

五、故障处置

（1）空载发热是因为变压器绝缘损坏或变压器输入电压高，如绝缘损坏则需要重绕线圈，如输入电压高则需要降低输入电压或增加线圈圈数。

（2）如果电压正常，带上负荷发热是负荷重，减轻负荷可以降温。如无法减轻负荷，可以用风扇降温。

（3）如果是小变压器，原来是正常的，检查整流装置和负荷，可能因整流管、电容等短路，电流变大导致发热。

六、巩固措施

（1）检查变压器的温度是否正常（配合电流检查）。油浸式电力变压器上层油温，在周围环境温度为 40 ℃时，规定不得超过 95 ℃。但为了防止油加速劣化，不要经常超过 85 ℃，这可通过温度表来观察。同时要检查散热管温度及通风、冷却装置是否良好。

（2）检查变压器油枕上的油位是否正常。油位计上标有油温为 −30 ℃、+20 ℃和 +40 ℃的 3 条油位线。油位应在变压器停用冷态下进行检查。变压器运行时油温一般都超过 40 ℃，只能估计油位是否正常，如低于对应 +40 ℃的那条油位线，则说明缺油，应加油。检查时应观察变压器有无渗、漏油现象，油色是否正常。

七、相关法规依据

（一）《电力变压器 第 1 部分：总则》（GB/T 1094.1—2013）相关规定

本部分给出的变压器的详细要求，是用于下列使用条件的：

（1）海拔：不超过 1 000 m。

（2）冷却介质温度。冷却设备入口处的冷却空气温度不超过：任何时刻：40 ℃；最热月平均：30 ℃；年平均：20 ℃；同时不低于：户外变压器：−25 ℃；变压器和冷却器拟用于户内的变压器：−5 ℃。

用户可以规定较高的最低冷却介质温度，在此情况下，最低的冷却介质温度应在铭牌上示出。

(二)《电力变压器运行规程》(DL/T 572—2021)相关规定

变压器应按下列规定装设温度测量装置:

(1)应有测量顶层油温的温度计。

(2)1 000 kVA 及以上的油浸式变压器、800 kVA 及以上的油浸式和 630 kVA 及以上的干式厂用变压器,应将信号温度计接远方信号。

(3)8 000 kVA 及以上的变压器应装有远方测温装置,强油循环冷却的变压器应在冷却器进、出口分别装设测温装置。

(4)测温时,温度计管座内应充有变压器油。

(5)干式变压器应按制造厂的规定,装设温度测量装置。

(6)六氟化硫气体绝缘变压器应装有测量顶层气体的温度计,根据需求可安装绕组温度计。

变压器油温指示异常时,值班人员应按以下步骤检查处理:

(1)检查变压器的负载和冷却介质的温度,并与在同一负载和冷却介质温度下正常的温度核对。

(2)核对温度测量装置。

(3)检查变压器冷却装置或变压器室的通风情况,温度计管座内不能充有变压器油等易燃液体。

八、案例启示

变压器设计寿命,是以热点温度(可以近似认为是绕组温度)为 98 ℃ 为前提的。考虑到铜油温差(变压器绕组与变压器油的温度差),出现了顶层油温的限值,认为顶层油温可以代替绕组热点温度作为监视变压器运行情况的指标参数。自冷风冷变压器顶层油温一般不超过 95 ℃,强油风冷变压器顶层油温一般不超过 85 ℃。之所以强油风冷变压器顶层油温限值更低些,是因为强油风冷变压器油流速度快,铜油温差大。所以,要求顶层油温的限值更低些,才能保证绕组热点温度不超限值。

虽然《电力变压器运行规程》(DL/T 572—2021)中给定了自然循环的变压器顶层油温限值 95 ℃,但也同时规定了其顶层油温一般不宜长期超过 85 ℃。主要的原因是变压器油常用的是矿物油,如超过 85 ℃,其老化的速度会明显加快。

顶层油温间接反映了绕组(热点)的温度,绕组(热点)温度是真正限制变压器运行的决定因素。基于认为绕组温度测量不准确的理由,《电力变压器运行规程》(DL/T 572—2021)里才提出顶层油温的监视。顶层油温这个间接描述的量,虽然我们可以准确地测量到,但这个量值并不能真正准确地描述变压器的运行状态。简单的一个例子,变压器油的时间常数是以小时论的,绕组的时间常数约为几分钟。当变压器负荷激增(短期急救负载)时,绕组温度很快就升起来了,而油温却会慢腾腾地增长。当变压器内部真正发生重大故障时,短时间内很难被反映出来,应值得注意。

案例五　变压器压力释放报警

变压器是电力系统中重要的电气设备之一,特别是油浸式变压器被普遍使用。在变压器各类故障中,内部短路故障较为严重,一旦发生短路故障将产生电弧,电弧的高温能够分解变压器绝缘油从而产生大量气体,使得油箱内部压力剧增,由于绝缘油具有不可压缩性,如果不能及时将内部压力释放,可能使油箱破裂酿成火灾事故。压力释放阀的作用就是释放气体产生的压力从而保护变压器安全,有着极为重要的作用,一旦压力释放装置报警,须及时查找原因并处置。

一、设备概况

某大型泵站工程含有 1 座 35 kV 变电站,配备 SZ9-12500/35 油浸式有载调压变压器 1 台,容量为 12 500 kVA,额定电压为 35/6.3 kV,冷却方式为油浸自冷式(ONAN),变压器压力释放采用 YSF 压力释放阀,其结构原理图如图 2-21 所示。

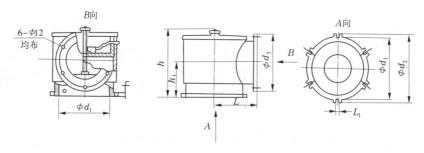

图 2-21　YSF 压力释放阀结构原理图

YSF 压力释放阀由弹簧、阀盖、阀体、信号开关、指示杆、导油罩、密封垫圈等零部件组成,主要用于油浸式变压器,也可以用于油载分接开关等各类油浸电气设备。当油箱内部压力达到整定值时,压力释放阀自动开启,动作后自动关闭复位,使油箱内部压力保持正常,是防止油箱内部因压力过高而发生事故的保护组件。

二、故障现象

某日运行人员在值班时发现变压器压力释放报警,压力释放阀动作喷油,喷油量约为 10 kg,查看油温为 78 ℃,油位表指示为 8.8。

三、故障原因

压力释放阀动作的原因一般有以下几种:

(1)当变压器发生内部绕组短路时,短路后产生的电弧使变压器绝缘油气体分解,同时也会引起变压器的温度升高,使得变压器绝缘油急剧膨胀,油箱内部压力升高,引起压力释放阀动作。

(2)在新安装变压器或维护后的变压器补充变压器油时油位太高,在高油位情况下,变压器负荷增加导致油温上升,变压器的绝缘油膨胀导致压力释放阀动作。

（3）新投入的变压器或者检修后的变压器加油时操作不当,导致主变压器内部进入气体,油气混入变压器,此时当负荷增加或者温度升高时,会造成压力增加导致压力释放阀动作。

（4）变压器压力释放阀长时间运行但没有及时进行维护,弹簧老化造成压紧力减小或释放阀整定值偏小。

（5）压力释放阀本体故障导致其压力动作值偏低。

四、故障危害

变压器压力释放阀报警、动作,可能由变压器内部发生短路等故障造成,也可能由压力释放阀本体故障、动作压力值偏低引起。若由变压器内部电弧放电或绕组间短路、铁芯多点接地、漏磁增大等故障引起,变压器内部气体容量会急剧增多,油流速度会迅速加快,将造成变压器气体继电器发生轻瓦斯报警和重瓦斯动作跳闸。

五、故障分析

查看变压器的运行情况时发现,变压器运行声音正常,为均匀的"嗡嗡"声,无异响,气体继电器未动作,由此可以推断,变压器内部未发生短路、放电、漏磁等故障。查看油温为 78 ℃,油位表指示为 8.8,根据该变压器平均油温-油位关系曲线计算得出,油温为 78 ℃时对应的油位应为 7.6,且查看呼吸器油杯有冒油现象,散热器蝶阀在打开位置,由此推断,变压器内部油位明显偏高。综上可分析得出,本次变压器压力释放报警、动作是由于变压器负荷过大、油位过高,或压力释放阀本体故障、动作压力值偏低引起的,可排除变压器内部发生电气故障或呼吸器管道发生堵塞的可能。

拆除压力释放阀,利用压力释放阀校验装置,对其动作压力值进行校验。通过现场测试,压力释放阀动作压力值符合压力误差范围,因此可排除压力释放阀本体故障及动作压力值偏低的问题,本次变压器压力释放报警、动作原因可基本锁定为变压器负荷过大、油位过高。变压器在夏季高温环境下重载运行,随着油温升高,绝缘油体积膨胀,由于油位过高,持续增大的油压超过压力释放阀动作压力值,造成其动作喷油。

六、故障处置

（一）确定变压器实际油位

利用等压原理,连接一条透明管到变压器取油阀口处,此时透明管外部与储油柜内部为一个大气压,可测出变压器实际油位。根据测量,油温在 40 ℃时,油位显示为 8,根据该变压器平均油温-油位关系曲线计算得出油位应为 5,根据实际测量的油位可以确定,变压器油位过高。

（二）放油处理

根据该变压器平均油温-油位关系曲线,可计算出需放出的绝缘油体积。关闭油箱与储油柜之间油管上的蝶阀,将储油柜内的绝缘油封闭在储油柜内部,打开油箱底部的放油阀门,将计算得出的多余的绝缘油排出,直到油箱上层油面低于升高座底部。

(三)注油及油位调整

将校验完成且没有故障的压力释放阀安装完毕,打开油箱与储油柜之间油管上的蝶阀和升高座上的放气塞,将储油柜内绝缘油注入油箱,注入量等于放出的油量减去多余的油量。注油结束后,拆下变压器呼吸器的吸湿剂及油杯,将真空泵连接至呼吸器管道底部,开启真空滤油机进行抽真空。

(四)检查胶囊及排气

注油完毕后,排出储油柜与胶囊之间的空气,关闭储油柜顶部的三通闸阀,使储油柜与胶囊之间的空气与胶囊内部及变压器外部空间隔离,打开储油柜顶部的放气塞,并对胶囊进行充氮气处理,当放气塞中有油排出时即可将其关闭。

七、巩固措施

(1)运行人员务必认真做好高温大负荷期间的巡视工作,检查油位、气压、温度等参数是否正常,并结合负载-油位曲线、温度-油位曲线,做好负载、油温、油位、气压参数的分析对比工作,及时掌握设备运行状况,如发现问题立即汇报和处理。

(2)巡视时应注意运行中主变压器声音是否为正常、均匀的"嗡嗡"声,呼吸是否畅通。

(3)更换呼吸器硅胶的同时,还要对呼吸器油封进行换油和对呼吸器进行清洁处理。

(4)严格遵守检修规程和主变压器说明书相关规定,提高检修人员的技术水平和检修工艺。

(5)如发现异常要及时分析处理,做好事故预案和反事故措施,并定期组织演练。

八、相关法规依据

(一)《电力变压器运行规程》(DL/T 572—2021)相关规定

压力释放阀动作后的处理要求如下所述:

(1)检查压力释放阀是否喷油。

(2)检查保护动作情况、气体继电器情况。

(3)检查主变压器油温,有无喷油冒烟等异常情况。

(4)检查呼吸器是否正常呼吸。

(二)《变压器用压力释放阀》(JB/T 7065—2015)相关规定

1.开启压力试验

在常温下向罐内充以压缩空气,当压力增量达到 $25\sim40$ kPa/s 时,释放阀应连续间歇跳动,周期为 $1\sim4$ s,每次跳动,信号开关应可靠切换和自锁。机械信号标志也应动作明显,连续动作 10 次无异常为合格。

2.高温开启性能试验

当恒温箱中温度达到 100 ℃时,将装有释放阀的试罐置于箱内,当温度再次达到 100 ℃,并保持 30 min 后取出,向罐内充以压缩空气,压力增量在 $25\sim40$ kPa/s。当罐内压力达到开启压力时,释放阀应开启,且间歇跳动。机械标志和信号开关应动作正常,动作 10 次无异常为合格,全部试验时间不应超过 2 min。

(三)《变压器用压力释放阀试验导则》(JB/T 7069—2004)相关规定

开启时间试验:

试验系统由试罐、点火装置、压力传感器、信号前置放大器和快速傅式变换分析仪(或其他仪器)组成。

将释放阀装在试罐上,连接好电气回路。

对试罐抽真空达到一定量后,关闭真空泵,迅速向罐内充以备好的氢气,关闭进气阀门,引爆混合气体来模拟短路事故,通过压力传感器、信号前置放大器、分析仪即可记录出整个罐内压力的动作过程,重复上述试验3次,保证至少有2次释放阀的动作开启时间不大于2 ms 为合格。

九、案例启示

变压器作为泵站内的重要电气设备,其运行、维护与检修工作必须做到认真仔细,合乎相关规范要求。这是一起由于变压器油位过高且高温重载运行导致的压力释放装置报警动作。由此可见,在新安装变压器或维护后补充变压器油时,应严格按照规程规范和产品使用说明书进行正确安装和维护,避免油位过高。同时,在补油操作时,应注意出现假油位现象,即储油柜反映的油位不是真实油位,从而造成油位过高。

案例六 变压器差动保护动作

一、系统结构与原理

差动保护是利用基尔霍夫电流定律中"在任意时刻,对电路中的任一节点,流经该节点的电流代数和恒为零"的原理工作的。差动保护把被保护的变压器看成是一个接点,在变压器的各侧均装设电流互感器,把变压器各侧电流互感器副边按差动接线法接线,即各侧电流互感器的同极性端都朝向母线侧,将同极性端子相连,并联接入差动继电器。在继电器线圈中流过的电流是各侧电流互感器的副边电流之差,也就是说,差动继电器是接在差动回路的。从理论上讲,正常情况下或外部故障时,流入变压器的电流和流出的电流(折算后的电流)相等,差动回路中的电流为零。

变压器差动保护是变压器电气量的主保护,保护范围是各侧电流互感器所包围的部分,其二次回路是按差流原理来实现的,主要用来保护双绕组或三绕组变压器绕组内部及其引出线上发生的各种相间短路故障,同时也可以用来保护变压器单相匝间短路故障。在保护范围内发生绕组相间短路、匝间短路等故障时,差动保护均要动作。

以双绕组变压器为例,其两侧装设了电流互感器,正常情况下或外部故障时,两侧的电流互感器产生的二次电流流入差动继电器的电流大小相等、方向相反,在继电器中电流等于零,因此差动继电器不动作。当变压器内部或保护区域内的供电线路发生故障时,流入差动继电器的电流就会产生变化,当电流值达到设定值时,继电器就会动作。一般来说,在电力变压器中有电流流过时,通过变压器两侧的电流不会正好相等,这是和变压器与电流互感器的变比和接线组别有关的。变压器在投入时,会产生高于额定电流6~8倍的励磁涌流,同时产生大量的高次谐波,其中以二次谐波为主。由于励磁涌流只流过变压器的某一侧,因此通过电流互感器反流到差动回路中将形成不平衡电流,引起差动保护动作。

对于三绕组变压器,其差动保护的原理与双绕组变压器的差动保护原理相同,但差动电流和制动电流及最大不平衡电流应做相应的更改。

采用差动速断保护的原因:一般情况下比率制动原理的差动保护能作为电力变压器主保护,但是在严重内部故障时,短路电流很大的情况下,电流互感器(TA)严重饱和使交流暂态传变严重恶化,TA 的二次侧基波电流为零,高次谐波分量增大,反映二次谐波的判据误将比率制动原理的差动保护闭锁,无法反映区内短路故障,只有当暂态过程经一定时间 TA 退出暂态饱和后差动保护才动作,从而影响了比率差动保护的快速动作,所以变压器比率制动原理的差动保护还应配有差动速断保护作为辅助保护,以加快保护在内部严重故障时的动作速度。差动速断保护是差动电流过电流瞬时速断保护。差动速断的整定值按躲过最大不平衡电流和励磁涌流来整定。

变压器比率差动保护程序逻辑原理:在程序逻辑框图中,$D_1 = I_{act0}$、$D_2 = K_{rel}I_d/I_{brk}$ 为比率制动系数整定值,D_3 为二次谐波制动系数整定值。可见比率差动保护动作的 3 个判据是"与"的关系(见图 2-22 中的与门 Y2),必须同时满足才能动作于跳闸。而差动速断保护是作为比率差动保护的辅助保护。其定值为 $D_4 = I_{act.s}$,在比率差动保护不能快速反映严重区内故障时,差动速断保护应无时延地快速出口跳闸。因此,这两种保护是"或"的逻辑关系(见图 2-22 中的或门 H3)。比率差动保护在 TA 二次回路断线时会产生很大的差动电流而误动作,所以必须经 TA 断线闭锁的或门再经与门 Y3 才能出口动作。当 TA 断线时,与门 Y3 被闭锁住,不能出口动作。

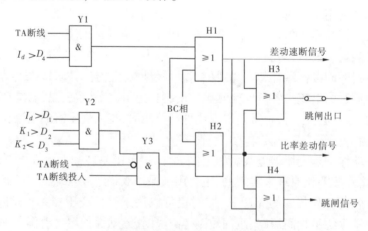

图 2-22 变压器比率差动保护程序逻辑框图

二、故障现象

某日,某大型泵站工程准备开机运行,当开启第 6 台主机组的时候,主机组和辅助设备突然停运,部分照明设施熄灭,进一步检查发现,主变压器进线开关故障跳闸,并报差动保护动作。

三、常见故障分析

变压器差动保护投运前要按照有关规定严格检查电流互感器的极性、相序和连接,确保变压器差动保护的正确性。由于各种原因,现场确有电流互感器三相电路的错误接线,导致相序和极性的错误,造成变压器差动保护动作。

差动回路中的不平衡电流的产生有暂态和稳态两方面。暂态不平衡电流主要是由于变压器空载投入电源或外部故障切除,电压恢复时产生的励磁涌流。稳态不平衡电流产生的原因:变压器高低压侧绕组接线方式不同;变压器各侧电流互感器的型号和变比不相同;带负荷调分接头引起变压器变比的改变。

(一)变压器的励磁涌流对差动保护的影响

变压器的高、低压侧是通过电磁联系的,故仅在电源的一侧存在励磁电流,它通过电流互感器构成差动回路中不平衡电流的一部分。在正常运行情况下,其值很小,一般不超过变压器额定电流的3%~5%。当外部短路故障时,由于电源侧母线电压降低,励磁电流更小,因此这些情况下的不平衡电流对差动保护的影响一般可以不考虑。在变压器空载投入电源或外部故障切除后电压恢复过程中,变压器铁芯中的磁通急剧增大,使铁芯瞬间饱和,这时出现数值很大的冲击励磁电流(可达5~10倍的额定电流),通常称为励磁涌流。励磁涌流 I_E 中含有大量的非周期分量与高次谐波,因此励磁涌流已不是正弦波,而是尖顶波,且在最初瞬间完全偏于时间轴的一侧。

变压器投入运行时,由于励磁涌流的作用,在变压器回路中产生大量的谐波分量,其中以二次谐波为主。其最大值高于额定电流的几倍,因此引起差动保护动作。谐波产生的根本原因是非线性负载。当电流流经负载时,与所加的电压不呈线性关系,就形成非正弦电流,从而产生谐波。谐波频率是基波频率的整倍数,任何重复的波形都可以分解为含有基波频率和一系列为基波倍数的谐波的正弦波分量。谐波是正弦波,每个谐波都具有不同的频率、幅度与相角。谐波可以区分为偶次与奇次,第3、5、7次编号的为奇次谐波,而2、4、6、8次编号的为偶次谐波,如基波为50 Hz,2次谐波为100 Hz,3次谐波则是150 Hz。

(二)变压器接线组别对差动保护的影响

如果是Y/y或D/d组别的变压器,由于一、二次绕组对应相的电压同相位,故一、二次两侧对应相的相位几乎完全相同。而常用的Y,d11接线的变压器,由于三角形侧的线电压在相位上相差30°,故其相应相的电流相位关系也相差30°,即三角形侧电流比星形侧的同一相电流在相位上超前30°,因此即使变压器两侧电流互感器二次电流的数值相等,在差动保护回路中也会出现不平衡电流。

(三)变压器各侧电流互感器型号和变比的影响

变压器两侧额定电压不同,装设在两侧的电流互感器型号就不相同,致使它们的饱和特性和励磁电流(归算到同一侧)也不相同。因此在外部短路时将引起较大的不平衡电流,只有采用适当增大保护动作电流的办法予以考虑。由于电流互感器都是标准化的定型产品,实际选用的变比,一般均与计算变比不完全一致,而且各变压器的变比也不可能完全相同,因此在差动保护回路又会引起不平衡电流。

(四)带负荷调压在运行中改变分接头的影响

电力系统中,通常利用调节变压器分接头的方法来维持一定的电压水平(由于分接头的改变,变压器的变比也跟着改变)。但差动保护中电流互感器变比的选择、差动继电器平衡线圈的确定,都只能根据一定的变压器变比计算和调整,使差动回路达到平衡。当变压器分接头改变时,就破坏了平衡,并出现了新的不平衡电流。

四、故障处置

故障发生后,运行管理人员立即联系继电保护装置厂家到现场分析动作原因,通过电脑终端连接继电保护装置读取内部数据曲线。分析结果认为,6台主机组同时投入运行产生冲击电流过大,致使继电保护装置动作。厂家对内部参数进行重新设置后,成功躲过冲击电流,故障排除。

五、故障常见处置措施

(一)电流互感器的极性

变压器差动继电器动作的条件就是一次电流与变压器二次电流之差,电流互感器的极性决定瞬时电流的方向,因此对电流互感器的极性应引起重视,只有保证了电流互感器的极性正确,才能保证继电器的正确动作。在工程中电流互感器的极性应按减极性原则进行。即在一、二次绕组中,同时由同极性端子通入电流时,它们在铁芯中所产生磁通方向应相同。在实际工作中一般利用楞次定律进行判别(直流判断法)。

(二)电流互感器接线

变压器差动继电器的电流互感器回路接线,首先必须通过对电流互感器接线形式的选择进行外部的"相位补偿",消除变压器接线组别不同造成的高、低压侧电流相位差和差动保护回路不平衡电流。例如,对于 Y,d11 接线的变压器,由于三角形侧电流的相位比星形侧同一相电流超前30°,必须将变压器星形侧的电流互感器二次侧接成三角形,而三角形侧的电流互感器接成星形,从而将流入差动继电器的电流互感器二次电流相位校正过来。目前,相当多的继电器可以通过本身的设定对相位进行转化,电流互感器只要接成 Y/Y 型即可,如 SIEMENS 7UT51 差动继电器等。

(三)利用二次谐波制动

保护装置在变压器空载投入和外部故障切除电压恢复时,利用二次谐波分量进行制动;内部故障时,利用基波进行保护;外部故障时,利用比例制动回路躲过不平衡电流。

(四)变压器的励磁涌流对差动保护影响的防范措施

(1)采用具有速饱和铁芯的差动继电器。

(2)鉴别短路电流和励磁涌流的波形。

(3)利用二次谐波制动,制动比一般为 15%～20%。

(4)利用波形对称原理的差动继电器。

另外,在主变压器差动保护所用电流互感器选择时,除应选带有气隙的 D 级铁芯互感器外,还应适当地增大电流互感器变比,这样可以有效削弱励磁涌流,减少差动回路中产生的不平衡电流,提高差动保护的灵敏度。这对避免保护区外故障,尤其是最严重的三相金属性短路而导致的主变压器差动保护误动作尤为有效。

(五) 变压器接线组别影响的防范措施

为了消除由于变压器 Y,d11 接线而引起的不平衡电流的影响,可采用相位补偿法,即将变压器星形侧的电流互感器二次侧接成三角形,而将变压器三角形侧的电流互感器二次侧接成星形,从而把电流互感器二次电流的相位校正过来。

(六) 变压器各侧电流互感器型号和变比影响的防范措施

这种由于变比选择不完全合适而引起的不平衡电流,可利用磁平衡原理在差动继电器中设置平衡线圈加以消除,一般平衡线圈接于保护臂电流小的一侧,因为平衡线圈和差动线圈共同绕在继电器的中间磁柱上,适当选择平衡线圈的匝数,使它产生的磁势与差流在差动线圈中产生的磁势相抵消,这样,在二次绕组就不会感应电势了,其差动继电器的执行元件也就无电流了。但接线时要注意极性,应使小电流侧平衡线圈与差动线圈产生的磁势相反。

(七) 带负荷调压在运行中改变分接头影响的防范措施

为了避免不平衡电流的影响,在整定保护的动作电流时应给予相应的考虑,即提高保护的动作整定值。

案例七　变压器二次侧电压异常

变压器是电力系统中重要的电气设备之一,随着变压器在电网中的广泛应用,运行中也出现了一些问题。本案例主要介绍变压器二次侧电压异常问题,主要分析相电压不平衡异常情况的现象、危害、产生原因和处理方法。正常运行方式下,相电压不平衡差值不得超过 2%,短时间不允许超过 4%,相电压不平衡会造成电能损耗增加、变压器损耗增加,产生零序电流导致温度增加,影响设备安全运行等问题,须及时处置。

一、设备概况

某大型泵站工程含有 1 座 35 kV 变电站,配备 SZ9-12500/35 油浸式有载调压变压器 1 台,容量为 12 500 kVA,额定电压为 35/6.3 kV,冷却方式为油浸自冷式(ONAN)。

对于负载的变压器来说,其二次侧电压会随负载电流的变化而变化,这种变化反映了变压器输出电压的稳定与否。

二、故障现象

某日运行人员在值班时发现变压器二次侧电压波动异常,保护装置显示二次侧 A 相电压过高,B、C 相电压偏低,线电压平衡,相电压不平衡。

三、故障原因

变压器二次侧电压异常的原因一般有以下几种:

(1) 系统谐波或者主变压器故障会造成变压器二次侧电压异常跳变。

(2) 变压器二次侧配置的负载功率严重不对称。

（3）变压器二次侧的中性线接地不良，导致中性点与地之间出现电阻，三相电流的矢量差就会流向大地，中性点产生电压降。

（4）发生铁磁谐振，一般表现为一相、两相甚至三相对地电压升高，部分情况下电压表会发生低频摆动。如果出现电压异常升高，而没有任何一相电压降低的情况，则应该考虑是否由于铁磁谐振造成的，采用断开部分较长的线路等方式改变系统参数，消除谐振条件。

四、故障危害

（一）增加变压器的损耗

变压器的损耗包括空载损耗和负载损耗，正常情况下变压器运行电压基本不变，即空载损耗是一个恒量，而负载损耗则随变压器运行负荷的变化而变化，且与负载电流的平方成正比。变压器在相同输出容量的情况下，当三相负载不平衡运行时，变压器的损耗大大增加，而且这种损耗是长期的，造成很大的浪费。

（二）零序电流过大，局部金属件温升增高

在三相不平衡运行下的变压器，会产生零序电流，同时产生零序磁通，零序磁通会在变压器的油箱壁或其他金属构件中构成回路。由此产生的磁滞和涡流损耗会造成部件发热，致使变压器局部金属件温度升高，严重时将导致变压器运行事故。

（三）增加输配电线路的损耗

三相负载不平衡运行将增加输配电线路的损耗，在输送相同容量电能的情况下，其消耗的功率比对称负载运行时多得多，将造成很大的浪费。

五、故障分析

在三相电路中，在电源电压对称的情况下，如果三相负载对称，根据基尔霍夫定律，不管有无中线，中性点的电压都等于零。如果三相负载不对称，而且没有中线或者中线阻抗较大，则负载中性点就会出现电压，此时中性点偏移。中性点偏移引起负载各相电压分配不对称，致使某些相负载电压过高，而另一些相负载电压较正常时降低，由于达不到额定值，设备不能正常工作。

根据故障现象分析，本次故障是由中性点偏移导致的三相相电压不平衡。

六、故障处置

（一）检查主变压器是否运行正常

设备运行过程中电压发生异常时，应先检查主变压器各侧电压是否正常、电压无功控制装置是否正常投入、主变压器本身有无故障，做到分析判断准确。

（二）滤除谐波

加在变压器上的电压通常是正弦电压，因此铁芯中的磁通也是按照正弦规律变化的，但是由于铁芯磁化曲线是非线性的，产生正弦磁通的励磁电流也只能是非线性的，励磁回路的非线性产生了变压器的谐波电流。

从改变非线性负荷本身性能考虑,减少它们注入系统中的谐波电流或采用与非线性负荷并联适当的补偿装置,使它们的电流与负荷电流互相补偿,从而使从系统吸收的总电流和系统的电源电压保持一致,也可以向非线性负荷的电源变压器注入谐波电流来抵消注入系统的谐波电流。

(三)检查中性点接地电阻

变压器中性点在三相绕组尾部连接处,将它的引出线接地,就是中性点接地,也就是常说的零线。当中性点接地不良时,零线上有电流通过导致中性点偏移,会出现用电量大的一相电压极低、用电量小的一相电压极高,造成相电压不平衡。

测量中性点接地电阻值,观察其是否过大。若接地电阻不满足要求,以相关国家标准为依据,进行接地电阻的选购和安装工作,保障电阻阻值能够与变压器的实际容量进行高效安全的匹配。

(四)平衡二次侧负载

将不对称负载分散接在不同的供电点,以减少集中连接造成的不平衡度严重超标问题;使用交叉换相等办法使不对称负荷合理分配到各相,尽量使其平衡化;由于三相同时引入负荷点比单相引入负荷点时损耗明显减少,为了使三相负载对称,应将三相线路同时引入负荷点。

七、巩固措施

(1)系统谐波存在影响设备正常运行、引起电网谐振、导致继电保护装置误动作等问题,可采用基于改造谐波源本身的谐波抑制方法,也可采用基于谐波补偿装置功能的谐波抑制方法,从而实现电能质量的实时监测。

(2)设置变压器中性点偏移保护装置,保护装置由电压继电器和时间继电器组成,其电压继电器接在低压侧母线电压互感器的开口三角形线圈上,保护动作不跳闸,由延时动作发出信号。

(3)给专人配备钳形表,每月至少进行一次负荷测试,检查三相负载不平衡情况,如有新增单相设备用电,做好负荷功率的分配,尽可能均匀分配到三相电路上。

八、相关法规依据

(一)《电力变压器运行规程》(DL/T 572—2021)的相关规定

一般运行条件:变压器三相负载不平衡时,应监视最大一相的电流。接线为 YN,yn0 的大、中型变压器允许的中性线电流,符合制造厂及有关规定。

变压器的投运和停运:在 110 kV 及以上中性点有效接地系统中,投运或停运变压器的操作,中性点必须先接地。投入后可按系统需要决定中性点是否断开。110 kV 及以上中性点接小电抗器的系统,投运时可以带小电抗器投入。

安装及检修:运行中的变压器是否需要检修,以及具体检修项目与要求,应综合分析负载状况和绝缘老化情况后确定。

（二）变压器中性点接地规范要求

（1）中性点应该接地，以防止突然出现的电压波动，也可以避免出现电压过高和电压失衡现象，以保证变压器的安全运行。

（2）变压器低压侧中性点接地电阻应该在 $0.5 \sim 10\ \Omega$，保护接地电阻不能大于 $4\ \Omega$。

（3）在变压器的中性线上选取合适的位置重复接地，当变压器中性线中某点断开时，由于多点接地，中性线电流仍可经过大地回到变压器中性点，中性线的电位始终为零，每相电压始终为正常电压。

（4）中性点接地必须符合国家相关规定，应采用深埋接地网，深度应在 $2\ m$ 以上，接地网应采用高强度铁丝或铜丝，其抗电强度应达到国家相关规定的标准。

（5）中性点接地应采用较短的铜线，接地线应有足够的电流容量，同时要求绝缘强度好；接地线的电阻不能太大，应符合国家相关规定。

（6）变压器中性点接地应该定期检查，检查接地线的完整性，以及是否有变色、腐蚀现象，如有异常应及时修复。

九、案例启示

变压器是用来改变电压大小的电气设备，可以将高电压转换为低电压，也可以将低电压转换为高电压。如果中性点没有正确接地，可能会发生严重的安全问题。因此，变压器中性点的接地工作具有重要的意义。变压器中性点接地规范要求是确保变压器安全运行的重要条件，应严格按照国家相关规定进行接地工作，保障变压器的安全运行。

案例八　变压器高压缺相运行

一、系统结构与原理

变压器高压缺相是指变压器输入侧高压线路中，有一相电压异常低或者没有，而另外两相电压保持不变或者微弱波动的现象。这样会导致变压器输入侧电路不平衡，产生电网电流不平衡，严重的情况下会导致变压器和其他设备的损坏，同时也会增加用电设备的故障率。

我们常用的交流电为三相四线制交流电，A、B、C 三相之间的电压为 380 V，相位差为 120°，三相对零线的电压为 220 V。如果相线断掉一根就会缺相，对于要求三相供电的设备（比如电动机），如果缺少一相就无法形成旋转磁场，电机无法正常运转，严重时会烧毁电机。如果变压器出现缺相运行，则有这样的现象：缺相的相电流最小甚至为 0，其他两相电流升高，电压也出现不平衡，变压器的铁芯温度升高，变压器油温也升高，变压器的声音也出现异声，有可能由于铁芯发热使变压器烧毁。变压器有负序保护时，会动作跳闸，还会影响下游负荷工作不正常。

当变压器高压缺相时，可能会出现以下两种情况。

（一）单相缺相

单相缺相通常是指变压器输入侧某一相的高压线路出现了故障，导致该相电压下降或者完全消失。这时,另外两相的电压通常会比较稳定,并且输出端的电压也会下降。此时,变压器输入侧电路产生不平衡,电网电流不平衡。

(二) 两相缺相

两相缺相是指变压器输入侧的两个相都出现了故障,导致这两相电压下降或者消失,而另外一相电压通常比较稳定。这时,输出端的电压会大幅下降,甚至无法正常输出电力。此时,变压器输入侧电路完全不平衡,电网电流不平衡。

变压器的电路缺相故障主要是指变压器的出口出现短路、在变压器内部出现引线或绕组间的对地短路,以及因相与相间出现的短路问题进而引发故障的出现。其实,这类故障在实际的电力变压器的诸多故障中是十分常见的,为了解决该问题,一般对故障处更换绕组,故障严重时可能需要对所有的绕组进行必要的更换,这样才能尽可能地降低故障发生的概率,极大地降低因电力故障引发的严重的经济和人身财产损失,所以对此有必要给予极大的重视。

二、故障现象

某日,运行人员在日常巡查中发现,技术供水泵开关柜内部传来烧焦的煳味,同时 UPS 控制柜内部也传来同样的异味。进一步检查发现,技术供水泵和 UPS 控制柜内部交流接触器线圈均已烧毁。运行人员至低压配电室通过变压器进线侧带电显示器发现,变压器进线侧三相交流电缺相,其中一个带电指示灯熄灭。

三、故障危害

变压器缺相会导致变压器输出电压的降低或波动、过载、电气故障等问题。具体来说,箱式变压器缺相的危害主要包括以下几个方面:

(1)降低输出电压。箱式变压器缺相会导致输出电压下降,当负载需要较高电压时,变压器就无法满足需求,并且可能对其他设备的正常运行产生影响。

(2)引发过载现象。当箱式变压器缺相时,其他相位电压可能会上升超过额定电压,因此一旦负载的耗电量超过额定值,就会导致过载现象,造成设备的损坏。

(3)电机运转不平稳。由于电机中的线圈绕组需要借助于正常的三相空间磁场产生转矩,如果箱式变压器中有一个相位断电,电机的运转就会变得不平稳。

(4)电气故障发生风险。当箱式变压器缺相时,由于其中某一组元件失去了电源供应,因此容易导致支路固有的电气故障,如放电、击穿等。

(5)缩短设备寿命。当箱式变压器长期处于缺相状态时,由于负载仍在运行,所以无论是机械部分还是电气部分的原材料都会受到很大的损耗,最终导致设备的寿命缩短。

四、故障原因

变压器缺相一般指其中一相线路出现了电路断开或接触不良的情况,导致该相线路的电信号丢失或不能正常传递。变压器缺相的原因主要有以下几个方面:

(1)电路故障。箱式变压器的电路端连接不紧或被外物移位造成接触不良或短路事件。

（2）老化或损坏。电缆、导线、接头等元件在使用过程中可能因环境、外力等因素造成损坏或老化，如绝缘层受潮后出现短路、绝缘老化形成绿色氧化物等。

（3）保护触发。箱式变压器的保护装置，如熔断器、断路器等一旦触发，会导致某相线路的电信号丢失。

（4）下游负载变化。下游负载的变化过大，例如重启大负载电机等，可能会导致箱式变压器瞬间受到过大的冲击电流，造成一相线路电路断开或连接不良。

（5）室外进线杆上部高压熔断器因恶劣天气而掉落，导致进线缺相。本故障是大风刮动高压熔断器侧的树枝，树枝的晃动使外侧的一个高压熔断器跌落，导致室内的变压器缺相运行，在变压器二次侧产生高电压，烧毁额定电压为 220 V 的交流接触器线圈。

五、故障处置

找到故障原因后，随即切断变压器进线侧负荷开关并合上接地开关，对烧毁的交流接触器线圈进行更换处理；同时安排专业人员砍除进线杆边上过高的树枝，重新合上高压熔断器和负荷开关，故障成功排除。

六、故障常见处置措施

应定期检查和维护箱式变压器，防止缺相问题的发生，保持其正常工作状态，确保生产过程的安全性和稳定性。

出现缺相会使箱式变压器的一些继电器无法正常动作或不能正常工作，甚至会导致设备损坏。解决箱式变压器缺相的措施如下所述：

（1）检查电源线路。需要检查箱式变压器的电源线路是否正常，排除电源线路中的断路、接触不良等问题。

（2）检查保护继电器。箱式变压器中通常配有保护继电器，如果缺相，保护继电器可能无法正常触发，需要检查保护继电器的连接线路和继电器本身。

（3）更换保险丝。如果缺相是由保险丝烧断引起的，需要将烧断的保险丝更换为合适的保险丝。

（4）使用自动重合闸。如果有自动重合闸功能，可以手动起动自动重合闸功能进行恢复。

（5）更换设备。如果电气元器件已经受损，需要更换故障部件或对整台设备进行更换，确保箱式变压器正常工作。

综上所述，如果出现缺相问题，首先需要通过检查电源线路、保护继电器、保险丝、自动重合闸等方式，找出故障原因，然后根据具体情况采取相应的措施进行解决。如果电气元器件已受损严重，应及时更换设备。

七、预防措施

为了防止变压器缺相运行，在设计、安装变压器的过程中，应有相应的预防措施：

（1）设计阶段将用电负荷平均分配到三相电源，防止一相用电量过大或过小。

（2）加强无功补偿，促进三相负荷就地平衡。

（3）实时监控运行中的变压器,如发现三相不平衡及时调整。

（4）高压侧熔断器熔断时要立即断开进线电源,防止缺相运行烧坏变压器。

八、案例启示

为了避免变压器高压缺相所带来的危害,应该采取以下措施:

（1）安装保护设备。在变压器输入侧电路中安装过压、欠压保护装置,一旦检测到输入侧电压异常,立即切断电路,避免变压器损坏或其他设备受到影响。

（2）及时检修故障。一旦发现变压器高压线路存在问题,一定要及时排除故障,保证电网的稳定性和安全性。在排除故障的过程中,应注意安全,尤其是操作人员的安全和设备的安全。

（3）增加备用开关设备。在变压器输入侧电路中增加备用开关设备,可以提高电网的可靠性和稳定性。一旦出现故障,可以通过备用开关设备进行切换,实现恢复供电,避免影响用电设备的正常运行。

总的来说,变压器高压缺相是一种常见的故障现象,但是如果不能及时处理,会带来很大的危害,应该采取有效的措施来避免它的发生,保障用电设备的正常运行。

案例九 高压真空断路器拒分故障

一、系统结构与原理

某大型泵站工程供配电系统配备 VBG-12P 型户内高压真空断路器,用以切断或闭合高压电路中水泵电机的负荷电流。传统的高压真空断路器主要由真空灭弧室、操动机构、支架及其他部件组成,该高压真空断路器相较于传统的真空断路器,采用弹簧操作机构与断路器本体一体式设计,组成手车单元使用,断路器更加小型化,节省空间。该断路器的额定电压为 12 kV,额定电流为 630 A,合分闸操作电源电压为 AC/DC 220 V,储能电机额定电压为 DC 220 V。断路器外形结构如图 2-23 所示。

高压真空断路器的内部机构主要包括控制电路板、辅助触点、分闸机构、合闸机构、分合闸指示、储能指示、储能电机、储能弹簧、接线端子。当机构接到合闸信号后,合闸电磁铁的铁芯吸合,释放储能弹簧的弹性势能,带动机械结构动作,断路器完成合闸操作。合闸动作后,储能电机通电使得储能弹簧再次达到储能状态。当机构接到分闸信号后,分闸电磁铁接到信号,铁芯吸合,分闸脱扣器的顶杆向上运动带动机械结构脱扣,断路器完成分闸操作。同时断路器还有联锁装置锁住定位件,达到机构联锁的目的,保证了机构在合闸位置不能合闸操作。其内部结构如图 2-24 所示。

二、故障现象

某日运行人员在 5# 主机组断路器试验位置通过转换开关执行现地分闸操作,断路器未动作,也就是常说的拒分现象。因为是通过现地分闸开关执行的操作,运行人员首先考虑的是分闸控制回路的问题,随即打开断路器柜门,尝试通过断路器面板上的分闸按钮来

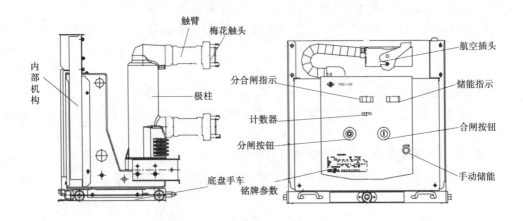

图 2-23　断路器外形结构

1—控制电路板；2—辅助触点；3—分闸机构；4—合闸机构；5—储能弹簧；
6—储能电机；7—接线端子；8—分合闸指示；9—储能指示。

图 2-24　真空断路器内部结构

实现机械分闸,断路器分闸成功。

三、故障分析

造成高压真空断路器拒分的原因有很多,在泵站工程中常见的原因主要归为以下两
个方面。

(一)电气方面原因

(1)操作电源电压过低或无电源。

(2)控制回路完整性不良,分闸回路各元件接触不良,如航空插件松动脱落、控制电路接线端子松动脱落、辅助触点接触不良等。

(3)分闸回路整流桥烧坏。

(4)分闸回路辅助开关烧坏。

(5)分闸线圈故障,如分闸线圈断线、烧坏。

(二)机械方面原因

(1)连杆机构故障,连杆机构发生机械卡滞,转动不灵活。

(2)分闸电磁铁铁芯行程过短,不能接触脱扣弯板,不能使机构及时脱扣。

(3)分闸弹簧力小,造成分闸力过小。

对于本次故障现象,检修人员进行了故障分析。因为通过断路器面板上的分闸按钮成功进行了机械分闸,可以排除因为连杆机构本身故障造成的拒分,也间接排除了因分闸弹簧力小,造成分闸力过小的可能。那么原因大概率是在电气方面或者电磁铁铁芯上。断路器的控制回路简图如图 2-25 所示。

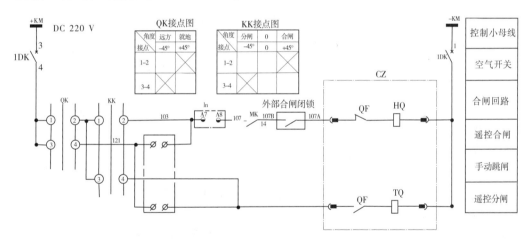

图 2-25　断路器的控制回路简图

检修人员先从断路器分闸回路的完整性排查。断路器控制回路由"远方、现地"转换开关至分合闸旋钮开关再由导线至航空插座与断路器内部机构连接。检修人员使用万用表"通断挡"测试分闸开关至航空插座的通断情况,测试结果为导通状态,说明从分闸开关至航空插座之间的电路是正常的。检修人员将航空插头重新插回插座,排除了航空插头松动问题,再次执行现地分闸操作,断路器依然未动作。考虑问题大概率出现在断路器内部机构中的分闸回路元器件断线损坏。检修人员机械分闸后将断路器手车摇出,打开断路器面板,进行检查。因操作电源为 DC 220 V,分闸回路中未装桥式整流器,查阅图纸得知内部机构的分闸回路中电气元件只有辅助开关和分闸线圈。检修人员用万用表测量分闸线圈电阻值无穷大,分合闸位置的辅助触点导通,说明分闸线圈断路或者烧坏,因为分闸线圈损坏,分闸铁芯不能动作使机构及时脱扣,造成断路器拒分。分闸线圈外形结构如图 2-26 所示。

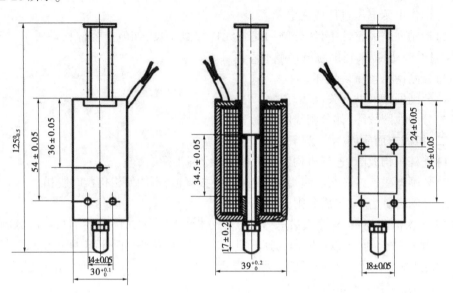

图 2-26　分闸线圈外形结构　（单位：mm）

断路器的分、合闸线圈设计时都是按短时通电设计的。分、合闸线圈的烧毁，主要是由于分、合闸线圈的电流不能正常切断，使得分、合闸线圈长时间通电造成的。分闸线圈长时间通电的原因有以下几种：

（1）分闸电磁铁机械故障。线圈松动造成断路器分闸时电磁铁芯位移，使铁芯卡涩，造成线圈烧毁。或是由于铁芯的活动行程过小，当接通分闸回路电源时，铁芯顶不到脱扣机构而使线圈长时间通电烧毁。

（2）因连杆问题造成的断路器拒分。当控制回路正常时，断路器出现拒分的故障均为连杆机构问题，死点调整不当，使断路器分闸铁芯顶杆的力度不能使机构及时脱扣，使线圈过载，造成分闸线圈烧毁。

（3）辅助开关分合闸状态位置调整不当。在断路器分合闸状态时，应调整辅助开关使其指示到标示的范围内，然而实际调整断路器开距和超行程等参数时，会改变断路器分合闸的初始状态，而辅助开关分合位置的初始状态未做相应的调整，将导致辅助开关不能正常切换分合闸回路而使分闸线圈烧毁。

（4）分闸回路电阻偏大。分闸线圈回路绝缘降低，或是线径过细造成电阻偏大，使得分闸回路电压衰减，导致控制电压达不到线圈分闸电压动作值，分闸线圈长期带电，线圈烧毁。

检修人员用工具推动分闸线圈，查看电磁铁芯的活动行程，在推动过程中铁芯明显卡涩且在满行程时铁芯顶端未顶到脱扣机构。因此，本次故障是闸线圈铁芯的卡涩使得活动行程偏小，当接通分闸回路电源时，铁芯顶不到脱扣机构而使线圈长时间通电烧毁，造成断路器拒分。

四、故障危害

高压断路器是电力系统十分重要的电气设备,在大型泵站日常运行中,因其具有高压灭弧能力,在正常状态下依据泵站运行需要,将一部分高压线路或电气设备退出或投入,而发生故障时,与继电保护装置相配合,快速准确地将故障部分切除,从而保证泵站系统安全运行。因此,高压断路器自身系统的可靠与安全对泵站的稳定运行起着至关重要的作用。

在泵站运行过程中,如果某一线路发生故障或水泵机组执行保护跳闸,都可通过泵站的自动控制系统来实现断路器跳闸,例如电气设备的差动保护、低电压保护、过负荷保护、零序电流保护、电机的失磁失步保护、水泵机组辅机保护,等等。如果此时断路器拒分,轻则造成大面积停电,重则造成严重的安全事故,进一步影响到地区行洪排涝、突发水污染事故处置、水源地供水安全、生态补水等重大水事件。

五、故障处置

断路器拒分一般发生在两种运行情况下,一种是断路器投运中,另一种在试验位置。如果在断路器投运过程中发生拒分,需在短时间内做出正确的应急处置,待应急处置结束后再进行检修处置。

(一) 应急处置

当断路器投运中,水泵机组及电气设备保护跳闸信号执行,但断路器未动作,在控制电路有电的情况下,运行人员在上位机通过自动控制系统或者现地开关柜进行紧急停机,如果断路器拒分,运行人员在向值班长和总值班汇报后应立即赴高压室,穿戴好安全用具,先进行开关柜就地分闸。如果分闸成功,则是分闸回路中外部接入控制信号回路断线,与断路器本体无关;如果分闸不成功,则打开开关柜门,使用断路器面板上的分闸按钮进行机械分闸,如果机械分闸不成功应采取越级分闸,将该断路器上一级进线断路器分闸。应将发生拒分的断路器脱离系统并保持原状,待查清拒分原因并消除缺陷后方可投入。

(二) 检修处置

当完成断路器拒分应急处置后,将故障断路器转为检修状态,对断路器拒分故障进行检查,针对不同的故障原因采取相应的处置措施。断路器拒分原因分为电气方面和机械方面,需从这两个方面来阐述。

1. 电气方面的故障处置

(1)控制回路完整性不良,分闸回路没有接通。需对分闸回路进行摸排,检查是否有接错、断线、脱落等情况,对接错的线路进行修正,将脱落松动的端子重新紧固,保证控制回路的完整性。

(2)操作电源电压过低或无电源。应先检查其余开关柜控制电源是否正常,如不正常考虑泵站直流电源装置故障,针对直流电源系统排查处置,处置措施不深入阐述。若只有当前开关柜操作电源电压过低或无电源,应当检查开关柜内控制电路电源进线是否正常,紧固接线端子,更换损坏的空气断路器等。

(3)分闸回路桥式整流器烧坏。故障表现为转换开关分闸时控制电源开关跳闸。针对该故障应先诊断,需用万用表测量合闸线圈电阻值是否正常,排除合闸线圈故障,再测桥式整流器输入端的通断,若输入端断路,则桥式整流器被击穿,需更换桥式整流器。该故障通常出现在装有桥式整流器的控制回路中。如果控制回路没有装设桥式整流器,直接使用直流电源作为操作电源的控制回路,则无需考虑该故障的发生。

(4)分闸回路辅助开关烧损。故障表现为断路器在合位,转换开关分闸时断路器无反应。在排除控制回路完整性不良问题后,用万用表测量合闸线圈电阻值正常,分、合闸位置辅助开关不通,分、合闸位置辅助开关烧损,更换损坏的辅助开关。

(5)分闸线圈故障,分闸线圈断线、烧坏。故障表现同辅助开关烧损,在排除控制回路完整性不良问题后,用万用表测量分闸线圈电阻值无穷大,分、合闸位置辅助开关导通,分闸线圈断线,更换损坏的分闸线圈。

2.机械方面的故障处置

(1)连杆机构故障,连杆机构发生机械卡滞,转动不灵活。找出具体卡滞或发生机械干涉的部位,重新进行装配,并对转动部位加润滑油。

(2)分闸电磁铁铁芯不能接触脱扣弯板,造成分闸力过小,不能使机构及时脱扣。该故障的产生原因一种可能是铁芯卡滞,应修复铁芯,消除卡滞,如不能修复可更换分闸线圈。另一种则是脱扣弯板的固定螺栓松动,使得脱扣弯板发生位移,应调整好脱扣弯板位置,使得分闸铁芯满行程状态下与脱扣弯板接触还有1~3 mm的余量,保证分闸电磁铁吸合时,能可靠分闸,再将螺栓紧固。

(3)分闸弹簧力小,导致分闸力过小。该故障通常由于分闸弹簧疲劳,弹簧弹性势能下降,导致弹簧弹力减小,应更换分闸弹簧使得分闸机构有足够的分闸力。

断路器的拒分故障通常由电气、机械两方面原因造成。通过上述处置措施后,断路器的"拒分"故障得以解决。

六、巩固措施

为防止类似故障再次出现,检修人员采取了以下几点巩固措施。

(一)全面摸排

全面摸排断路器电气部分控制回路电缆通断、端子连接、元器件完好性等情况,以及机械部分连杆机构运转等情况,及时更换不良元器件,消除可能发生的机械卡滞等,防患于未然。

(二)定期维护

制定开关柜及真空断路器定期检查制度和定期试验制度,定期对断路器进行检查和试验,如发现问题及时处置;每次投运前对断路器通过远方控制方式进行试分、合操作2~3次,确保断路器运行正常。高压断路器运行期间的巡视检查,每班至少1次。对出现过故障的断路器经检修重新投运后应增加巡视检查频次。

七、相关法规依据

(一)《高压断路器运行规程》相关规定

操动机构常见的"拒分"现象及可能原因见表2-5。

表2-5 "拒分"故障现象及可能原因

故障类型	故障现象	故障原因
拒分	铁芯起动,脱扣板未动作	铁芯行程不足;脱扣板扣入深度太深;线圈内部有层间短路;脱扣板调整不当
	脱扣板已动作	机构或本体传动机构卡滞
	铁芯不起动	线圈端子无电压;二次回路连接松动或接触不良;辅助开关切换或接触不良;熔丝熔断;线圈端子有电压;铁芯卡住;线圈断线或烧坏;两个线圈极性接反

断路器故障分闸时发生拒动,造成越级分闸,在恢复系统送电时,应将发生拒动的断路器脱离系统并保持原状,待查清拒动原因并消除缺陷后方可投入。

(二)《泵站运行规程》(DB32/T 1360—2009)相关规定

运行值班期间应对全部设备进行巡视检查。遇有以下情况时应增加巡视次数:恶劣天气;设备过负荷或负荷有显著增加;设备缺陷近期有发展;新设备、经过检修或改造的设备、长期停用的设备重新投入运行;事故跳闸和运行设备有可疑迹象。

高压断路器试分、合闸及保护联动试验应正常。

高压断路器操作的交、直流电源电压及液压操作机构的压力,应在规定范围内。

分、合高压断路器应用控制开关进行远方操作,长期停运的高压断路器在正式执行操作前,应通过远方控制方式进行试分、合操作2~3次。

正常情况下不应手动操作分、合高压断路器,在远方控制失效的紧急情况下,可在操作机构箱处进行手动操作。拒分的高压断路器未经处理却恢复正常,不应投入运行。

高压断路器运行期间的巡视检查,每班至少1次。

案例十 高压真空断路器合后即跳及拒合故障

一、结构与原理

某大型泵站工程含有 1 座 35 kV 变电站,装有单泵流量 50 m³/s、叶轮直径 3.1 m 的轴伸泵 6 台,配置 1 600 kW 异步电动机 6 台,设计总流量为 300 m³/s。泵站主要的负荷是 6 台 1 600 kW 异步电动机及其他的辅助设备。泵站有两路进线,一路为 35 kV,另一路为 10 kV。35 kV 为主电源,10 kV 为备用电源及停泵时泵站的维护、生活等用电。35 kV 进线经进线开关、计量 PT、CT 及避雷器、母线 PT、主变压器进线开关至 1 台 35/6 kV 主变压器降压至 6 kV,主变压器低压侧接 6 台 6 kV 高压异步电动机及 1#站用变压器,采用单母线接线。为保证站用电负荷的可靠性,10 kV 电源经负荷开关接 2#站用变压器高压侧。电气一次系统如图 2-27 所示。

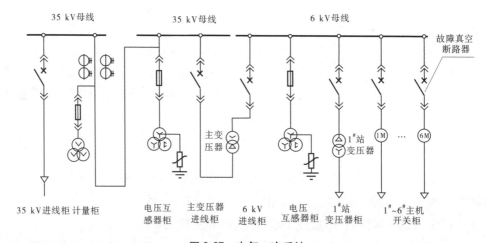

图 2-27 电气一次系统

二、故障现象

(一)合后即跳现象

某日运行人员在进行主机高压开关柜例行养护过程中发现,3#主机开关柜高压真空断路器手车在试验位置时按下合闸按钮后立即跳闸,运行人员同样测试 1#、2#、4#、5#、6#主机开关柜高压真空断路器手车,在试验位置时按下合闸按钮,结果均立即跳闸。

(二)拒合现象

运行人员依次断开 1#~6#主机开关柜高压真空断路器二次插头,并将手车依次拉出断路器室(检修位置),分别按下 1#~6#主机开关柜高压真空断路器本体合闸、分闸按钮,发现仅 3#主机开关柜高压真空断路器无法合闸,1#、2#、4#、5#、6#主机开关柜高压真空断路器本体合闸、分闸正常。1#~6#主机开关柜高压真空断路器故障描述统计见表 2-6。

表 2-6　1#~6#主机开关柜高压真空断路器故障描述统计

操作部位	试验位合闸	检修位合闸	检修位分闸
1#主机开关柜高压真空断路器	合后即跳	正常	正常
2#主机开关柜高压真空断路器	合后即跳	正常	正常
3#主机开关柜高压真空断路器	合后即跳	拒合	正常
4#主机开关柜高压真空断路器	合后即跳	正常	正常
5#主机开关柜高压真空断路器	合后即跳	正常	正常
6#主机开关柜高压真空断路器	合后即跳	正常	正常

三、故障原因

根据灭弧介质不同,高压断路器主要分为真空断路器、SF_6 断路器、油断路器等,大型泵站工程主机开关柜采用较多的为真空断路器。造成高压真空断路器无法合闸或合闸后立即跳闸的原因有很多,通过高压真空断路器二次控制回路电气原理和本体结构组成分析,主要包括电气故障和机械故障两个方面,简易的二次控制回路电气原理见图 2-28。

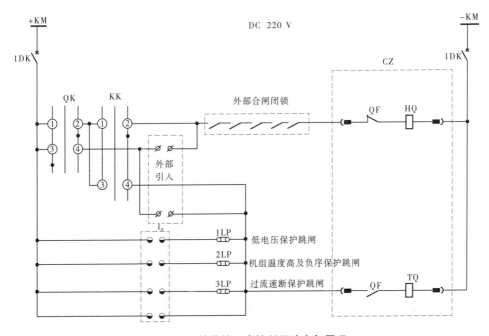

图 2-28　简易的二次控制回路电气原理

(一)电气故障

(1)二次回路接线端子接触不良。主要是二次合闸回路接线端子松动、脱落、断线或压接到绝缘层,导致回路不通,合闸线圈无法带电动作,从而无法完成合闸操作。

（2）控制电源电压过低。正常控制电源电压为直流 110 V 或者 220 V，如果直流控制电源电压过低，导致合闸线圈无法正常吸合，从而无法完成合闸操作。

（3）远程/就地转换开关故障。大型泵站高压真空断路器分、合闸有多种控制方式：一般就地方式时，运行人员可在高压开关柜面板进行分、合闸操作；远程方式时，运行人员可在中控室通过计算机控制软件或在 LCU 柜通过触摸屏进行分、合闸操作。远程/就地转换开关发生故障，导致合闸回路无法接通，合闸线圈无法带电动作，从而无法完成合闸操作。

（4）合闸/分闸转换开关故障。同上述远程/就地转换开关故障相似，合闸/分闸转换开关发生故障，可能导致合闸或分闸动作无效；甚至，合闸/分闸转换开关故障导致合闸接点黏结长期接通，将使合闸线圈长期通电，烧毁合闸线圈。

（5）弹簧未储能。高压真空断路器一般以储能弹簧为动力来完成分、合闸操作，弹簧的储能借助于电动机通过减速装置来完成，弹簧储能回路原理见图 2-29。储能回路发生故障，如回路电源电压过低、储能电机过流保护动作未复归、储能电机烧毁、辅助开关接触不良等，导致弹簧未储能，从而无法完成合闸操作。

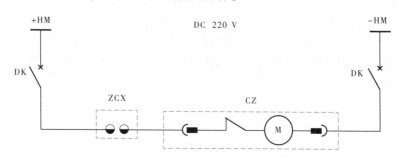

图 2-29 弹簧储能回路原理

（6）高压开关柜柜后门行程闭锁。高压电气开关设备内均装有安全可靠的联锁装置，以满足"五防"的要求，闭锁可分为机械闭锁、电气闭锁、钥匙闭锁（如三选二）、微机闭锁等，柜后门行程闭锁即是其中的一个重要的电气闭锁，原理见图 2-30。行程开关的常开触点串接在合闸回路中，常闭触点串接在跳闸回路中；只有在柜后门关闭的情况下，串接在合闸回路中的常开触点闭合导通使合闸回路具备合闸条件，同时串接在跳闸回路中的常闭触点断开来避免跳闸回路接通而跳闸；当柜后门被打开时，串接在跳闸回路中的常闭触点立即复位，进而导通跳闸回路使开关跳闸，以此来防止运行人员误入带电间隔。

（7）本台高压开关柜接地开关合闸闭锁。因"防止接地开关处于闭合位置时分、合断路器、负荷开关""五防"要求，只有当接地开关处于分闸状态时，才能闭合隔离开关或手车才能进至工作位置，才能操作断路器、负荷开关闭合。当本台高压开关柜接地开关处于合闸状态时，因闭锁限制，导致断路器无法合闸。

（8）上级高压开关柜接地开关"五防"闭锁。原理及要求同上，当上一级进线开关柜（变压器高压侧）或同电压等级的进线开关柜接地开关处于合闸状态时，同样会形成闭锁限制，导致断路器无法合闸，这一点常常被运行人员忽视。

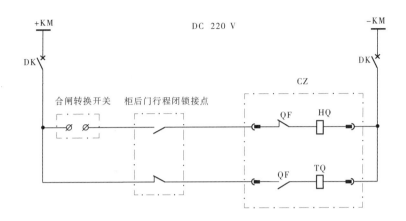

图 2-30　柜后门行程闭锁原理图

(9)高压并联电容柜柜门闭锁。大型泵站中,常见的有主电机采用就地并联高压电容柜的补偿方式,其原理同高压开关柜柜后门行程闭锁原理一致,柜门关闭后方可合闸,柜门打开后将及时跳闸。

(10)励磁就绪闭锁。对于采用同步电动机的大型泵站而言,开机前的励磁系统就绪是必不可少的前置条件,只有当励磁就绪时方可合闸,失磁后及时跳闸。

(11)隔离开关闭锁。因"防止带负荷分、合隔离开关""五防"要求,当隔离开关手车处于试验位置时,串接在合闸回路中的常开触点将复位保持断开,使合闸回路断开,则无法完成合闸操作。

(12)断路器本体辅助接点故障。正常情况下,断路器有一常闭辅助触点串接在合闸回路之中,当断路器完成合闸操作后,该常闭辅助触点随即断开,使合闸回路断开,从而避免合闸线圈长期带电而烧毁。该常闭辅助触点发生松动、脱落、接触不良等故障,导致常闭辅助触点断开,使合闸回路断开,则无法完成合闸操作。

(13)防跳回路故障。当负载故障和合闸开关黏结故障同时发生时,就出现了合闸与保护跳闸同时发生的情况,此时开关就会在合闸和跳闸之间反复切换,此现象叫作"跳跃"。"跳跃"现象非常危险,不仅能够引起机构损伤,导致故障大电流反复冲击,还会引起断路器本体爆炸,所以必须采取防跳措施。老一代的断路器大多在仪表室内采用防跳继电器来实现防跳功能。新一代的断路器均已将防跳继电器集成在断路器操作机构内部,即将防跳继电器常闭触点 KO 串入合闸回路,由断路器位置辅助触点 S1 起动;当手合断路器时,断路器位置由分变合,操作机构防跳回路中的断路器位置常开触点 S1 闭合导通,KO 线圈带电,KO 常开触点闭合导通,此时若发生合闸开关黏结故障,会形成自保持回路。串入合闸回路中的 KO 常闭触点将保持断开状态,即断开了合闸回路,断路器在跳闸后不会合闸,起到了防跳的作用。防跳回路原理见图 2-31。

通过上述防跳回路的分析,不难发现,防跳回路中防跳继电器、常开或常闭触点发生故障,使合闸回路断开,则同样无法完成合闸操作。

(14)合闸线圈烧毁故障。在合闸线圈出现过电压或者长时间通电等情况下,极易导致合闸线圈烧毁,无法完成电动合闸操作。

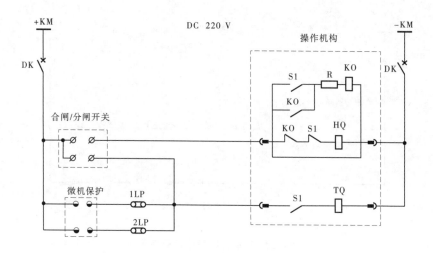

图 2-31　防跳回路原理

（15）保护压板保护跳闸。在保护压板全部投入的情况下，当出现对应的故障后，如果此时运行人员进行合闸操作，断路器将立即进行保护跳闸。

（16）其他的外部闭锁条件。某些大型泵站工程考虑特殊的运行条件，往往在合闸或者跳闸回路中串接触点作为外部闭锁条件，如只有在技术供水管路电动阀打开、闸门开启达到预定小开度等情况下才允许合闸，或者在闸门下滑至预定位置、技术供水泵或润滑油泵故障停机等情况下及时跳闸，外部闭锁条件可根据工程实际情况具体分析。

（二）机械故障

高压断路器主要结构包括导流部分、灭火部分、绝缘部分、操作机构及支撑部分，其中发生机械故障较多的部位为操作机构，而操作机构的类型又包括电磁操作机构、电动操作机构、弹簧操作机构、液压操作机构及气动操作机构，本案例仅针对大型泵站工程中普遍使用的弹簧操作机构的常见机械故障做说明。弹簧操作机构主要由储能机构、传动机构、锁定机构、分合闸弹簧及缓冲器、主转轴组成。

（1）储能机构故障。储能电源或工作回路断线、触点接触不良、行程开关切换不及时、储能电机烧毁及储能传动构件卡滞、破损等，均可能导致合闸弹簧无法完成储能，进而无法完成合闸操作。

（2）合闸保持掣子故障。合闸保持掣子是断路器完成合闸操作后用于保持合闸状态的部件，当合闸保持掣子表面与轴销的扣接面因长期运行出现磨损导致扣接弧度偏离设计要求时，合闸状态将无法维持，进而无法完成合闸操作。

（3）分闸掣子故障。分闸掣子通过滚子与合闸保持掣子完成合闸状态锁扣，当分闸线圈通电时，分闸电磁铁顶杆通过分闸掣子释放合闸保持掣子，从而完成分闸操作。当分闸掣子与滚子的接触面出现磨损或尺寸配合偏离设计要求时，合闸状态将无法维持，进而无法完成合闸操作。

（4）分闸线圈顶杆与分闸掣子间隙过小。当分闸线圈通电后，顶杆撞击分闸掣子释放合闸保持掣子，进而完成分闸操作。当分闸线圈顶杆与分闸掣子间隙过小时，合闸瞬间带来的振动易导致分闸线圈顶杆误碰分闸掣子,进而出现合后即分的现象。

(5)合闸线圈顶杆与合闸掣子间隙过大。同样,当合闸线圈通电后,顶杆撞击合闸掣子完成合闸操作。当合闸线圈顶杆与合闸掣子间隙过大时,顶杆无法撞击到合闸掣子,则无法完成合闸操作。

(6)合闸保持掣子和分闸掣子复位弹簧疲劳。断路器经过多次的分合闸操作,其内部复位弹簧易出现疲劳变形,往往尺寸比出厂时缩短,从而影响合闸保持掣子和分闸掣子的弹跳幅度,易造成合后即分的故障。

(7)内部构件断裂。如内部轴销、轴承、轴承套等构件因制造、试验、压力冲击、应力超载等原因发生断裂,同样无法完成合闸操作。

四、故障危害

(一)无法实现工程效益

大型泵站工程一般都具有排涝、应急供水、重大水污染事故处置、改善生态环境等功能,对某一河道、湖泊,乃至整个地区具有重大的社会效益。高压断路器作为工程中的核心设备,一旦出现故障无法及时排除,将无法显著实现工程效益。

(二)波及上级电网

大型泵站运行期间,高压断路器拒合或合后即分,严重者容易产生过电压或过电流越级保护,导致上一级变电所开关设备跳闸,使事故范围扩大,影响上级电网安全、稳定运行。

(三)造成本级电网设备烧毁

合闸开关发生黏结故障,或者断路器本体设备出现机械故障而操作人员误操作,长时、连续转动合闸开关,极易导致合闸线圈长时通电,进而烧毁合闸线圈,容易引发火灾,严重者甚至造成本级电网其他电气设备被烧毁。

五、故障分析

(一)合后即跳分析

通过上述故障现象的描述,1#、2#、3#、4#、5#、6#主机开关柜高压真空断路器手车在试验位置合后即分可初步判断为系统性故障或为主机开关柜前置间隔故障导致,根据图 2-27 所示,主机开关柜前置间隔分别为 1#站变压器柜、电压互感器柜、6 kV 进线柜。于是,运行人员对前置三个开关柜进行逐个排查,发现 1#站变压器柜、电压互感器柜、6 kV 进线柜仪表室面板电压表数值均显示为 0,细查发现 6 kV 进线柜高压断路器手车在工作位置且断路器处于合闸状态、电压互感器柜手车被摇出、1#站变压器柜高压断路器手车在试验位置,如图 2-32 所示。

通过图 2-32 所示的间隔状态示意图和图 2-28 所示的控制回路原理图,运行人员初步判断 1#、2#、3#、4#、5#、6#主机开关柜高压真空断路器合后即跳的原因为主机开关柜继电保护装置起动了低电压保护,即养护期间运行人员在摇出电压互感器手车前未将主机开关柜仪表室面板上的低电压保护跳闸压板拆下导致的。养护结束后,运行人员进行合闸试验,但是因为电压互感器手车被摇出,继电保护装置未能采集到电压信号(此现象从现场开关柜仪表室面板电压表示值亦可判断出),进而起动保护跳闸。

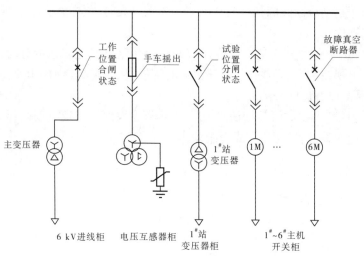

图 2-32　主机开关柜前置间隔状态示意图

（二）拒合分析

从 1#、2#、4#、5#、6# 主机开关柜高压真空断路器本体均能合闸、分闸，仅 3# 主机开关柜高压真空断路器本体无法合闸，运行人员初步判断为断路器本体弹簧操作机构机械故障，须对其进行拆解检查。

六、故障处置

（一）合后即跳处置

运行人员分别将 1#、2#、3#、4#、5#、6# 主机开关柜高压真空断路器手车置于试验位置，连接断路器二次插头，待储能正常后依次拆下主机开关柜仪表室面板上的低电压保护跳闸压板，逐台按下合闸、分闸按钮，结果均正常。

运行人员将电压互感器柜手车摇至工作位置，开关柜仪表室面板电压表显示母线电压正常，依次装上主机开关柜仪表室面板上的低电压保护跳闸压板，逐台按下合闸、分闸按钮，结果均正常。

（二）拒合处置

运行人员将 3# 主机开关柜高压真空断路器手车拉出断路器室，拆下断路器面板，通过试验手动储能把手能否正常储能来排除储能机构故障，再检查合闸线圈顶杆与合闸掣子间隙、内部轴销、轴承、轴承套等结构件情况，发现合闸按钮下方的固定六角螺栓松动，影响合闸按钮操作灵活性如图 2-33 所示。运行人员使用扳手复紧合闸按钮下方的固定六角螺栓，再次试合分闸，动作正常。复装断路器本体面板，移入开关柜内，插上二次插件，电动储能后，再次电动操作试合分闸，动作正常。

七、巩固措施

针对泵站工程中高压电气设备养护作业,制订以下巩固措施:

(1)制定工作票制度。

制定配电线路和设备上工作的工作票制度,明确工作票签发人、工作负责人(监护人)、工作许可人(值班负责人)、工作班成员的安全责任,工作票格式参照《泵站技术管理规程》(GB/T 30948—2021)附录 K。

(2)制定《高压电气设备养护作业指导书》。

制定《高压电气设备养护作业指导书》,明确工作内容、标准要求、方法步骤、工作流程、注意事项等,并进行宣贯培训。

图 2-33　合闸掣子松动

(3)运行前试操作。

每次运行前,对辅助设备进行试运行,对高压开关设备进行试操作,确认无误后方可正式投入运行。

八、相关法规依据

(一)《高压交流开关设备和控制设备标准的共用技术要求》(GB/T 11022—2021)相关规定

在正常工作情况下,辅助设备(电子控制、监督、监控和通信)端子处测量的交流和直流电源电压的相对允差为 85%~110%。

并联合闸脱扣器在合闸装置额定电源电压的 85%~110%、交流时在合闸装置的额定电源频率下应该正确地动作。在电源电压等于或小于额定电源电压的 30%时,不应脱扣。

并联分闸脱扣器在分闸装置额定电源电压的 65%(直流)或 85%(交流)到 110%之间、交流时在分闸装置的额定电源频率下,在开关装置的额定短路开断电流的操作条件下都应该正确地动作。在电源电压等于或小于额定电源电压的 30%时,不应脱扣。

(二)《国家电网公司防止电气误操作安全管理规定》的相关规定

防止电气误操作是指:

(1)防止带负荷分、合隔离开关(断路器、负荷开关、接触器处于合闸状态下不可操作其隔离开关)。

(2)防止误分、误合断路器、负荷开关、接触器(只有操作指令与操作设备对应才能对被操作设备操作)。

(3)防止接地开关处于闭合位置时分、合断路器、负荷开关(只有当接地开关处于分闸状态时,才能合隔离开关或手车才能进至工作位置,才能操作断路器、负荷开关闭合)。

(4)防止在带电时误合接地开关(只有在断路器分闸状态,才能操作隔离开关或手车从工作位置退至试验位置,才能合上接地开关)。

(5)防止误入带电室(只有隔室不带电时,才能开门进入隔室)。

(三)《国家电网公司电力安全工作规程(配电部分)》的相关规定

在配电线路和设备上工作,保证安全的组织措施包括:

(1)现场勘察制度。

(2)工作票制度。

(3)工作许可制度。

(4)工作监护制度。

(5)工作间断、转移制度。

(6)工作终结制度。

(四)《泵站技术管理规程》(GB/T 30948—2021)的相关规定

高压断路器操作应符合下列要求:

(1)操作电源的电压、液压机构的压力符合有关规定。

(2)断路器合闸前,互锁装置可靠。

(3)断路器外壳接地良好。

(4)用控制开关远方操作高压断路器的分合。长期停运的高压断路器在正式执行操作前,通过控制开关远方操作的方式进行试操作 2~3 次。

(5)正常情况下,不得手动操作分合高压断路器;在控制开关失灵的紧急情况下,可在操作机构机箱处进行手动操作。

(6)手动操作时,不得进行慢合或慢分操作。

(7)拒分的断路器未经检查处理,不得投入运行。

九、案例启示

大型泵站工程设计高压电气设备种类较多,设备结构复杂,影响程度较大。应及时制定日常巡视、检查、养护、维修、操作等作业指导书,明确工作内容、标准要求、方法步骤、工作流程、注意事项等,以指导各类工作从始至终的闭环管理。久而久之,则本案例中的因摇出电压互感器手车前未拆下保护压板而导致的合后即跳故障即可避免。

案例十一　高压真空断路器储能故障

一、系统结构与原理

某大型泵站工程供配电系统配备 VBG-12P 型户内高压真空断路器,用以切断或闭合高压电路中水泵电机的负荷电流。传统高压真空断路器主要由真空灭弧室、操动机构、支架及其他部件组成,该高压真空断路器相较于传统真空断路器,采用弹簧操作机构与断路器本体一体式设计,组成手车单元使用,使得断路器更加小型化,更节省空间。该断路器的额定电压为 12 kV,额定电流为 630 A,合分闸操作电源电压 AC/DC 220 V,储能电机额定电压 DC 220 V。

手车式高压真空断路器的内部机构主要包括控制电路板、辅助触点、分闸机构、合闸机构、分合闸指示、储能指示、储能电机、储能弹簧、接线端子等。其中，储能机构是决定断路器能否正常合闸的关键。当机构接收到合闸信号后，合闸电磁铁的铁芯吸合，释放储能弹簧的弹性势能，带动机械结构动作，断路器完成合闸操作。合闸动作后，储能电机通电使得储能弹簧再次达到储能状态。换言之，储能弹簧良好的储能是断路器正常合闸的前提。

二、故障现象

某日泵站 6 kV 线路停电进行保护定检，在对 2# 主机断路器保护定检时，断路器分闸后，未听到断路器弹簧储能声音，运行人员发现开关柜开关状态综合指示装置上"已储能"指示红灯未亮，观察断路器本体储能指示窗口显示在"未储能"位置。

三、故障分析

造成弹簧式高压真空断路器未储能故障的原因有很多，在泵站工程中常见的原因主要归类为以下两个方面。

（一）电气方面
(1)储能回路断线，储能回路元器件接触不良，接线端子松动脱落。
(2)储能电路电压过低或无电源。

（二）机械方面
(1)传动机构故障，如传动齿轮发生脱位，传动链条松弛。
(2)储能限位开关触发机构故障，不能及时停止储能电机。
(3)储能电机故障。

对于本次故障现象，检修人员进行了故障排查。打开配电柜后发现储能电机空气开关处于合闸状态，用万用表直流挡测得空气开关上下桩头电压正常。由于断路器储能有电动储能和手动储能两种方式，检修人员将智能操控装置面板上"手动储能"按钮按下，将储能方式由自动储能切换为手动储能，使用手动储能手柄测试手动储能是否正常，经测试手动储能功能正常，排除了除储能电机故障外的机械故障。检修人员将排查思路转移至电气原因。查阅图纸，断路器储能回路包括储能电源、智能操控开关、航空插头、微动开关、储能电机。断路器的储能回路简图如图 2-34 所示。

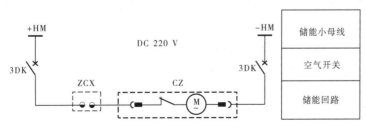

图 2-34　断路器的储能回路简图

如图 2-34 所示,储能回路电源正极通过空气开关正极输出经智能操控开关"ZCX"后,由航空插座至断路器内部储能电机回路,储能电机回路中的微动开关决定储能电机的运行和停止。检修人员使用万用表直流挡测量航空插座至空气开关输出端通断正常、电压正常,因此排除断路器本体内储能电机回路以外的回路断线故障。检修人员将故障范围缩小至断路器内部储能电机回路部分。断路器内部储能电机回路原理如图 2-35 所示。

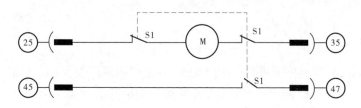

图 2-35　储能电机回路原理

如图 2-35 所示,当断路器分闸后,电源经过断路器航空插头"25"端、储能电机、行程开关"S1"常闭触点到达"35"端,储能电机得电开始储能,储能完成后行程开关"S1"常闭触点断开,"S1"常开触点闭合,电源从"45"端至"47"端,外部储能指示回路得电,储能完成。检修人员排除航空插头连接松动等问题,在断路器分闸且未储能状态下用万用表测量"S1"开关通断,结果"S1"开关并未导通,仔细检查后发现"S1"开关出线端子松动,储能电机回路不能得电。为验证故障信息,检修人员断开储能电源母线空气开关,重新紧固"S1"接线端子,重新恢复储能回路电源后,断路器储能成功。

四、故障危害

高压断路器是电力系统十分重要的电气设备,断路器分闸后,如果发生储能故障,会导致断路器无法再次合闸,进而影响水泵机组的及时投运。即便在非机械故障原因下,运行人员手动储能不仅会带来安全隐患,也会影响水利工程调度时效性,进一步影响到地区行洪排涝、突发水污染事故处置、水源地供水安全、生态补水等重大水事件。

五、故障处置

通过对本次事故排查,有效解决了未储能故障,而对于泵站工程实际运行中可能出现的其他常见的未储能故障原因处置方法,总结如下:当断路器出现未储能故障后,将故障断路器转为检修状态,对断路器未储能故障进行检查,针对不同的故障原因采取不同的处置措施。断路器未储能原因分为电气方面和机械方面,因此从这两个方面来阐述。

(一)电气方面故障处置

(1)储能回路断线,储能回路元器件接触不良,接线端子松动脱落。储能回路没有接通,需对储能回路进行摸排,检查是否有接错、断线、脱落等情况,对接错的线路进行修正,将脱落松动的端子重新紧固,更换损坏辅助开关等,保证控制回路的完整性。

(2)储能电路电压过低或无电源,应先参照检查其余开关柜储能电源是否正常,如不正常,考虑泵站直流电源装置故障,应针对直流电源系统进行排查处置,处置措施不深入阐述。若只有当前开关柜储能电源电压过低或无电源,应当检查开关柜内控制电路电源进线是否正常,紧固接线端子,更换损坏的空气断路器等。

(二)机械方面故障处置

(1)传动机构故障,如传动齿轮发生脱位,传动链条松弛。可通过手动储能观察,找出具体齿轮脱位或链条松动、断裂的部位,重新更换装配,并对传动部位加润滑油。

(2)储能限位开关触发机构故障,不能及时停止储能电机。在排除限位开关故障后,可通过手动储能过程观察储能限位开关的触发装置机械结构是否能有效触发,调整或更换触发机械结构。

(3)储能电机故障。如果电机运行异常或通电状态下不运行,可通过观察或测量电机绝缘电阻的方法来诊断故障原因,对故障电机做出维修或更换处置。

断路器的未储能故障通常由电气、机械两个方面原因造成。通过上述处置措施后,断路器的未储能故障得以解决。

六、巩固措施

为防止类似故障再次出现,检修人员采取了以下几点巩固措施。

(一)全面摸排

全面摸排断路器电气部分控制回路电缆通断、端子连接、元器件完好性等情况,以及机械部分连杆机构运转情况等,防患于未然。

(二)定期维护

制定开关柜及真空断路器检查制度和定期试验制度,定期对断路器进行检查和试验,如发现问题及时处置;每年汛前、汛后进行维修养护,确保断路器运行正常。

(三)运行前试操作

每次运行前,对辅助设备进行试运行,对高压开关设备进行试操作,确认无误后方可正式投入运行。

七、案例启示

高压电力设备在大型泵站工程中运用广泛,其良好的状态是泵站安全运行的重要前提。对于高压断路器这类在送配电系统中起关键作用的设备,泵站运行管理人员须熟悉其内部构造、技术图纸和运行原理。制定断路器检查、养护、试验制度,在主机组投运前应进行试操作,防患于未然,确保其在机组开启时能安全投运,在机组紧急状况下能安全切除,避免影响人身安全、工程安全,妨碍工程效益的发挥。

案例十二 高压并联电容器柜内电抗器运行异响

一、系统结构与原理

某大型泵站工程配备 CKSC-21.6/6-6 型干式铁芯高压串联电抗器,用于 6~35 kV 电力系统与高压电容器组相串联,能够有效抑制及吸收高次谐波,限制合闸涌流及操作过电压,保护电容器,提高电能质量,保证电网安全运行。环氧浇注型干式铁芯电抗器主要由上下夹件、绝缘子、环氧管、线圈、铁芯等组成。CKSC 中的 CK 代表的是串联电抗器,S 代表的是三相电抗器,C 代表的是环氧浇注型电抗器。该电抗器容量为 21.6 kvar,系统电压为 6 kV,电抗率为 6%,电抗器外形如图 2-36 所示。

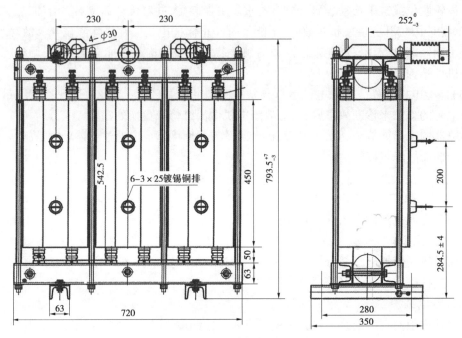

图 2-36　CKSC 型电抗器外形　(单位:mm)

二、故障现象

某日,运行人员在例行巡视检查过程中发现,运行中的 6#机组高压并联柜内有较大的噪声,与其他运行正常的电容柜相比要大得多,运行人员查看柜上带电显示装置并未发现异常。运行人员穿戴安全用具后,通过柜底部观察窗查看柜内情况,查明情况后确认噪声从电抗器发出。运行人员使用声压级检测仪测得声压级为 85 dB。为防止电抗器故障造成机组运行安全事故,运行人员随即进行机组切换,将 6#机组停机,待进一步检查处理。

三、故障原因

造成干式铁芯高压电抗器运行异响的原因通常有以下几点:

(1)电能质量较差,如谐波含量过大、电能中存在较大的电压涌流(也叫"突变",或者是"瞬变"),或者是电流涌流(也叫"突变",或者是"瞬变")。

(2)电抗器的选型问题,虽然这种情况不太常见,但也是可能的原因之一,如电抗器的额定容量选小了,或者是做小了,也有可能是"虚标",总之,就是各种原因(含人为原因及非人为原因)导致的电抗器容量不够。

(3)电抗器紧固件螺栓松动,如上下夹件螺栓松动或者上下垫块及螺杆连接松动,电抗器在运行中产生的振动被放大导致异响。

（4）电抗器铁芯硅钢片叠压不紧密引起噪声问题，电抗器的铁芯由硅钢片压叠而成，其叠压不紧密将引起噪声问题。

（5）电抗器线圈线包松动，产生缝隙导致异响。

浪涌电流通常由电源接通或断开瞬间产生，电网中出现短时间像"浪"一样由高电压引起的流入电源设备的峰值电流。本次电抗器噪声并非在机组投运瞬间发出，机组运行的供电由同一变压器变送输出，参照同时运行的其他机组运行情况，母线电压、电流均稳定，运行人员在发现电抗器异响时查看电容柜带电显示装置电压、电流均在正常范围内，因此暂且排除因为电能质量差造成的电抗器异响。

由于经过较长时间的运行检验，该型电抗器此前运行良好，可以排除电抗器选型问题。检修人员将排查重点放在电抗器本体上，由外向内排查，首先检查电抗器外壳，发现少量灰尘，绝缘子、环氧管没有放电痕迹。检查电抗器紧固件，发现 C 相电抗器上垫块与螺杆之间连接松动，松动位置如图 2-37 所示。

图 2-37　电抗器螺栓松动位置

查阅图纸后得知，上垫块与螺杆将电抗器与上夹件固定，当螺杆松动时，电抗器在正常运行情况下的振动被放大，振动将会带来较大的噪声。

四、故障危害

电抗器运行噪声是电抗器故障的一种表象，因此透过表象可以反映出电抗器存在一定的故障。电抗器的噪声可能并不会瞬时造成很大的影响，但如果不及时处理可能导致故障进一步演化、恶劣，导致电抗器绕组绝缘劣化，发生匝间短路故障，将会严重影响电抗器的运行，严重时甚至引起设备爆炸和火灾事故。而且在电容器无功补偿成套装置中，由于电抗器与电力电容器串联运行，若电抗器发生严重故障，势必也会直接影响到无功补偿装置的正常运行。对于配备高压电气设备的大型泵站工程而言，电抗器运行异响故障的存在则可能进一步影响到地区行洪排涝、突发水污染事故处置、水源地供水安全、生态补水等重大水事件。

五、故障处置

为彻底消除本故障,检修人员对松动的螺杆进行紧固,并逐一检查其他紧固螺栓,确保紧固完好。对于干式铁芯电抗器可能出现异响的其他原因处置方法总结如下:

(1)对于电能质量较差,如谐波含量过大、电能中存在较大的电压涌流或电流涌流,用合适挡位电流钳卡测该工作电流,是否与额定电流相差很大。在电压正常时,如果电流相差很大,电抗器噪声很大很可能是电流大或者是现场谐波很严重引起的,需要借助电能质量分析仪测试后确认。可采取优化供电系统结构,合理布置负荷,优化供电系统容量,必要时可加装滤波器。

(2)电抗器的选型通常在设备安装前进行,电抗器的选型应遵照《高压并联电容器用串联电抗器》(JB/T 5346—2014),选择合适的电抗器。

(3)电抗器紧固件松脱,需对电抗器紧固件全面排查,将松脱部位及时紧固。

(4)矽钢片压叠不紧密可以通过矽钢片的紧固螺丝来进行压紧,如果无法修复,需更换叠压紧实的电抗器。

(5)对于电抗器线圈线包松动,通常需要返厂维修,更换电抗器。

六、巩固措施

为在泵站工程管理中防止电抗器异响故障再次出现,运行人员采取了以下几点巩固措施。

(一)优化选型

严格计算电抗器所需参数,结合运行环境选用适配电抗器,在投运前做好各项试验,避免后期因选型及质量问题出现故障。

(二)全面摸排

全面摸排高压电容器组中串联电抗器运行情况,重点关注运行声压级、外表放电痕迹、紧固件松脱等故障,防患于未然。

(三)定期维护

制定高压电容器组系统巡视检查制度和维修养护制度,定期对故障隐患点进行巡视检查,如发现问题及时处置;每年汛前、汛后进行维修养护,确保设备运行正常。

七、相关法规依据

《高压并联电容器用串联电抗器》(JB/T 5346—2014)的相关规定如下:

在额定电流下,额定容量小于 80 kvar 的干式铁芯电抗器声压级水平不超过 48 dB(A)。

每台电抗器出厂时,必须进行例行试验,其试验项目如下:

(1)外观检查。

(2)绕组直流电阻测定。

(3)绝缘电阻测定。

（4）电抗值测定。

（5）损耗测定。

（6）工频耐压试验。

（7）绕组匝间绝缘试验。

（8）密封性能试验。

八、案例启示

本案例泵站工程高压并联电容器组电抗器投运于 2020 年 7 月，虽投运至发生故障时间不长，但是投运频繁，机组开停次数多，合闸涌流冲击频繁。在平时的运行养护中，多注重设备外观检查，未进行相应的参数测量和紧固件排查，导致即便投运时间短的新设备也有可能因为设备安装、运行环境而发生相应的故障。因此，对频繁开停机或者机组运行时间长的泵站工程，应增加对电气设备的巡视检查、养护、试验等管理措施，对可能发生的故障早发现、早干预，避免形成隐患造成安全事故。

案例十三　高压软起动器起动故障

一、系统结构与原理

某大型泵站工程安装有 6 台 1 600 kW 异步电动机，总装机容量 9 600 kW。每台机组配备 MT830 系列高压固态组合一体式软起动装置，型号为 MT830-1600-6。高压固态软起动装置设计为 KYN28 柜式结构，高压固态软起动装置串联接入高压开关柜与高压电动机之间。将高压开关柜和高压固态软起动柜并为一体，柜体体积小。高压软起动装置通过控制晶闸管的导通角对输入电压进行控制，实现改变电动机定子端电压值的大小，即控制电动机的起动转矩和起动电流的大小，从而实现电动机的软起动控制。高压软起动可按照设定的起动参数平滑加速，从而减少对电网、电机及设备的电气和机械冲击。软起动器同时还提供软停车功能，软停车与软起动过程相反，电压逐渐降低，转数逐渐下降到零，避免自由停车引起的转矩冲击。当电机达到额定转速后，旁路接触器自动接通。高压软起动装置起动完毕后继续监控电动机，并提供各种故障保护，一体式软起动柜一次系统如图 2-38 所示。

二、故障现象

某日，运行人员准备起动 4# 主机，当远方位置执行合闸操作后，断路器手车合闸成功，但是主电机并没有任何动作，三相电流为零，运行人员切换远方/现地合闸方式后，采用现地方式合闸仍然不成功，检查软起动器面板报故障代码"PWR ON&NO START"。

三、故障分析

MT830 型高压固态软起动装置配备有 7 in 全彩色触摸屏，可以查看运行曲线、故障信息，可以记录 9 999 条信息，故障信息可以直接反映软起动器故障原因。

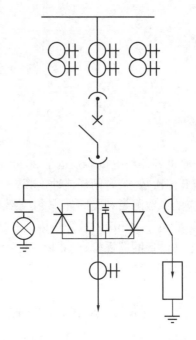

图 2-38　一体式软起动柜一次系统

对于本次故障现象,检修人员从软起动器显示面板上的故障信息入手,查看产品说明书,故障代码"PWR ON&NO START"表示为进线有电但未起动(进线指晶闸管电源侧),该故障说明可以理解为母线电源正常,软起动器不工作,电机没有反应。检修人员对此进行验证,如果执行合闸操作后断路器合闸成功,说明合闸控制回路正常,且断路器工作正常,带电显示装置显示母线电压正常,并没有发现明显的故障点。打开软起动装置柜门,在断路器合闸状态下,使用验电器对断路器出线侧验电,验电器有指示,表示断路器出线侧有电源,其电源串联至软起动器晶闸管进线侧,说明晶闸管进线侧有电源。常见的软起动器进线有电但未起动原因有以下几种:

(1)软起动器所接负载电机缺相或外部线路短路。

(2)软起动器内主元件可控硅短路。

(3)滤波电容器击穿短路。

检修人员首先将断路器分闸,拆下软起动器出线侧三相电缆,使用电子兆欧表从软起动器出线侧测量电机三相绝缘电阻,测试结果正常,排除主电机缺相或者外部线路短路故障,那么故障大概率在软起动器本身。检修人员拆下软起动器本体面板,使用数字万用表的二极管测试功能,将测试笔依次接在可控硅阳极和阴极处,并反向连接反复测试,测试结果显示二极管趋势相同,说明可控硅已经短路。因此,该故障原因出在软起动器内部,可控硅短路导致软起动器不能导通电路。

四、故障危害

高压软起动装置是三相异步电机系统重要的电气设备,在大型泵站日常运行中,电机起动过程中起动电流是额定工作电流的 3~9 倍,对电网冲击较大,经常会影响电网内部其他设备的正常运行,甚至引起跳闸。此外,高压软起动装置还能为电机运行提供一系列保护。因此,高压软起动装置对泵站的稳定运行起着至关重要的作用。如果发生软起动装置故障导致机组不能成功运行,或者在机组运行中软起动装置故障导致机组跳闸等问题,轻则造成泵站不能执行运行调令,重则造成严重的安全事故,进一步影响到地区行洪排涝、突发水污染事故处置、水源地供水安全、生态补水等重大水事件。

五、故障处置

对于高压软起动器起动故障,不同的原因有不同的处理方式。对于故障分析中列出的 3 种导致软起动器出现故障码"PWR ON&NO START"[表示进线有电但未起动(进线指晶闸管电源侧)]的原因,对应的处理方式如下:

(1)软起动器所接负载电机缺相或外部线路短路。在起动前电机缺相或短路,如果未安装软起动器实行硬起动,电动机将不能起动,其绕组电流为额定电流的 4~7 倍,发热量为正常温升的 16~49 倍,因其迅速超过允许温升而使电动机烧毁,这也体现软起动器在电机运行中的重要性。电机缺相原因可能是线缆连接头脱落,这种情况需要排查电机线缆的接线情况,同时检查因线缆问题造成的短路情况等。另外一种情况是电机有一相绕组开路,这种情况应当联系厂家对电机进行大修,或者更换电机。

(2)软起动器内主元件可控硅短路。软起动器的核心部件是晶闸管(可控硅整流器),利用晶闸管移相控制原理,完成电机起动、停车过程。如果测得软起动器内可控硅短路,应先检查电机以及电网电压是否正常,排除电机以及电网电压故障后,需要联系厂家更换可控硅。

(3)滤波电容器击穿短路。滤波电容器的常见故障是击穿、漏电、开路和容量减小等,滤波电容器被击穿短路可以引起低压保险丝烧断、整流管或半导体整流元件烧毁等故障。滤波器的输出电容被击穿时,由于扼流圈或滤波电阻的存在,起着限流的作用,所以损坏整流管的危险性稍小,但过量的电流还是会使扼流圈或滤波电阻过热或烧毁。通常用欧姆表测量电容器的断路或短路故障是很有效的,在确定是因为滤波电容器故障后,只需要更换滤波电容器即可。

六、巩固措施

为防止类似故障再次出现,检修人员采取了以下几项巩固措施。

(一)全面摸排

全面摸排高压软起动器的运行情况,组织专项检查,结合试运行与显示屏显示信息研判软起动器可能发生的故障,对软起动器本体、电源、负载等进行检查试验,及时更换不良元器件,消除可能发生的软起动器故障等,防患于未然。同时强化机组运行保护,确保出现问题可及时停机,避免造成严重事故。

(二)定期维护

制定高压软起动器定期检查制度和定期试验制度,定期对高压软起动器进行检查和试验,如发现问题及时处置;每次投运前通过远方控制方式对断路器进行试分、合操作 2~3 次,确保断路器运行正常。高压断路器运行期间的巡视检查,每班至少 1 次。对出现过故障的断路器,经过检修重新投运后,应增加巡视检查频次。

七、相关法规依据

(一)《高压电动机软起动装置应用导则》(GB/T 37404—2019)的相关规定

1. 负载类型

软起动装置的应用场合包括但不限于:

(1)风机类负载,如高炉鼓风机、烧结风机、LNG 压缩机、氧气压缩机、空气压缩机、氮气压缩机、风洞试验机等。

(2)水泵类负载,如扬水泵、抽水蓄能泵等。

(3)磨机负载,如球磨机等。

(4)其他负载。

2. 降压式软起动的旁路要求

旁路前软起动装置应通过直接或间接方式检测电动机转速和电动机端电压的幅值。当判断出电动机转速和电动机端电压的幅值满足设计要求时,软起动装置给出旁路指令。具体要求由制造商和用户根据现场情况确定。

(二)《低压开关设备和控制设备 第 4-2 部分:接触器和电动机起动器 交流电动机用半导体控制器和起动器(含软起动器)》(GB/T 14048.6—2016)的相关规定

交流电动机半导体控制器为交流电动机提供起动功能和截止状态的半导体开关电器。

由于电动机半导体控制器在截止状态时可能存在危险的泄漏电流,所以负载端在任何时候都认为是带电的。

控制器和起动器的结构应:①能自由脱扣;②当电动机运行时,在起动过程中的任何时刻或进行任何操纵时,能够用所提供的方式返回至断开或截止状态。

控制器和起动器不应由于其内部电气操作引起的机械冲击或电磁干扰而误动作。

混合式控制器和起动器中串联的机械开关电器的动触头应机械联锁,确保手动操作或自动操作时,所有极均能同时接通和分断。

案例十四　高压电缆绝缘异常

一、系统结构与原理

高压电缆是电力电缆的一种,是指用于传输 1~1 000 kV 电压的电力电缆,多应用于电力传输和分配。

高压电缆从内到外的组成部分包括导体、绝缘、内衬层、填充料(铠装)、外绝缘(见图 2-39)。铠装高压电缆主要用于地埋,可以抵抗地面上高强度的压迫,同时可防止其他外力损坏。

高压电缆接头是电缆线路中不可缺少的部件,用于实现两段高压电缆的连接,同时改善两根电缆末端电场。有时也包括电缆中间接头、电缆两端的接头,用于和其他设备、线路连接。

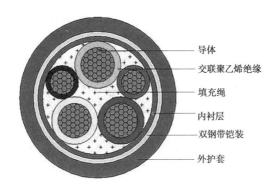

图 2-39　高压电缆内部结构

导体
交联聚乙烯绝缘
填充绳
内衬层
双钢带铠装
外护套

二、故障现象

某泵站水泵为卧式贯流泵,配套 10 kV 电压等级同步电动机,10 kV 供电系统由 10 kV 进线开关柜、10 kV 电压互感器(PT)柜、主机高压开关柜、站所变开关柜及 2 台 800 kVA 的干式变压器组成。10 kV 供电系统采用交联聚氯乙烯绝缘电力电缆作为传输介质,泵站自建成后,在主机高压开关柜测量各机组定子绝缘时,除 4# 机组相对稳定外,其他机组绝缘值均不稳定,经常出现绝缘值<10 MΩ 或吸收比<1.3 的情况,管理人员通过打开厂房除湿机或开启电机内配套使用的冷却风机,降低电机内湿度以提高绝缘值,但效果均不明显。

某日,电气预防性试验人员发现,拆除电动机电缆接头后,主电机绝缘值及吸收比等数据均符合要求,10 kV 电缆绝缘值下降明显,多次测量数据无较大提升,电缆对地绝缘数据对比见表 2-7。

表 2-7　10 kV 电缆对地绝缘数据　　　　　　　　单位:MΩ

测量环境	天气:晴,温度:16.4 ℃,湿度:61%		
电缆名称	A 对 B+C+地	B 对 A+C+地	C 对 B+A+地
10 kV 进线	61.2	62.5	71.2
10 kV 站变进线	36.6	48.7	42.1
10 kV 所变进线	15.6	16.1	15.8
10 kV 所用电源进线	17.2	18.6	17.3
1# 主电动机	15.5	12.5	13.3
2# 主电动机	39.7	26.1	41.3
3# 主电动机	29.5	12.1	27.5
4# 主电动机	64.7	66.1	64.7

三、故障原因

造成高压电缆绝缘异常的原因有很多,常见原因主要有以下几点:

(1)电缆绝缘或终端密封材料老化而导致的绝缘性能降低。如果高压电缆运行时间比较长,或者存在绝缘材料局部发电现象,电缆的绝缘性能会出现下降问题。电缆终端密封材料出现老化,环境水分进入也会导致电缆绝缘性能降低。

(2)电缆保护层被损坏而导致的绝缘性能下降。电缆在施工作业过程中,受到异物刺伤而出现绝缘层受损。比如,铁钉、刀片等对电缆绝缘进行了破坏,会使电缆绝缘出现异常。二次回路连接、二次设备元件之间组装不合理,例如二次电缆接头之间及二次设备进出线等带电体与接地柜体、柜门、连接件之间的距离过小导致的绝缘下降或接地。

(3)电缆终端制作工艺不合理导致的主绝缘性能降低。电缆终端的施工中,未严格按照预制式电缆附件安装说明剥削尺寸进行,不同生产厂家的电缆接头产品要求的电缆终端施工尺寸略有不同,未按照传统电缆终端装配尺寸或其他厂家的剥削尺寸进行施工会造成电缆绝缘降低。

施工过程中,电缆终端铜屏蔽层、半导电层、绝缘层施工剥切尺寸不正确,电缆外半导电层和铜屏蔽层保留过多或过少,绝缘部分长度过长或不足,都会造成二次回路、二次设备的绝缘性能降低,例如直流馈出支路正负回路电缆不合格,施工工艺(暗埋混凝土内无保护套管)不当,或二次设备绝缘老化、破损、碎裂等导致的绝缘下降,或接地二次回路、二次设备表面落尘、污秽而导致绝缘降低。

(4)开关室管理不善,未完全封闭,老鼠等小动物进入咬破电缆或跨接带电体,导致绝缘明显降低或直接接地。

(5)工作票未终结,电缆或其终端有接地线未拆除或接地刀闸未打开,造成电缆绝缘降低。

(6)施工作业人员遗漏的小金属件如铁屑、螺钉等搭接或跨接带电体,导致绝缘明显降低或直接接地。

(7)设备中附属小金属件如螺栓、螺帽、垫片等因运行期间振动而脱落,导致绝缘明显降低或直接接地。

(8)电缆敷设不规范,电缆排列过密,通风和散热条件不好,运行过程中发热严重,电缆绝缘层破损,电缆黏连或与桥架等接地体相连,造成绝缘值降低。

(9)空气中游离的水分进入绝缘层,使绝缘层发生水解,影响电缆整体绝缘值。

四、故障危害

电缆绝缘异常对供电系统及人员安全均有一定影响。

(一)对供电系统本身的影响

如果因为电缆绝缘层老化,绝缘性能下降,则容易产生短路,尤其遇到潮湿天气,电缆外表虽完整,但绝缘性能已降低,当水分浸入到金属导体时发生短路而使电缆发热,进而有可能发生火灾。

(二)对人员安全的影响

如果高压电缆绝缘破损,击穿绝缘层,可能会造成漏电保护动作或者人员触电事故。

五、故障分析

由于已经将电动机接线端拆除,单独测量电缆绝缘值依旧为不合格值,则考虑是电缆绝缘下降,接下来则需要排查是由于电缆本身破损造成的绝缘降低,还是由于安装不规范造成的绝缘降低。

六、故障处置

(1)为彻底消除破损痕迹,维修人员打开电缆沟及电缆桥架盖板,仔细检查高压电缆有无因施工或维修造成的绝缘层破损或击穿现象。经检查,未发现高压电缆线有明显破损痕迹,排除由于电缆破损造成的电缆对地绝缘降低。

(2)拆除高压开关柜内电缆终端与母排连接接头,将电缆接头暴露在空气中,开启开关室内除湿机,待室内湿度降低后,再次测量电缆绝缘数值,无明显变化,排除由于空气湿度原因造成的电缆绝缘降低。

(3)检查电缆终端部位制作是否规范,屏蔽线接地是否可靠。经检查,未发现接地有明显问题。

(4)使用热烘枪对电缆两侧终端进行加热,检查是否由于电缆终端制作不规范造成的电缆绝缘降低。维修人员选择 1#主机 10 kV 电缆,两侧加热 10 min 后,再次测量绝缘值,有明显上升,测量数值如表 2-8 所示。

表 2-8　1#主机 10 kV 电缆对地绝缘数据　　　　　　单位:MΩ

测量环境	天气:晴,温度:25 ℃,湿度:69%		
电缆名称	A 对 B+C+地	B 对 A+C+地	C 对 B+A+地
1#主机 10 kV 电缆	183.5	129.8	146.6

使用热烘枪对其他几台开关柜中高压电缆终端头进行加热后,均发现绝缘值有明显上升,基本确定绝缘降低的原因是电缆终端故障。

(5)拆除 1#主机 10 kV 电缆电机侧终端头,发现指套和热缩管内有少量水汽。再次使用热烘枪对拆除热缩套管后的电缆头进行加热,10 min 后再次测量,绝缘数据如表 2-9 所示。

表 2-9　1#主机 10 kV 电缆对地绝缘数据(拆除电机侧终端头)　单位:MΩ

测量环境	天气:晴,温度:25 ℃,湿度:70%		
电缆名称	A 对 B+C+地	B 对 A+C+地	C 对 B+A+地
1#主机 10 kV 电缆	1 230	1 585	2 320

(6)继续拆除高压柜内电缆终端热缩套管,发现指套和热缩管内依然有少量水汽,用热烘枪吹干水汽后,直接进行测量,绝缘数据如表 2-10 所示。

表 2-10　1#主机 10 kV 电缆对地绝缘数据（拆除两侧终端头）　　　单位：MΩ

测量环境	天气：晴，温度：25 ℃，湿度：70%		
电缆名称	A 对 B+C+地	B 对 A+C+地	C 对 B+A+地
1#主机 10 kV 电缆	4 220	4 900	5 100

电缆绝缘值恢复正常，基本确定是由于热缩套管终端头内部进入水汽导致电缆绝缘值降低。进一步检查后发现，由于安装期间施工人员操作不规范，制作热缩接头时，密封胶和填充物使用位置颠倒，导致热缩管和指套部位密封不严，运行期间水汽进入套管内部，造成电缆绝缘降低的情况。

（7）拆除其他几台开关柜电缆热缩套管接头，均发现类似情况，拆除后，绝缘值均达到合格要求。

（8）维修人员将所有热缩接头全部拆除后，更换为密封更好、安装更为简单方便的冷缩套管。

（9）维修人员按照规范和制作工艺要求，将出现问题的所有电缆终端接头全部进行了更换。更换完成后，再次测量所有电缆绝缘值，结果如表 2-11 所示。

表 2-11　10 kV 电缆对地绝缘数据（更换冷缩接头后）　　　单位：MΩ

测量环境	天气：晴，温度：23 ℃，湿度：67%		
电缆名称	A 对 B+C+地	B 对 A+C+地	C 对 B+A+地
10 kV 进线	2 820	3 400	3 120
10 kV 站变进线	5 100	4 650	4 990
10 kV 所变进线	4 710	4 580	4 870
10 kV 所用电源进线	3 400	2 950	3 260
1#主电动机	3 370	3 520	3 860
2#主电动机	3 830	3 420	4 050
3#主电动机	2 980	2 640	3 100
4#主电动机	4 320	3 890	3 560

所有高压电缆绝缘值均恢复至正常水平，电缆连接电机后，再次测量绝缘值，结果均达标。电缆绝缘值降低问题的原因得以发现并成功得到解决。

七、巩固措施

为防止类似故障再次出现，运行人员采取了以下几项巩固措施。

（一）全面摸排

全面摸排站内各电缆的绝缘情况,尤其是使用热缩套管制作电缆终端的电缆,包括低压电缆,检查电缆头制作的密封情况,内部是否有水汽存在,运行过程中接头部位有无发热情况,电缆绝缘有无明显降低。

（二）重做部分接头

对存在绝缘降低和电缆终端制作不规范的情况,立刻进行整改,重做不合格的电缆头,杜绝因为电缆接头制作不规范导致的电缆绝缘整体降低情况。

八、相关法规依据

（一）《电力设备预防性试验规程》（DL/T 596—2021）的相关规定

（1）对电缆的主绝缘做直流耐压试验或测量绝缘电阻时,应分别在每一相上进行。对一相进行试验或测量时,其他两相导体、金属屏蔽或金属套和铠装层一起接地。

（2）新敷设的电缆线路投入运行 3~12 个月,一般应做 1 次直流耐压试验,以后再按正常周期试验。

（3）试验结果异常,但根据综合判断允许在监视条件下继续运行的电缆线路,其试验周期应缩短,如在不少于 6 个月时间内,经连续 3 次以上试验,试验结果没有问题,则以后可以按正常周期试验。

（4）对金属屏蔽或金属套一端接地,另一端装有护层过电压保护器的单芯电缆主绝缘做直流耐压试验时,必须将护层过电压保护器短接,使这一端的电缆金属屏蔽或金属套临时接地。

（5）耐压试验后,使导体放电时,必须通过每千伏约 80 kΩ 的限流电阻反复几次放电直至无火花后,才允许直接接地放电。

（6）除自容式充油电缆线路外,其他电缆线路在停电后投运之前,必须确认电缆的绝缘状况良好。凡停电超过 7 d 但不满 1 个月的电缆线路,应用兆欧表测量该电缆导体对地绝缘电阻,如有疑问,必须用低于常规直流耐压试验电压的直流电压进行试验,加压时间 1 min;停电超过 1 个月但不满 1 年的电缆线路,必须做 50% 规定试验电压值的直流耐压试验,加压时间 1 min;停电超过 1 年的电缆线路必须做常规的直流耐压试验。

（7）对额定电压为 0.6/1 kV 的电缆线路可用 1 000 V 或 2 500 V 兆欧表测量导体对地绝缘电阻代替直流耐压试验。

（8）直流耐压试验时,应在试验电压升至规定值后 1 min 及加压时间达到规定时测量泄漏电流。泄漏电流值和不平衡系数（最大值与最小值之比）只作为判断绝缘状况的参考,不作为是否能投入运行的判据。但如发现泄漏电流与上次试验值相比有很大变化,或泄漏电流不稳定,随试验电压的升高或加压时间的增加而急剧上升,应查明原因。如是终端头表面泄漏电流或对地杂散电流等因素的影响,则应加以消除;如怀疑电缆线路绝缘不良,则可提高试验电压（以不超过产品标准规定的出厂试验直流电压为宜）或延长试验时间,确定能否继续运行。

（9）运行部门根据电缆线路的运行情况、以往的经验和试验结果,可以适当延长试验周期。

（二）《电气装置安装工程 电缆线路施工及验收标准》（GB 50168—2018）的相关规定

电缆敷设前应按下列规定进行检查：电缆外观应无损伤，当对电缆的外观和密封状态有怀疑时，应进行受潮判断；埋地电缆与水下电缆应进行试验并结果合格，外护套有导电层的电缆，应进行外护套绝缘电阻试验并结果合格。

九、案例启示

高压电缆的绝缘状况对开关柜、电机等用电设备都至关重要，直接影响工程能否正常稳定运行，对高压电缆的检查管理工作一刻也不能松懈。运行人员要按照规范要求在电缆运行前测量其绝缘情况，定期开展预防性试验，才能第一时间发现问题，避免造成安全生产事故。

案例十五 电缆接头发热

一、系统结构与原理

电缆接头又称电缆头。电缆铺设好后，为了使其成为一个连续的线路，各段线必须连接为一个整体，这些连接点就称为电缆接头。电缆线路中间部位的电缆接头称为中间接头，而线路两末端的电缆接头称为终端头。电缆接头用来锁紧和固定进出线，它的主要作用是使线路通畅，使电缆保持密封，并保证电缆接头处的绝缘等级，使其安全可靠地运行。若是密封不良，不仅会漏油造成油浸纸干枯，而且潮气也会侵入电缆内部，使绝缘性能下降，起到防水防尘防振动的作用。

电缆接头按安装场所可分为户内式和户外式两种；按制作安装材料又可分为热缩式（最常用的一种）、干包式、环氧树脂浇注式及冷缩式；按线芯材料可分为铜芯电力电缆头和铝芯电力电缆头。

高压电缆头制作分为以下几步：

第一步：剥护套按照先外后内的顺序进行。另外，还要保证充分的绝缘。对于一些专用的钢甲需要用相应工具进行拆除。

第二步：焊接屏蔽层接地线，把内护层铜屏蔽层氧化物去掉并且涂上焊锡。把接地扁铜线分三股并与铜屏蔽层绑紧，并把绑线头处理好，焊锡与铜屏蔽层焊住线头。外护套防潮段表面一圈要用砂皮打毛密封，以防止水渗进电缆头。屏蔽层与钢甲两接地线要求分开时，屏蔽层接地线要做好绝缘处理。

第三步：铜屏蔽层处理，在电缆芯线分叉处做好色相标记，正确测量好铜屏蔽层切断处位置并用焊锡焊牢，在切断处内侧用铜丝扎紧，顺铜带扎紧方向沿铜丝用刀划一浅痕，慢慢将铜屏蔽带撕下，顺铜带扎紧方向解掉铜丝。

第四步：剥半导电层，一般离铜带断口 10 mm 处为半导电层断口，断口内侧包一圈胶带作为标记。用不掉毛的浸有清洁剂的细布或纸擦净主绝缘表面的污物，清洁时只允许从绝缘端向半导体层，不允许反复擦，以免将半导电物质带到主绝缘层表面。

第五步：安装半导电管终端头，三根芯线离分叉处的距离应尽量相等，一般要求离分支手套 50 mm,半导电管要套住铜带不小于 20 mm,外半导电层应留出 20 mm,在半导电层断口两侧要涂应力疏散胶(外侧主绝缘层上 15 mm 长),主绝缘表面涂硅脂。半导电管热缩时注意,铜带不松动,表面要干净(原焊锡要焊牢),半导电管内不能留有一点空气。

第六步:安装分支手套,在内绝缘层和钢甲这段用填料包平,在手指口和外护层防潮处涂上密封胶,将分支手套小心套入(做好色相标记),热缩分支手套,电缆分支中间尽量少缩(此处最容易使分支手套破裂),涂密封胶的 4 个端口要缩紧。

第七步:安装绝缘套管和接线端子,测量好电缆固定位置和各相引线所需长度,锯掉多余的引线。测量接线端子压接芯线的长度,按尺寸剥去主绝缘层,芯线上涂点导电膏或硅脂,压接线端子。处理掉压接处的毛刺,接线端子与主绝缘层之间用填料包平,套绝缘热缩套管,在接线端子上涂密封胶,最后一根绝缘热缩套管要套住接线端子,绝缘套管都要上面一根压住下面一根。

二、故障现象

电缆接头发热在泵站运行过程中是一个较为常见的故障现象。运行人员在巡查过程中,使用热成像仪或红外线测温枪按照规定对电缆接头部位进行监测,经常发现部分电缆接头长时间运行后温度升高;在粘贴有示温片的电缆终端头上经常发现示温片变色。

三、故障原因

造成电缆接头发热的原因主要包括以下几点:

(1)电缆导体电阻不符合要求,造成电缆在运行中产生发热现象。

(2)电缆选型不当,造成使用的电缆的导体截面过小,运行中产生过载现象,长时间使用后,电缆的发热和散热不平衡造成电缆产生发热现象。

(3)电缆安装时排列过于密集,通风散热效果不好,或电缆靠近其他热源太近,影响了电缆的正常散热,也有可能造成电缆在运行中产生发热现象。

(4)接头制造技术不好,压接不紧密,造成接头处接触电阻过大,也会造成电缆产生发热现象。

(5)电缆相间绝缘性能不好,造成绝缘电阻较小,运行中也会产生发热现象。

(6)铠装电缆局部护套破损,进水后对绝缘性能造成缓慢破坏作用,使绝缘电阻逐步降低,也会造成电缆运行中产生发热现象。

(7)电缆终端连接不紧,电阻过大,长时间运行造成终端头部位发热。

四、故障危害

电缆接头在运行中发热,是泵站运行的正常现象。只要电缆和电缆头通过一定负载电流,它就一定会发热,而且随着负载电流的变大,温度会慢慢升高。但是当电缆接头异常发热并且温度持续升高时,如不找到原因及时排除故障,会造成电缆绝缘击穿现象,甚至造成电缆发生相间短路跳闸现象,严重的可能引起火灾。此处对电缆终端发热和电缆中间接头发热两种情况进行阐述。

（一）电缆终端发热

在开关柜的内部,电缆终端与母线排的接触部位有时候会发热。

如果电缆终端持续发热,绝缘材料的电气性能和机械性能劣化,使绝缘层变脆或断裂,会造成电缆绝缘损坏甚至击穿,给线路、设备和人员带来一定的安全隐患。

如果电缆母排持续发热,柜内通风散热效果不佳,会将热量继续传导至与母排连接的其他柜内设备,造成设备工作不正常或损坏,严重的可能引起柜内火灾。

（二）电缆中间接头发热

电缆中间接头发热,会造成接头两端和敷设在同一区域内的电缆温度升高,造成电缆绝缘降低,线损增加,严重的会造成绝缘层损坏,造成电缆接地或短路故障,影响设备正常工作,缩短设备生命周期。

五、故障分析

（一）电缆终端发热

电缆终端和母排两个部件之间是采用单螺栓压接的,如果电缆终端压接松动或螺栓没有拧紧,接触电阻会增大,导致运行中发热;由于单螺栓压接,电缆终端过渡线夹接触面未压平,导致有效接触面积减小,或是由于多个电缆终端采用并接方式,使用单螺栓压接时,压接接触面更加难以压平,都会产生发热现象;同时铜、铝直接压接同样会使接触电阻较大,也会产生发热现象。

（二）电缆中间接头发热

电缆中间接头发热,主要是由于施工质量不佳或运行环境恶劣。一些安装施工人员在敷设制作中间接头时,往往不注意安装质量,连接管压接不紧,导线接触面小,阻值较大,长期运行导致接头发热;电缆运行一段时间后,电缆沟内会有很多杂物和积水,部分电缆接头长期浸泡在水中或污泥中,也极大地提高了电缆接头发生故障的概率;多芯电缆中间接头每相连接的位置相同,也会造成接头处热量堆积,接头过热。

六、故障处置

为彻底消除电缆接头发热可能带来的安全隐患,运行人员按照下述步骤进行一系列排查检修工作。

（一）排除故障

（1）如发现电缆接头有发热现象,首先需要检查是否由于接头附近存在发热源或者环境温度较高,导致接头温度过高,如有以上两种情况,应及时采取办法,将接头远离发热源或降低环境温度,以保证电缆接头温度在正常范围内。

（2）在日常检查检修过程中,对每个电缆终端与母排连接的螺栓进行检查紧固,粘贴示温片。如发现示温片变色,表示此压接处出现过发热现象,应及时将螺栓拆除,对接触部位使用细砂纸打磨,涂抹导电膏后重新拧紧螺栓,粘贴示温片,运行过程中加强监视检查。

（3）如果因为电缆接头制作工艺不过关或施工质量不良造成接触面积不够,电阻变大导致接头发热,则应立刻将电缆接头拆除后重新制作电缆接头。制作完成后,检查接头压接深度,确保接触面紧密,电阻值小。

(4)如果因为电缆沟内有积水或杂物,中间接头内有湿气进入,绝缘降低导致接头部位发热,应对接头部位进行干燥处理,必要时可以安装接头保护盒,保护盒内填充防水密封材料,保证水汽无法进入接头内。

(二)清理隐患

(1)电缆排列整齐规范,分层分级布设。大部分电缆沟和桥架内的电缆在安装布设时,未按照规范敷设,存在电缆相互缠绕、未按照电缆功能和电压等级分类、电缆排列过于紧密、通风散热条件不佳等问题,在条件允许情况下,应将控制电缆和动力电缆分开,敷设在不同的电缆桥架或支架上,绑扎紧固,将电缆理顺,保证电缆无相互缠绕情况;如果桥架内电缆过多、排列过于紧密,应增加桥架或支架空间,保证电缆能够正常散热。

(2)如果是因为开关柜内湿度较大或温度较高导致的电缆接头过热,应考虑在开关室内增加除湿设备和降温设备,保证电缆接头在合适的温度和湿度下工作,可以大大减小电缆接头发热的风险;开关柜内部也可以增加自控控温设备和控湿设备,创造恒温恒湿的微环境,减小水汽和温度给电缆接头带来的影响。

(3)如果是因为电缆沟内积水或杂物导致的接头发热,应及时清理积水和杂物,对发热的接头部位进行清理维修,保证其绝缘性能。

七、巩固措施

为防止电缆接头出现类似情况,需要采取以下几项巩固措施:

(1)电缆敷设规范。

电缆敷设时按照规范要求排列整齐,固定牢固,不交叉缠绕;敷设前应按照设计路径计算电缆长度,减少中间接头,如需设置中间接头,接头位置应合理设置。

(2)检查检修。

运行人员定期对电缆接头涂抹导电膏并进行紧固,在接头处粘贴示温片,如果发现发热情况,及时进行处理。

(3)定期维护。

对电缆接头定期进行维护,对电缆沟等易积水部位及时清污清杂,给电缆运行创造较好的运行环境。

(4)增加控温除湿设备。

有条件的话,可以在开关室、开关柜内增加除湿机、加热器和空调等控温除湿设备,降低电缆接头空间内的湿度,保证温度。

八、相关法规依据

(一)《电气装置安装工程　电缆线路施工及验收标准》(GB 50168—2018)**相关规定**

电缆敷设前应按下列规定进行检查:

(1)电缆沟、电缆隧道、电缆导管、电缆井、交叉跨越管道及直埋电缆沟深度、宽度、弯曲半径等应符合设计要求,电缆通道应畅通,排水应良好,金属部分的防腐层应完整,隧道内照明、通风应符合设计要求。

（2）电缆外观应无损伤，当对电缆的外观和密封状态有怀疑时，应进行受潮判断；埋地电缆与水下电缆应试验并合格，外护套有导电层的电缆，应进行外护套绝缘电阻试验并合格。

（3）敷设前应按设计和实际路径计算每根电缆的长度，合理安排每盘电缆，减少电缆接头；中间接头位置应避免设置在倾斜处、转弯处、交叉路口、建筑物门口、与其他管线交叉处或通道狭窄处。

电缆敷设时，电缆应从盘的上端引出，不应使电缆在支架上及地面摩擦拖拉。电缆上不得有铠装压扁、电缆绞拧、护层折裂等未消除的机械损伤。

电力电缆接头布置应符合下列规定：

（1）并列敷设的电缆，其接头位置宜相互错开。

（2）电缆明敷接头，应用托板托置固定；电缆共通道敷设存在接头时，接头宜采用防火隔板或防爆盒进行隔离。

（3）直埋电缆接头应有防止机械损伤的保护结构或外设保护盒，位于冻土层内的保护盒，盒内宜注入沥青。

电缆敷设时应排列整齐，不宜交叉，并应及时装设标识牌。

电缆排列应符合下列规定：

（1）电力电缆和控制电缆不宜配置在同一层支架上。

（2）高低压电力电缆，强电、弱电控制电缆应按顺序分层配置，宜由上而下配置；但在含有 35 kV 以上高压电缆引入盘柜时，可由下而上配置。

（3）同一重要回路的工作与备用电缆实行耐火分隔时，应配置在不同侧或不同层支架上。

电缆在支架上的敷设应符合下列规定：

（1）控制电缆在普通支架上不宜超过 2 层；桥架上不宜超过 3 层。

（2）交流三芯电力电缆，在普通支架上不宜超过 1 层；桥架上不宜超过 2 层。

（3）交流单芯电力电缆，应布置在同侧支架上，并应限位、固定。

电缆与热力管道、热力设备之间的净距，平行时不应小于 1 m，交叉时不应小于 0.5 m，当受条件限制时，应采取隔热保护措施。电缆通道应避开锅炉的观察孔和制粉系统的防爆门；当受条件限制时，应采取穿管或密封槽盒等隔热防火措施。电缆不得平行敷设于热力设备和热力管道的上部。

电缆敷设完毕后，应及时清理杂物，盖好盖板。当盖板上方需要回填土时，宜将盖板缝隙密封。

（二）《电力工程电缆设计标准》（GB 50217—2018）相关规定

交流系统中电缆的耐压水平应满足系统绝缘配合的要求。

60 ℃以上的高温场所应按经受高温及其持续时间和绝缘类型要求，选用耐热聚氯乙烯、交联聚乙烯或乙丙橡皮绝缘等耐热型电缆；100 ℃以上的高温环境宜选用矿物绝缘电缆。高温场所不宜选用普通聚氯乙烯绝缘电缆。

对 6 kV 及以上的交联聚乙烯绝缘电缆，应选用内、外半导电屏蔽层与绝缘层 3 层共挤工艺特征的型式。

电缆接头构造类型选择应根据工程可靠性、安装与维护方便和经济合理等因素确定，并应符合下列规定：

(1)在有可能有水浸泡的场所，3 kV 及以上交联聚乙烯绝缘电缆接头应具有外包防水层。

(2)在不允许有火种的场所，电缆接头不得采用热缩型。

同一通道内电缆数量较多时，若在同侧的多层支架上敷设，应符合下列规定：

(1)宜按电压等级由高至低的电力电缆、强电至弱电的控制和信号电缆、通信电缆"由上而下"的顺序排列；当水平通道中含有 35 kV 以上高压电缆，或为满足引入柜盘的电缆符合允许弯曲半径要求时，宜按"由下而上"的顺序排列；在同一工程中或电缆通道延伸于不同工程的情况下，均应按相同的上下排列顺序配置。

(2)支架层数受通道空间限制时，35 kV 及以下的相邻电压级电力电缆可排列于同一层支架上；少量 1 kV 及以下电力电缆在采取防火分隔和有效抗干扰措施后，也可与强电控制、信号电缆配置在一层支架上。

(3)同一重要回路的工作电缆与备用电缆应配置在不同层或不同侧的支架上，并应实行防火分隔。

同一层支架上电缆排列的配置宜符合下列规定：

(1)控制电缆和信号电缆可紧靠或多层叠置。

(2)除交流系统用单芯电力电缆的同一回路可采取品字形(三叶形)配置外，对重要的同一回路多根电力电缆，不宜叠置。

(3)除交流系统用单芯电缆情况外，电力电缆的相互间宜有 1 倍电缆外径的空隙。

常用电力电缆导体的最高允许温度见表 2-12。

表 2-12 常用电力电缆导体的最高允许温度

电缆			最高允许温度/℃	
绝缘类型	型式特征	电压/kV	持续工作	短路暂态
聚氯乙烯	普通	≤1	70	160(140)
交联聚乙烯	普通	≤500	90	250

九、案例启示

电缆终端和接头发热，在大部分的泵站配电柜内都会发生，部分泵站还会发生电缆过热的情况。这就要求运行管理维修人员要经常进行检查检修，如发现有螺栓松动、示温片变色等情况要及时处置，避免更大事故的发生。

另外，由于部分泵站在施工过程中，施工单位未按照规范敷设电缆和制作电缆接头，造成电缆桥架内电缆过密、电缆绞拧等情况，有条件的单位应及时对电缆进行整改，按照规范重新敷设，对电缆分等级分层布设并固定牢固，增加电缆间隙，提高散热条件。

案例十六　高压开关柜异味

一、系统结构与原理

某大型泵站高压开关室内安装 12 台套 KYN28-12 型铠装移开式交流金属封闭开关设备,用于接收和分配电能并对电路实行控制、保护及监测。

KYN28-12 型开关柜由柜体和中置可移开式部件(简称手车)两大部分组成。柜体采用拉铆螺母和高强度的螺纹连接件连接、组装而成,并由金属隔板分为 4 个单独的隔室,即手车室、母线室、电缆室、仪表室。除仪表室外,其他 3 个隔室均设有单独的泄压通道及泄压盖板,以确保开关柜及操作人员的安全。

KYN28-12 型开关柜的结构如图 2-40 所示。

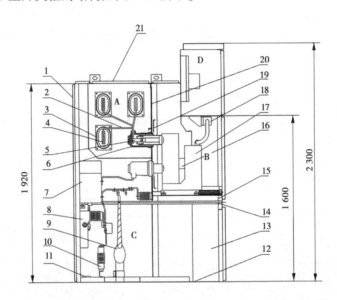

A—母线室;B—断路器手车室;C—电缆室;D—继电器仪表室;1—外壳;2—分支小母线;3—母线套管;4—主母线;
5—静触头装置;6—触头盒;7—电流互感器;8—接地开关;9—电缆;10—避雷器;11—接地主母线;12—底板;
13—控制线槽;14—接地开关操作机构;15—可抽出式水平隔板;16—加热装置;17—断路器手车;
18—二次插头;19—隔板(活门);20—装卸式隔板;21—泄压通道。

图 2-40　KYN28-12 型开关柜的结构　(单位:mm)

(一)手车室

手车室两侧装有供手车滚动的特定导轨,实现在柜内隔离/试验位置和工作位置间的移动和相关联锁。其后壁上安装有遮盖一次静触头用的活门挡板。在手车从隔离/试验位置移动至工作位置的过程中,上、下活门挡板通过机械联动被自动打开;当手车退出工作位置一定距离后,上、下活门挡板自动关闭,并遮蔽住一次静触头。

由于上、下活门不联动,在检修时可仅用挂锁来锁定带电侧的活门,对带电导体实现有效隔离。在未确定进线侧是否带电的情况下,禁止触及进线侧活门,从而确保检修人员的安全。正常工作情况下,手车在柜内的移动操作,是在手车室门关闭的情况下进行的。同时透过手车室门上的观察窗,可以清楚地观察手车在柜内所处的位置、断路器的合闸/分闸状态及储能/释能状况。装在手车室内的加热器处于加热状态时,可有效防止凝露的发生。

(二)母线室

在该隔室中,主母排由绝缘子支撑,分支母排通过螺栓连接于静触头盒和主母排。主母排和分支母排均为矩形截面的圆角铜质母排,当用于大电流负荷时,可采用双层或三层母排。全部母排用热缩套管覆盖,极大地减少了母线室内部故障的发生概率。相邻柜间穿越主母排用母线绝缘套管支撑,并与柜体绝缘,各柜体的母线室互相隔离,其内部发生故障时,游离气体不会导入相邻柜体,可有效地把故障限制在本隔室内,避免故障蔓延。

(三)仪表室

仪表室内可安装继电保护的元件、仪表等二次元件。隔室顶板、下底板及侧板上留有便于施工的二次导线及控制电缆穿越孔。现场施工时,小母线盖板可拆卸,便于小母线的安装。仪表室内的二次元件安装板(摇门)可以向外打开,为检修、更换二次元件提供了方便。

(四)电缆室

电缆室空间较大,其内部设有特定的电缆连接导体,既便于电缆(可为单芯电缆,也可为多芯电缆)的安装,又便于电流互感器、电压互感器、接地开关、避雷器等一次元件的安装。隔室中的电缆沟盖板可拆卸,为电缆的现场施工带来了方便。

(五)手车

KYN28-12型开关柜所配用的手车,其骨架采用钢板经数控机床加工后铆接而成。根据用途不同,可分为断路器手车、电压互感器手车(PT车)、隔离手车、计量手车等。各类手车的高度和深度统一,具有同样的额定值和结构的手车具有互换性。手车在柜内有隔离/试验位置和工作位置,每一位置均设有定位装置,以保证手车处于以上特定位置时不能随便移动,移动手车时必须解除位置闭锁,手车的操作必须按联锁防误操作程序进行。手车采用的丝杆传动操动机构,设计合理、制造精良,可有效确保手车在推进、推出时,动作轻巧、灵活、平稳。

断路器操动机构的手动分闸、合闸控制按钮、分/合闸指示和计数器等均设在手车面板上,方便操作和观察。手车进入开关柜内到达隔离/试验位置时,手车外壳与开关柜接地系统可靠接通,保证接地的连续性,且不改变开关柜的防护等级。二次线路通过二次插头与开关连通。

二、故障现象

某日,运行人员在运行巡视时发现,高压开关室内有较浓烈的臭氧气味,开关柜外壁有凝露,高压柜内伴有明显"嗞嗞"电流声。开关柜仪表显示电压、电流均无异常,无明显发热现象。从开关柜观察窗观察,未发现有电弧或火花。

三、故障原因

高压柜内有电流声并可以闻到臭氧味道,判断有可能是由于高压放电发出的"嗞嗞"

电流声,并产生臭氧。由于在柜体外壁发现有凝露现象,极有可能是由于高压室内湿度较大,柜内湿气附着于绝缘子或套管上,降低了绝缘,造成了放电现象。

四、故障危害

这种现象极易影响设备安全运行,可能导致开关跳闸甚至爆炸。站内的运维人员非常清楚地知道,若开关柜内设备长期在潮湿环境运行,不断散发的水分就会形成凝露附着在开关柜内绝缘子等设备上,降低开关柜内绝缘子等设备性能,产生放电现象,导致设备发热引起开关跳闸甚至爆炸,致使该开关柜所处母线失电,影响局部供电范围。

五、故障分析

由于此泵站有 2 条供电线路,基本很少存在停电情况,蓄电池组安装之后,除因停电检修或电池组开展充放电试验外,基本长期处于浮充电状态。长期处于浮充电状态会给电池造成极坏影响和记忆效应,造成电池内阻增大,降低蓄电池容量;或是 6# 电池生产工艺和原材料不过关,导致电池失效。

六、故障处置

为彻底消除本故障,运行人员按照下述步骤进行处理:

(1)为补偿蓄电池在使用过程中产生的电压不均衡现象,恢复其电压至规定范围,运行人员需要将蓄电池组浮充电方式手动调整为均衡充电,当电池电压上升至正常范围时,立即转为浮充状态运行。本例中,均衡充电后 6# 电池仍无法达到额定容量。

(2)对电池组进行恒流放电,使用专用放电仪器,设置 20 A 恒流放电,6.5 h 后,6# 电池电压率先下降至 10.8 V 放电终止电压,计算可得,蓄电池组容量为 130 A·h,未达到电池组额定容量 220 A·h 的 80%。

放电后,将蓄电池组进行恒流充电,3 次充放电循环后,蓄电池组仍无法达到额定容量,判断此组电池容量不合格。

(3)将电池组完全退出运行,拆除连接线,使用万用表和容量测试仪对 18 只蓄电池电压和容量进行测量,6# 电池电压低,容量仍然不达标。将 6# 电池拆除,在电池两端使用专用放电仪器,按照放电电流 2 A 进行放电,每 30 min 记录一次电压数据,直到电池电压降低到 10.8 V,停止放电,静置 2 h 后,再用 2 A 电流对其进行充电,使电压上升至 14 V,再进行 2 h 浮充电。循环 3 次后,电池电压略有升高,容量仍未达标,蓄电池不合格,需要更换。

(4)更换蓄电池时,不能只更换其中容量不够的那一只,只能全部更换。单独更换一只电池,会造成蓄电池内阻不平衡,影响整组电池性能,缩短整组电池寿命。本例中,需要将 18 只电池全部进行更换。

七、巩固措施

蓄电池组作为泵站直流系统重要组成部分,是交流电停电期间工程能够正常运转的保证,应注意维护保养,主要有以下几点:

（1）更换整组蓄电池时,整组电池选择同品牌、同型号、同批次产品,以避免因内阻不同、容量不同缩短蓄电池组使用寿命。

（2）蓄电池组在投入运行前,要进行补充充电。电池生产、储存过程中,会有自放电情况,容量会逐渐降低;由于各电池内阻大小存在差异,自放电情况不同,各电池端电压也会出现不均衡,单纯靠充电机以浮充电方式难以恢复其设计容量。如果在投运前,没有进行补充充电,会在运行中进一步扩大各电池间的差距,造成个别电池电压偏低。

（3）蓄电池组应当放置在专用的蓄电池柜内,避免阳光直射在蓄电池上。蓄电池室内的温度应当经常保持在5~35℃,有条件的可以将温度控制在22~26℃,并且保持良好的通风和照明。

（4）蓄电池运行过程中,运行人员要经常检查蓄电池端电压,检查连接片有无松动和腐蚀现象,电池外壳有无变形和渗漏,定期将充电方式由浮充电转成均衡充电,以平衡电池之间的电压差。

（5）定期开展蓄电池核对性充放电试验,让电池进行循环充放电,活化电池内物质,恢复电池容量。如果发现蓄电池组容量不达标,应尽快联系厂家将整组蓄电池更换。

八、相关法规依据

《电力系统用蓄电池直流电源装置运行与维护技术规程》(DL/T 724—2021)相关规定如下所述。

(一)恒流充电

充电电流在充电电压范围内,维持在恒定值的充电。

(二)均衡充电

为补偿蓄电池在使用过程中产生的电压不均匀现象,使其恢复到规定的范围内而进行的充电。

(三)恒流限压充电

先以恒流方式进行充电,当蓄电池组端电压上升到限压值时,充电装置自动转换为恒压充电,直到充电完毕。

(四)浮充电

在充电装置的直流输出端始终并接蓄电池和负载,以恒压充电方式工作。正常运行时,充电装置在承担经常性负荷的同时向蓄电池补充充电,以补偿蓄电池的自放电,使蓄电池组以满容量的状态处于备用。

(五)补充充电

蓄电池在存放过程中,由于自放电,容量逐渐减少,甚至损坏,须按厂家说明书定期进行充电。

(六)核对性放电

在正常运行中的蓄电池组,为了检验其实际容量,将蓄电池组脱离运行,以规定的放电电流进行恒流放电,只要其中一个单体蓄电池达到规定的终止电压,应停止放电。

防铅酸电池和大容量的阀控蓄电池应安装在专用蓄电池室内,容量较小的镉镍蓄电池(40 A·h及以下)和阀控蓄电池(300 A·h及以下)可安装在柜内,直流电源柜可布置在控制室内,也可布置在专用电源室内。

蓄电池室的温度应经常保持在 5~35 ℃,并保持良好的通风和照明。

阀控蓄电池组容量测试:额定电压为 12 V 的组合蓄电池,放电终止电压为 10.8 V。只要其中 1 只蓄电池达到终止电压,应停止放电。在 3 次充放电循环之内,若达不到额定容量值的 100%,此组蓄电池为不合格。

阀控蓄电池在运行中电压偏差值及放电终止电压应符合表 2-13 规定。

表 2-13　阀控蓄电池运行中电压值

阀控式密封铅酸蓄电池	标称电压/V
	12
运行中的电压偏差值	±0.3
开路电压最大最小电压偏差值	0.06
放电终止电压值	10.8(1.8×6)

九、案例启示

阀控密封蓄电池组使用寿命正常为 6~8 年,但是电池本身制造工艺、工作环境、维护保养等都对电池寿命造成影响。

对于运行了一段时间的蓄电池组,维护人员要按时检查,按照规范要求开展容量测试,如果发现电池组容量不合格,应及时整组更换,避免直流系统在关键时刻无法发挥其应有作用。

第三章 辅机系统常见故障

案例一 液压油管路开裂

一、系统结构与原理

某大型泵站工程装设 6 台套水泵机组,每台泵出水口设置了 2 道闸门,分别为多叶拍门和快速工作闸门,以确保排水流畅,同时防止倒流回水。2 道闸门共用 1 套液压启闭系统,其中包括 2 台液压启闭机(互为备用),利用液压系统实现闸门开启或关闭。该液压系统由电气控制系统和液压传动系统构成,包括液压油缸、油管、油箱、油泵、组阀和操作台、电器柜等配件。液压控制流程及工作原理见图 3-1。

二、故障现象

该泵站工程运行前须利用液压启闭机开启快速门、拍门,泵站关闭后须关闭快速门、拍门,防止倒流回水。在某次泵站试运行时,运行操作人员提前开启液压启闭机油泵,在起动油泵后巡检时发现液压软管有明显裂纹。运行操作人员立即停止油泵运行,并将情况上报。该泵站管理人员立即组织技术管理人员开展了详细的排查工作,并及时抢修恢复,未造成损失。

三、故障分析

造成液压启闭机软管开裂损坏的原因有很多,主要包括以下几点。

(一)液压管性能不达标

有些工程在更换液压管时,没有摸清液压管路规格、型号,或者选择了质量不达标的劣质液压管。另外,液压管两头的金属接头扣压工艺不良,密封性和可靠性无法得到保证,经过一段时间的使用后,就会产生渗油、漏油,甚至开裂损坏等情况。

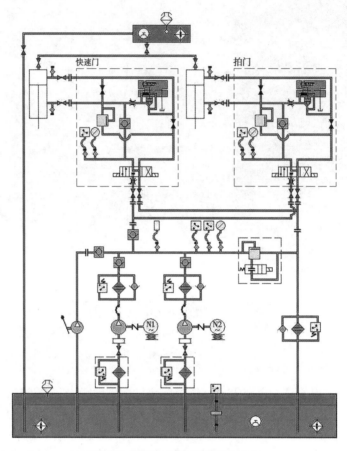

图 3-1　液压控制流程及工作原理

(二)液压系统压力过高

液压系统预设的压力过高会对液压管路产生不良影响,增加管路开裂损坏的概率,解决对策是结合各种动作测试油泵产生的压力值,如果确认压力值偏大,可以将多路阀的压力适当调低一些。

(三)液压系统油温过高

如果液压系统油温过高,也会影响液压元件的密封性,对液压系统各个零部件产生不良影响,引发管路开裂损坏泄漏等问题;另外,高温还会使液压部件膨胀,导致阀芯、阀体卡死,形成局部高温导致管路开裂、爆裂等。

(四)混用不同标号的液压油

液压系统在使用过程中添加其他标号的液压油,容易造成液压油性质不稳定,损坏元器件。高黏度的液压油流动性较差,会使液压系统局部产生较高的压力,易造成管路泄漏。

(五)液压管被腐蚀

液压管大部分具有一定的耐腐蚀性,但如果长期接触柴油会使胶体蓬松变质,产生一定的不良影响。因此,在平时的使用中要避免柴油等腐蚀性液体接触胶管,要经常清洁液压管外表面。

(六)液压管异常振动

齿轮泵和柱塞泵工作时都有油液脉动,这种脉动会使液压管产生高频振动,这种高频振动无法彻底消除。长期的异常振动会导致液压管疲劳磨损,因此要经常检查液压管的管夹和保护套。管夹一旦松动,将会磨损液压管,甚至将液压管磨穿。

四、故障处置

运行操作人员在停止操作后,立即停止设备运转,并切断液压系统的电源,尽量避免液压油继续泄漏,减少事故的发生。立即对泄漏的液压油进行清理,使用吸油器或吸油布等工具将泄漏的液压油吸走,避免油污扩散。同时,将泄漏的液压油妥善处理,避免对环境造成污染。接下来,对液压油管进行检查和维修,使用压力表检查液压油管的压力是否正常,同时检查管道是否有裂纹或磨损等问题。检查发现液压软管有裂纹、渗油情况,将损坏的液压油管进行更换。

将损坏的液压油管更换后,运行技术人员对整个液压系统进行全面检查,分析问题产生的原因。通过再次试运行检测,液压油管路各电磁阀调试油压正常,液压油油温正常,液压管路在运行起动阶段有明显振动,且油管已运行多年,未及时更换。因此,分析液压管路产生开裂原因为:①液压油管异常振动,在油泵运行时,由于柱塞泵产生的油液脉动,造成液压油管高频振动,长期的异常振动造成液压管路破损疲劳。②液压油管老化,该液压启闭系统建于 2000 年前后,经 20 年运行,管路存在老化情况。

五、巩固措施及效果跟踪

液压油管破裂是一种常见的机械故障,但只要及时采取应急处置措施,就可以避免事故的发生。因此,设备操作人员应具备相关的应急处置知识,做好日常的检查和保养,以确保设备的安全运行。由于液压启闭系统长期运行,结合本次发现的问题,对整套液压启闭管路进行了更换。同时,对存在的问题及隐患制定维护整改方案,并落实整改记录备案,防止缺陷扩大和带病运行。记录所有的设定值,此记录将成为今后检查、维修和零部件更换后重新设定的基础。

针对本次液压油管裂开情况,重新明确了日常检查中对液压系统的检查重点,包括:各个液压系统设定的数值是否达到要求;供油管路、排油管路是否保持色标清晰,接头部件固定处有无松动;油泵、管路系统及各阀件是否存在外部泄漏;空气过滤器及滤油器的污染状况;油箱中的液压油是否存在变质情况,油量是否达到要求等。

六、相关法规依据

(一)《橡胶软管及软管组合件 油基或水基流体适用的钢丝编织增强液压型规范》(GB/T 3683—2011)相关规定

软管应由耐油基或水基液压流体的橡胶内衬层、一层或两层高强度钢丝层及一层耐天候和耐油的橡胶外覆层组成。

检查软管外层有无可见缺陷、软管标识是否正确并适当标记。此外,检查软管组合件是否装配了正确的管接头。

(二)《重型机械通用技术条件 第 11 部分：配管》(JB/T 5000.11—2007)相关规定

预制完成的管子焊接部位都要进行耐压试验。试验压力为工作压力的 1.5 倍，保压 10 min，应无泄漏及其他异常现象发生。试验完成的管子应做标记。

七、案例启示

液压启闭机故障具有隐藏性、多样性、不确定性等特点，如果管理维护人员不熟悉液压启闭基础知识和工作原理，对运行中出现的异常情况不能及时分析并处理，而厂家技术人员也无法及时赶到，就会对闸门启闭造成延误，所以应对操作维护人员进行系统培训，使其熟悉液压系统的工作原理、结构特点及组成，具有分析常见故障和应急排除故障的能力。另外，当厂家技术人员到现场进行维修时，水闸管理人员应配合动手，边观察、边学习，对每次故障现象和维修方法进行详细记录，不断提高分析问题和解决问题的能力，尽可能对一般的系统故障进行分析判断，并及时排除、减少液压启闭机的隐患问题。

随着液压系统控制的不断完善，自动化程度越来越高，液压启闭机在水利工程中已广泛应用，加强对运行管理维护人员进行有针对性的技术培训教育，采用学习理论与实践操作相结合的方法，掌握分析处理设备常见故障的技能，不断提高运行维护技术及管理水平，就能有效地保证闸门安全运行，发挥综合效益。

案例二　液压启闭系统渗漏油

一、系统结构与原理

液压启闭系统的核心部件为液压系统，液压系统又分为传动系统和控制系统。液压传动系统的主要功用是传递动力和运动，输送液压油，液压油进入油缸的腔内，控制油缸活塞杆伸出或缩回来执行各种动作，进而使得受控部件产生不同方向的位置变化。

图 3-2 所示为一套简单的液压系统的结构。油缸是执行元件；电磁换向阀起到油路通断、改变方向的作用；节流阀通过改变节流面积或节流长度以控制流体流量；压力管路中过滤器的作用是清除或阻挡杂质，防止元件磨损或卡死；溢流阀用来定压溢流、稳压，起到系统卸荷和安全保护的作用；油泵将原动机的机械能转化成液态能；电机为动力源。油泵、电机等组成动力源把油输送到油缸中，而电磁阀起到换向的功能，使得油缸活塞杆伸出，或者缩回。油缸右边部分带活塞杆为有杆腔，另外一边为无杆腔。当液压油进入无杆腔时，活塞杆被推出；当液压油进入有杆腔时，活塞杆被推回。随着液压系统使用时间的延长，渗漏油的现象在液压传动系统中时有发生。

二、故障现象

某日，值班人员在巡视过程中发现，本工程配套使用的液压启闭系统有一处密封件存在一处明显的漏油点，地面存在明显油滴。值班人员立即上报问题，维修养护单位立即到达现场排查问题，最终查明漏油原因是工程运行频次增加、密封件老化。查明原因后，维修养护单位第一时间更换了老化的密封件，并对所有部件开展了一次系统性摸排。

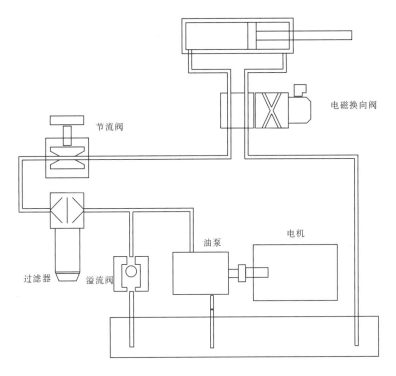

图 3-2 液压系统的结构

三、故障原因分析

造成液压启闭系统渗漏油的原因有如下几种。

(一)密封圈部位漏油

(1)由于液压行业标准更新,液压系统密封圈存规格、尺寸、材质等执行标准不同造成密封圈压缩量过小或不均,导致密封圈连接处漏油。

(2)密封圈使用年限过长,出现老化破损,导致密封失效。

(3)密封圈更换过程中操作不当,造成密封圈损伤导致漏油。

(4)工作压力过高,导致密封圈唇部变型,增加了接触密封的接触宽度。实践表明,当压力从 0 增大到 0.1 MPa 时,其接触宽度将是压力为 0 时的 4 倍。压力作用下接触宽度增加,使摩擦力增加,也使磨损加剧、温度提高、泄漏增加,进而影响密封的使用寿命。

(二)液压油缸活塞杆缸头漏油

(1)液压系统处于露天环境,长期运行过程中液压油受到污染或管道油箱金属碎屑进入液压系统,在活塞杆运行中拉伤活塞杆,导致油液溢出。

(2)油缸缸头密封、刮冰圈安装不当,活塞杆在往复运动过程中被拉伤,导致漏油。

(3)油封配合不密实,油封质量、唇口几何形状不合格或油封预压量过小或不均导致漏油。

(三)液压油性能改变导致漏油

(1)液压油在受到污染后出现乳化变质,其各项性能都大幅下降,油液变稀,在高压状态下,通过密封间隙的泄漏量增加。

(2)液压油颗粒物过多会加速密封圈的磨损,损伤泵体、管道、阀件内壁,产生新的颗粒物,加剧磨损,导致液压系统出现内泄漏,甚至拉伤油缸泵体等液压元件。

(四)油温过高引起的漏油

液压系统温度一般维持在 35~60 ℃ 最为合适。在正常油温下,液压油各种性能良好。油温过高,会导致液压油运动黏度下降,润滑油膜变薄并易损坏,润滑性能变差,机械磨损加剧,容积效率降低,从而导致液压系统内泄漏增加;同时泄漏和磨损又会引起系统温度升高,而系统温度升高又会加重泄漏和磨损,甚至造成恶性循环,使液压元件很快失效;油温过高将加速橡胶密封圈的老化,使密封性能随之降低,最终将导致密封件的失效而漏油;油温过高将加速高压橡胶软管的老化,严重时使油管变硬和出现龟裂,这样的油管在高温、高压的作用下最终将导致爆管漏油。

(五)辅助元件漏油

(1)液压系统动作时,随着大流量液压油的进出,油箱内交变应力作用较强,容易造成油箱焊缝脱焊,导致漏油。

(2)压力表、测压软管、避振接头等由于老化密封失效,出现漏油。

四、故障危害

液压系统的各类故障中,渗漏是比较普遍的。液压系统的渗漏会造成液压系统容积效率的下降和液压能的损失,液压系统的总效率降低或者达不到要求的工作压力,甚至使液压系统不能正常工作。而且损失的液压能转化成为热能,使液压油温度升高,影响设备的工作精度和性能。外漏的液压油不仅浪费油料,还会污染环境。

五、故障处置

(1)减少液压系统产生的振动:采用避振接头,在液压泵下增设橡胶垫来减少振动。

(2)建立设备巡检制度,定期对液压系统螺栓进行紧固,定期对压力表、测压软管、避振接头等进行更换。

(3)液压系统设备的成品或半成品运到现场组装时,要严格控制安装时的工况,避免沙尘、杂物等进入液压系统,油缸、管道等设备要用酸洗,并保持密封。在焊接管接头时,避免焊渣进入油箱、油缸、管道等。管道在建造时应进行探伤,保证焊缝焊接可靠且接口处无毛边倒刺,管道内无金属碎屑和颗粒;定期对高压软管进行更换。

(4)合理选择密封圈尺寸:要合理地选择密封装置,必须熟悉各种密封装置的形式和特点、密封材料的特性及密封装置的使用条件,如工作压力的大小、工作环境的温度、运动部分的速度等。把实际的使用条件与密封件的允许使用条件进行比较,必须保证密封装置有良好的密封性能和较长的使用寿命。为使密封可靠、使用寿命长,密封圈压缩量不能过大,也不能过小。压缩量过大,则压缩应力增加,摩擦力增大,加快密封磨损;压缩量过小,导致密封失效。定期对密封圈进行更换,更换过程中螺栓预紧力应适中,防止损坏密封圈。

(5)根据液压系统受力情况及时整定液压系统压力,减少液压系统压力设置不当导致密封磨损造成的泄漏。

(6)液压油缸在出厂验收时必须保证设备的可靠性,油缸缸头油封应可靠密封并留有一定的调整余量,活塞杆表面光滑,无明显划痕。

(7)定期对液压油品质进行检查,及时对油液清洁度不达标的液压油进行更换;设置油液温度过高报警,保证液压油不因温度过高而大量泄漏;在油箱内部进行合理分区,通过油箱内部油液循环,达到给油液降温的目的。

(8)在油箱内设计加强筋板来吸收大流量液压油进出而产生的交变应力,保证油箱的可靠性。

六、巩固措施

液压油的泄漏分为内泄漏和外泄漏。外泄漏通过设备巡检即可直观发现;而内泄漏及液压元件与管道之内的泄漏,无法直观判断出泄漏部位,因此必须多方面同时采取措施,耐心分析、认真对待,才能有效解决液压系统的漏油问题。

(1)保证油量、油液清洁度、油温正常,再根据各自的特点有针对性地采取措施。

(2)运行和维护人员应经过技术培训,并考核合格。运行操作应有工作票,并保存运行记录。

(3)在操作室醒目处应制作并悬挂操作规程、注意事项等相关标牌。

(4)正常情况下,每天应对液压系统、油缸及其供电电源设备巡检一次。检查液压系统各压力表、压力继电器、阀件、管道是否完好,是否有渗漏,开关是否到位。

(5)随时注意油泵、电机运行中是否有噪声和异常振动。

七、相关法规依据

(一)《液压系统工作介质使用规范》(JB/T 10607—2006)的相关规定

在工作介质的使用过程中,应定期检测其品质指标。当出现下述情况之一时,应采取必要的控制措施,及时处理或更换工作介质:

(1)工作温度超过规定范围。过高的工作温度会加速工作介质的氧化,缩短使用寿命。

(2)颗粒污染度超过规定等级。严重的颗粒污染会造成机械磨损,使元件表面特性下降,导致系统功能失效。

(3)水污染。水会加速工作介质的变质,降低润滑性能,腐蚀元件表面,并且低温下结冰,会成为颗粒污染。

(4)空气污染。空气进入工作介质会产生汽蚀、振动和噪声,使液压元件动态性能下降,增加功率消耗,并加速工作介质的老化。

(5)化学物质污染。酸、碱类化学物质会腐蚀元件,使其表面性能下降。

(二)《液压启闭机及闸门的维护与检修规范》的相关规定

1. 巡回检查

(1)每周应对启闭机及闸门进行一次彻底的检查,重点放在油缸管路及闸门水封止水效果上。

(2)每次检查要注意主水封充水状态、系统的仪表显示情况,如有异常要立即汇报并检修处理。

(3)水封充压备用系统必须保持在良好的备用状态。

2.定期维护检修项目

(1)定期检查油箱油位是否正常,转动部分润滑是否良好,不足时应及时补上。

(2)每年汛后应对油箱油液进行一次取样化验,如不合格必须进行滤油或更换新油。

(3)闸门开启后,如因系统漏油,闸门在48 h 内下滑超过200 mm 时,应及时报告部门领导,查明原因,申请进行检修。

(4)对机架、油缸体、油箱、门叶等,应每年做一次防腐检查、检修。

(5)每次操作闸门运行前后,要检查限位开关动作是否正常,如发现受损及位移,要立即调整或更换。

3.维护检修项目的质量标准

(1)拆卸油缸上顶盖,抬出活塞,检查密封是否完好;拆卸油缸下部扣盖,检查活塞杆密封圈是否完好,并检查油缸内壁是否锈蚀,活塞杆表面是否完好,如有异常,应更换密封圈,或用细水砂纸或油石修磨。

(2)拆卸各阀及组件,检查阀芯及阀体锈蚀和磨损情况,如密封垫圈及弹簧受损,要及时更换。

(3)拆卸油泵,检查各零件磨损情况,如更换新油或滤油,还应清洗油箱。

(4)抬出油缸推杆时,要退出吊头;拆卸油缸上下端盖时,要注意连接螺栓及螺母是否完好,必要时给予更换。

(5)活塞杆与缸体分离后,应仔细检查。如发现缸体内存在浅的线状或点状伤痕,可用天然油石打磨,如伤痕较深,无法处理,应送厂家修理。如活塞杆表面出现类似情况,也采用同样措施处理。

(6)所有检修项目完毕,对油泵、输油流量及电磁阀做重新调整(均调到最小值),并按使用说明书的有关项目进行调试后方可正常投入使用。

(7)闸门及启闭机投入运行前,必须按使用说明书做密封性质试验、负荷试验,确定无异常后,方能正式投入运行。

八、案例启示

液压油的泄漏分为内泄漏和外泄漏。外泄漏通过巡视检查可以及时发现;而内泄漏及液压元件与管道之内的泄漏,相对隐蔽,无法直观判断。运行管理单位除做好日常巡检、维修养护和技能培训外,还需要及时总结经验,注重积累。发现问题时,从上述诱发液压系统渗漏油的因素出发,第一时间采取合理应对措施。

案例三　循环水泵倒转

一、系统结构与原理

循环水泵是一种用于循环水的泵,其作用是让水在系统中不停地循环,以保持温度、压力等指标稳定。循环水泵示意图如图3-3所示。

循环水泵的基本构造由 6 部分组成,分别是叶轮、泵体、泵轴、轴承、密封环、填料函。叶轮是循环水泵的核心部分,转速高、出力大,在装配前要通过静平衡试验。泵体也称泵壳,是水泵的主体,起到支撑固定作用,并与安装轴承的托架相连接。泵轴的作用是借助于联轴器和电动机相连接,将电动机的转矩传给叶轮(指装有动叶的轮盘),所以它是传递水能的主要部件。轴承是套

图 3-3 循环水泵示意图

在泵轴上支撑泵轴的构件,有滚动轴承和滑动轴承两种。密封环又称减漏环,用来增加回流阻力,减少内漏,延长叶轮和泵壳的使用周期。填料函的作用主要是封闭泵壳与泵轴之间的空隙,不让泵内的水流到外面,也不让外面的空气进入到泵内。

循环水泵的使用有以下几个特点:循环水泵可以保持水的稳定循环,使得被循环的水保持在一定的温度、压力等指标范围内,从而满足生产过程中的需求;循环水泵因为可以大量循环利用水,因此可以减少水资源的浪费;循环水泵由于结构简单、使用维护方便,因此可以降低企业使用成本。

循环水泵在一般情况下都是正转的,水泵出现倒转时水会反向。循环水泵倒转是由于安装失误引起的,循环水泵倒转时会出现打不出水的情况,危害比较大时会缩短循环水泵的正常使用寿命。

二、故障现象

循环水泵开启后,电流超出额定范围,运行声音较正常更大,泵壳表面温度超过 70 ℃,数分钟后停止运行。

三、故障危害

循环水泵出现倒转的情况时,扬程会比较低,会出现打不出水的情况,出口母管的压力可能会出现突然下降,此外还有可能引起叶轮松动,使循环泵内动静部分出现摩擦,进而造成相关部件的损害,影响循环水泵的整体运行,甚至会出现安全隐患。

四、故障分析

循环水泵倒转主要是因为循环水泵的三相电源其中两根接反造成的。循环水泵在没有通电的情况下,出口压力大于入口压力,出口没有装单向阀,或者单向阀内漏,又或者是预热阀没有关,均会造成循环水泵反转。

五、故障处置

循环水泵出口逆止阀单向关闭不严,循环水泵倒转的情况很容易出现,循环水泵出现倒转的故障时是不能起动的,否则容易损坏轴与电机。当出现这种问题时,需要把循环水

泵的出口阀立刻关闭,与此同时起动备用泵。

如为电动机,应调换三相电源中任意两相,可使循环水泵旋转方向改变;若以柴油机为动力,则应考虑皮带的连接方式。

六、巩固措施

为确保循环水泵的安全运行,开机前应做必要的检查:先用手慢转联轴器或皮带轮,观察水泵转向是否正确,转动是否灵活、平稳,泵内有无杂物,轴承运转是否正常,皮带松紧是否合适;检查所有螺丝是否坚固;检查机组周围有无妨碍运转的杂物;检查吸水管淹没深度是否足够。有出水阀门的,要关闭,以减少起动负荷,并注意起动后应及时打开阀门。

开机后,应检查各种仪表是否工作正常、稳定。电流不应超过额定值;压力表指针应在设计范围;检查循环水泵出水量是否正常,机组各部分是否漏水;检查填料的压紧程度,通常情况下填料处宜有少量的泄漏(每分钟不超过 10~20 滴),机械密封的泄漏量不宜大于 10 mL/h(每分钟约 3 滴);滚动轴承温度不应高于 75 ℃,滑动轴承温度不应高于 70 ℃。注意有无异响、异常振动,出水量减少情况;及时调整进水管口的淹没深度;经常清理拦污栅上的漂浮物;通过皮带传动的,还要注意皮带是否打滑。

停机前,应先关闭出水阀门,以防发生水倒流,损伤机件;每次停机后,应及时擦净泵体及管路的油渍,保持机组外表清洁,及时发现隐患;冬季停机后,应立即将水放净,以防冻裂泵体及内部零件;在使用季节结束后,要进行必要的维护。

七、案例启示

由上可知,循环水泵初始安装质量直接影响后续使用,故实施循环水泵安装工作时须注意以下几点:

(1)循环水泵基础上的预留孔应该根据水泵的尺寸进行浇筑。

(2)假如同一机房内有多台机组,机组与机组之间、机组与墙壁之间都应该留出 800 mm 以上的距离。

(3)循环水泵吸水管需要密封良好,并且尽可能减少弯头与闸阀,加注引水时应该尽量排尽泵内的空气,运行时管内不应该聚集大量的空气,需要吸水管呈上斜和循环水泵进水口连接,进水口应该有一定的淹没深度。

(4)在地理环境允许的条件下,循环水泵应该尽可能靠近水源,这样可以减少吸水管的长度。循环水泵安装处的地基应该牢固,固定式泵站应该修筑专门的基础。

(5)进水管路应该密封可靠,需要有单独的支撑,不能吊在循环水泵上。装有底阀的进水管,应该尽可能使底阀轴线和水平面垂直,轴线和水平面的夹角不能小于 45°,水源为渠道时,底阀应该高于水底 0.50 m 以上,并且加网避免杂物进入泵内。

(6)机泵底座应该水平,和基础的连接应该牢固。机泵带传动时皮带紧边朝下,这样传动效率会变高,循环泵叶轮转向应该和箭头标注方向一致。使用联轴器进行传动时,机泵需要同轴线。

(7)循环水泵的安装位置应该尽量满足允许吸上真空高度的需求,基础需要水平和稳固,确保动力机械的旋转方向和水泵的旋转方向一致。

案例四 供水泵无法起动

一、系统结构与原理

低温循环水泵的工作原理是利用叶轮的运行形成进口与出口的压力差将水循环起来。低温循环水泵在工作状态中,叶轮会不停地旋转,液体会连续不断地从进水管中进入,经过泵体后从低温循环泵的排水口排出。使用时,运行人员会先向泵体中注满水,电动马达的高速运行带动循环水泵叶轮高速运行,叶轮里的水也会一起旋转,在离心力的作用下,液体会从出口管道排出,等到水彻底排出后会在泵壳内的旋转轴附近形成真空。在循环泵中充满水的情况下,叶轮旋转会产生离心力,而叶轮中心压力降低就是由于叶轮槽道中的水在离心力的作用下甩到四周后流进泵壳所形成的,这个压力通常低于进气管内压力,水在这个压差的作用下由吸水池流入叶轮,这时低温冷却液循环水泵就能不断地吸水、供水了。进水管中的水在外面压力的作用下被压到泵内填满真空,叶轮不停地转动,水就会从进切线方向流到进水管入口经过低温冷却液循环水泵出口排出,这就完成了整个工作流程。

二、故障现象

某大型泵站运行时,一台循环水泵突然停机,而后水泵无法再次起动。

三、故障危害

在泵站运行过程中,循环水泵在突然停机后若无法重新起动,润滑油的降温效果将受到严重影响,进而使轴承、齿轮箱等重要部件温度升高,影响主机组安全运行。

四、常见故障分析

循环水泵不工作的原因主要包含以下几点:

(1)隔离套出现损坏:循环水泵的联轴器是使用泵送的介质进行冷却的,如介质中含有硬质颗粒介质,会容易把隔离套刮伤或者划穿,假如维护方法不正确可能会使隔离套出现损坏。

(2)循环水泵内有空气存在。

(3)循环水泵堵塞。假如循环水泵长时间停用,容易有灰尘堆积,或者有一些颗粒物进入等,这会导致循环水泵不工作或者工作时有异常声音,出现噪声大的问题。这时可以联系专业的维修人员进行检查,尽量不要自己拆卸循环水泵。

(4)汽蚀引起的问题:循环水泵产生汽蚀的原因主要是入口管阻力大,泵送液体介质和空气比较多,没有充分把泵灌满,叶轮或者转子损坏。这是离心泵发生故障的常见原因。

(5)泵送介质流量小或者没有介质,会使转子主轴和稳定轴承出现干磨,轴承容易烧坏。循环水泵是通过泵送的液体介质给滑动轴承提供润滑和冷却的,入口阀或者出口阀没有打开的情况下,滑动轴承会因为没有泵送介质的润滑与冷却而出现高温进而损坏。

(6)所有的阀门没有完全打开,或者是阀门的质量差,看似已打开其实还处于关闭状态。假如旁通阀门关闭,可以重新把旁通阀门打开。

(7)电机损坏。可能是循环水泵的电机出现故障,循环水泵的电机没有动力,出现不工作的情况。电机出现故障的原因可能是高温工作或者电机出现老化,进而导致电机烧毁。

(8)循环水泵功率过小。假如上述问题都不存在,这很有可能是循环水泵的功率过小,出现循环水泵不工作的情况。

五、故障常见处置措施

循环水泵不工作的解决方法如下:

(1)假如是电机损坏,可以更换新的电机,购买电机时应该选择同样规格型号的电机。

(2)汽蚀导致的问题。循环水泵汽蚀的主要原因是泵送的气体比较多,入口的管阻较大,没有充分灌泵,水泵入口势能不够等。汽蚀对循环水泵造成的危害较大,循环水泵在汽蚀出现时会发生剧烈振动,平衡性会遭到破坏,会出现泵的叶轮、转子或者轴承损坏。解决方法:避免循环水泵出现汽蚀现象。

(3)输送的介质流量小或者没有介质。假如暖气系统中热水的流量比较小或者没有热水流动,循环水泵的主轴和稳定轴承会出现干磨现象,轴承容易烧碎。循环水泵是通过输送液体介质给轴承提供冷却和润滑的,假如没有充足的水,滑动轴承会因没有液体介质的润滑很容易出现损坏。解决方法:使用大流量循环水泵来确保水源的充足。

(4)循环水泵叶轮卡住。循环水泵不转的原因有许多,大部分是因为叶轮被卡死,使叶轮不能正常转动。供热系统中会有许多水垢或者异物等,假如这些水垢和异物卡在循环水泵叶轮上,会使循环水泵出现卡死。

六、巩固措施

(一)起动前检查(按检修后的验收标准)

为保障循环水泵的正常起动,起动前尤其需要注意如下事项:

(1)设备完整,场地清洁,无检修遗留物,各表计齐全,指示在零位。

(2)联系电气送电并测试电动机绝缘是否合格及马达外壳接地是否良好。

(3)检查泵与系统阀门位置是否正常。

(4)联轴器盘动灵活,轴承油质、油位正常,冷却水适量。

(5)全开泵的进口电动门,开启泵后放空门放尽空气,有水流出时关闭。

(6)泵的出口逆止门正常,出口电动门应全关。

(二)起动中检查

起动前的检查正常后,合上一台循环水泵的操作开关,应注意,电流表电流瞬间指示到最大后5 s内回落到额定值内,循环水泵起动正常;反之,则应立即停泵查明原因。

(三) 起动后检查

(1)水泵起动后,出口电动门应联动开启,出口压力、电流、轴承声音、振动、油质、油位、温度应正常,盘根有水滴出,不发热。

(2)检查正常后将运行泵联锁键扳至工作位置,备用泵联锁键扳至投入位置。

七、案例启示

运行管理应该加强循环水泵的周期检查,一般分为以下 3 种:

(1)日常检查,即使用中的检查,如上所述。

(2)月检查,在不拆卸零部件的情况下对设备外表进行清洗和小修,包括对轴承温度、轴封泄漏原因及电机绝缘情况等方面的检查。

(3)定期检修。包括更换轴封润滑油,检查该水泵和电机的对中情况,检查轴套的磨损情况,检查联轴器橡胶圈的损坏情况,清洗机械密封、冷却液过滤器及泵过滤器,检查滑动部件的磨损情况,检查接触液体的各部件损伤腐蚀情况等。

案例五　抽真空系统渗漏气

一、系统结构与原理

真空破坏阀是单向补气阀,依靠压缩弹簧预紧来关闭阀门,并辅以橡胶密封条进行密封。当内腔达到一定真空度时,产生真空负压力, 推动阀门逐渐打开进行补气。阀门的恢复依靠弹簧推力。

大型泵站断流的基本要求是:开机时,不能使泵站高水位水倒流冲击主泵,影响平稳开机;停机时,不能让泵站高水位水倒流入泵站而延长机组倒转时间,对泵轴、推力轴承、电机造成破坏。

其中,使用电磁式真空破坏阀断流的泵站的出水方式为虹吸式出水流道,通过与机组断路器联动的电磁式真空破坏阀实现断流是较为理想的断流方式。电磁式真空破坏阀主要由空气腔、水腔、电磁操作机构、手动操作机构及控制箱等组成,其正面结构如图 3-4 所示。当电磁操作机构断电时,真空破坏阀打开;当电磁操作机构得电时,真空破坏阀关闭。在机组停运情况下,真空破坏阀处于常开位,这时流道与空气是相通的,破坏了虹吸形成的条件,起到隔离泵站上下游水流的作用。在机组停机时,若真空破坏阀拒动(真空破坏阀保持在机组运行所需的关闭状态),则极易引起机组倒转,此时如手动操作转轮机构存在机械卡阻,短时间就会导致机组转速超过额定转速,甚至发生飞车事故。

为了减小过高转速对泵轴、推力轴承、电机的破坏,在这种紧急情况下只得通过砸破观察窗的手段破坏虹吸条件来断流,对工程运行管理人员的工况观察力和应急抢险业务娴熟程度提出了较高要求。

在观察窗的有机玻璃上开孔并安装 1 根导管,导管上安装 1 个手动球阀(置于常开位)和 1 个常闭型直动式直流电磁阀,安装布置示意图如图 3-5 所示。

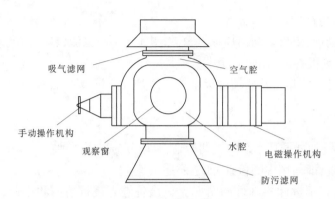

图 3-4　电子式真空破坏阀的正面结构

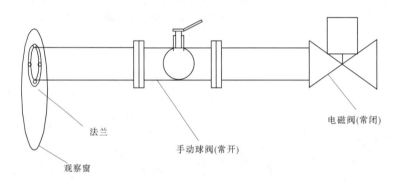

图 3-5　安装布置示意图

二、故障现象

据不完全统计,各台机组电动真空破坏阀平均每隔 3 个月就会出现不同程度的漏气,导致虹吸式出水流道密封不严实,真空破坏阀实物如图 3-6 所示。

在对电动真空破坏阀的检修中发现,出现漏气的机组普遍存在阀瓣密封圈老化开裂的现象,如图 3-7 所示。通过更换密封圈,破坏阀漏气问题得到暂时解决或改善,但运行一段时间后漏气问题仍然反复出现,检修后改善效果不大。

三、故障危害与分析

结合真空破坏阀的运行情况、漏气故障处理检修经验及其结构特征综合分析,漏气产生的主要原因有 2 个:阀瓣与阀座配合间隙达不到密封的要求,密封圈老化开裂。造成这 2 个原因的主要因素有以下几点:

(1)2 个阀瓣与缸体距离不一致,2 个阀瓣不能同时实现密封。

(2)主轴中心与缸体中心线不一致,造成阀瓣密封面与止动板中心出现偏差,密封面局部出现间隙。

(3)阀瓣密封面与主轴中心不垂直,致使密封面不能全部实现无间隙,密封面局部出现漏气。

图 3-6 真空破坏阀实物

图 3-7 阀瓣密封圈老化开裂

（4）橡胶密封圈是橡胶制品，存在容易老化的问题。

（5）由于阀体密封圈在密封关闭过程中，电磁力较大，密封圈需要承载一定的冲击力，所以关闭过程中会损坏密封圈。如果 2 个密封圈不同步，只有 1 个密封圈（或局部）受力，密封圈更容易损坏。

四、故障处置

处理方案如下：

方案 1：增大密封圈外径，改变密封形式，将斜面密封改为平面密封；更换密封件材质，将橡胶材质改为硅胶材质。

方案 2：改造阀座的结构，改变密封形式，将斜面密封改为平面密封；更换密封件材质，将橡胶材质改为硅胶材质。

方案 3：更换新设备，密封形式为平面密封，使用性能更好的密封件。

以上 3 个方案均能解决漏气的问题，在实际的工程维修养护中还需要对工期、综合费用、施工难度等方面进行综合评估。经评估，方案 1 为更高效合理的故障处置方案。

为确保方案 1 的有效实施，在结合以往检修经验的情况下制定了 2 项安装的技术标准：

（1）调整密封圈的压缩量，控制密封圈至压板外沿距离 6 mm，偏差 <1 mm，如图 3-8 所示。

（2）测量阀瓣与阀座的配合间隙，间隙<0.10 mm，如图 3-9 所示。

方案 1 的实施，还需要解决以下基本问题：解决 2 个阀瓣密封问题的处理办法是调整阀瓣隔撑的长度和在阀轴限位处加垫，在真空破坏阀关闭状态，使用塞尺测量阀瓣的配合间隙，如图 3-10 所示。

图 3-8　调整密封圈压缩量和尺寸

图 3-9　测量配合间隙

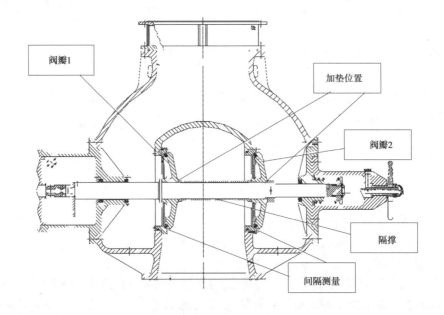

图 3-10　间隙测量位置

（1）如果阀瓣 1 存在间隙，说明阀瓣隔撑长度不够，可以通过加垫方式处理，从而增加 2 个阀瓣的距离。

（2）如果阀瓣 2 存在间隙，说明阀瓣支撑过长，需要拆除隔撑，将隔撑进行加工，缩短其长度。

（3）如果阀瓣 1、2 都存在间隙，说明阀轴（靠阀瓣 2）的限位不足，需要通过加垫来增加限位。

五、防范措施

为防止类似故障再次出现，运行人员采取了以下几项巩固措施：

（1）真空破坏阀在机组开停机过程中,动作频繁,振动强烈,极易引起各部固定件的松动。为此将原阀盘双螺母自锁锁定方式改为柱销锁定。

（2）真空破坏阀阀座下部安装的隔板,采用普通钢板制作,抗汽蚀能力差,易于损坏。为防止水中大块异物再次卡在真空破坏阀阀盘之间,将阀座下部的隔板更换为抗汽蚀能力更强的不锈钢板,确保真空破坏阀的正常工作。

（3）真空破坏阀密封环固定使用镀锌螺钉,螺钉在水中长时间使用,易出现锈蚀,从而削弱其使用强度。在机组运行过程中,顶盖的振动、水流的作用及真空破坏阀的强烈动作,导致螺钉松动、断裂。应将密封环固定螺钉更换为强度更好且耐腐蚀的不锈钢螺钉,并对其采用防松动措施,防止运行中再次出现连接螺钉腐蚀断裂及松动掉落的现象。

（4）对真空破坏阀尼龙轴套进行更换,更换为使用性能更好的钢质聚甲醛材质的轴套,并对阀轴与轴套的配合间隙重新进行调整。将配合间隙值由原来的 0.030～0.046 mm 调整为 0.014～0.030 mm,确保阀轴的可靠动作,也阻止水中脏物进入阀轴与轴套的配合间隙内,避免阀轴再次出现卡阻现象。

（5）为确保机组真空破坏阀的运行可靠性,在原真空破坏阀外部,又设计制作安装了1 套浮球式的防返水装置,如图 3-11 所示。该装置设计安装有 4 只直径为 160 mm 的不锈钢浮球,在正常情况下,这 4 只浮球处于下落位置。当真空破坏阀运行中因故障大量刺水时,4 只浮球在水的浮力作用下浮起,阻止机组顶盖内水刺出。当机组顶盖内出现真空需补气时,浮球下落进行补气。防返水装置在设计时,计算装置顶部的 4 个开孔的尺寸满足真空破坏阀全开时的进气量;当防返水装置内充满水时,浮球及外筒能确保承受 0.9 MPa 水压力(机组顶盖下最大运行水压力为 0.3 MPa),各部检查无变形及渗漏等异常现象。整个装置作为后备保护安装在真空破坏阀的外部。

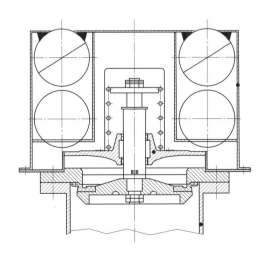

图 3-11 浮球式防返水装置

案例六　液压闸门冲顶

一、系统结构与原理

目前,水利工程闸门普遍采用液压启闭及自动化控制。液压启闭机由液压系统和液压缸组成,液压缸连接闸门,液压系统控制液压缸内的活塞杆带动闸门做上下运动,以开启和关闭闸门。液压启闭机具有相对灵活,既可上拉也可下推,控制精准,运行平稳等优点,且方便实现智能化控制。液压启闭机是一种依靠液体压力实现能量传递并控制闸门开启或关闭的新型启闭机,也可称为闸门液压启闭机。它主要由电气控制系统和液压传动系统组成,包括液压缸、阀组、泵组、电器柜、操作台、油箱及其附件等。液压缸和液压系统为液压启闭机的主要构成元件,液压缸内的活塞在液压系统的控制作用下做往复运动,并带动活塞杆上的闸门和连杆做直线运动,利用该运转传递方式可实现闸门的关闭或开启。油泵电机组在闸门开启时处于空载起动状态,经过一定时间可通过调节阀组实现压力加载,相应的油压力可利用调压块调节控制;当油压力趋于稳定时,利用插装式控制阀组起动闸门运转,在该过程中压力油的径流量及径流方向可通过流量控制阀和换向阀进行调节,经过上述循环调节后压力油进入带杆腔内;在无杆腔缸体内的液压油经过回油滤油器及常开截止阀可重新进入回油箱,据此可完成水利工程闸门的开启工作。

启闭机关闭时,液压油的传递及控制流程:液压油在闸门需要关闭时可经过液控单向阀进入无杆油缸腔内,在该过程中阀组同时开启工作并向无杆腔内溢流回油和补油,此过程回油缓慢均匀,且在自重作用下闸门可实现持续稳定的自动关闭。

二、故障现象

近年来,随着水利信息化的快速发展,自动控制系统被广泛应用,可实现在控制室集中操控闸门,大大提高了工作效率、操作精准程度,节省了人力成本,保障了人员安全。但由于液压启闭机及自动控制系统构成较复杂、专业性较强、技术难度大,要做好其维护和管理,及时发现并解决出现的故障,保障设备正常运行使用,对闸门运行管理和维护人员提出了更高的要求。

某泵站工程配套的液压式闸门,在某次开启过程中,操作人员开启了闸门控制开关,当闸门升到指定高度后,液压启闭机仍继续工作,闸门持续上升,导致闸门冲顶,对上部结构造成了一定程度的破坏。由于事发时间在非汛期,此次事故未造成严重影响。事发后,相关技术人员立即开展检修工作,针对产生的现象对系统可能出现故障的位置进行逐一排查。

三、故障原因分析

造成液压闸门冲顶的原因有很多,水利工程常见的原因主要包括以下几点。

(一)电磁阀等控制元件损坏

液压启闭机控制元件由各类阀组组成,单向阀、换向阀等方向控制阀控制液压油的流向,减压阀、顺序阀等压力控制阀控制油压的大小,节流阀、调速阀、分流阀等流量控制阀控制液压油的流量。任何一个元件出现故障,液压系统都不能正常工作。

(二)两侧纠偏不同步

闸门的运行过程中,左右开度不一致,纠偏不及时,单边可能会发生冲顶。本工程闸门配备的是双缸液压启闭机,采用自动纠偏方式,闸门左右开度差超出设定的控制值时,通过可编程控制器 PLC 发出指令调节左右电磁阀,以达到同步。

(三)可编程控制器 PLC 故障

可编程控制器属于编程控制单元,是整个自动控制系统的核心,完成信号处理、逻辑运算、通信、控制输出等功能。PLC 故障会导致自动控制系统瘫痪,也是诱发液压闸门冲顶的潜在因素之一。

(四)通信故障

监控主机与控制柜通过光缆连接,通信故障是闸门自动控制系统最常见的故障,会导致数据、指令、信号无法正常传输接收,通常由光纤收发器损坏、光缆接头松动、供电异常等引起。

(五)传感器故障

在液压式闸门运行过程中,为了保障两侧油缸的运行速度相同,需要采用同步回路措施。从理论层面分析,两个有效工作面积相同的油缸,在输入相同流量过程中能够实现同步运行,但想要使两侧油缸完全同步是不可能的。主要是由于油缸偏心负载、油缸摩擦阻力不等、油液压缩性与清洁度不同、系统刚性与结构不一致等。每台启闭机在闸门两侧油缸上各配有一套闸门开度位移传感器,在显示闸门开度的同时,及时为控制器提供闸门左右 2 个活塞杆的运行高度和速度信号,使控制器随时对 2 个活塞杆进行纠偏处理,保证其工作的同步状态。闸门开度位移传感器是自动控制重要的传感器,较容易出现故障。

(六)液压冲击

在整个液压系统中,液压启闭闸门管路内部的油液迅速换向或突然停止,这时会造成油液突然停止流动,导致系统压力迅速上升,构成一个非常大的峰值,这种现象叫液压冲击。液压冲击故障的压力为日常系统运行压力的 3 倍以上,会导致管道、元器件、仪表等遭到损坏,甚至导致压力继电器和过流继电器出现信号干扰等问题,严重影响液压启闭闸门的稳定性。

(七)人员技能水平不高

在运行管理中,运行操作人员经验不足,不具备闸门运行工操作资格,判断闸门上部位置不准确,人员安全知识欠缺,岗位技能及安全知识培训工作不到位等,这些也极易导致闸门冲顶事故的发生。

四、故障危害

开启闸门时,若闸门已经到达指定位置但没有停机,液压启闭机将带动闸门继续上升,就会发生顶闸事故,致使钢筋混凝土梁上缘开裂破坏,严重的会发生启闭机(梁或柱)位移、旋转、倾覆,甚至造成人员伤亡。当反力超过启闭机的承受耐力时,也会导致电动机过载而烧毁,严重影响工程的安全运用,威胁着操作人员的人身安全。

五、故障处置

（一）完善和提升水利工程防雷能力

（1）定期开展防雷检测，掌握防雷性能。每年度委托具有专业雷电防护装置检测资质的单位对水利工程防雷设施开展一次全面、详细、规范的检测，摸清工程防雷设施的现状情况，对于不符合规范要求的及时分析原因并采取措施消除隐患。防雷检测主要检测防雷装置是否有效可靠，接闪器、引下线、接地装置等是否连通，接地系统的有效接地电阻是否在允许范围，电源防雷系统、信息系统信号防雷系统的对地绝缘阻抗是否在允许范围。

（2）开展防雷改造，保障防雷设施发挥实效。按照《建筑物防雷设计规范》（GB 50057—2010）、《建筑物电子信息系统防雷技术规范》（GB 50343—2012）等规范，根据水利工程地理位置、受雷击密度频率及重要性等，计算得出工程的防雷设防类别，按规范完善防直击雷设施及雷电感应防护装置。在直击雷防护方面，可针对接闪带、接闪网格、防雷引下线、等电位连接、接地装置布置进行优化完善；在雷电电磁脉冲防护方面，室内供电设备、控制设备、通信设备安装适用的浪涌保护器，做好等电位连接、屏蔽等措施，从内到外，从远到近，从整体到细节，全方位为液压启闭机及自动控制系统设置雷电防御屏障。

（二）加强对设备的检查和维护

（1）定期进行闸门启闭试验，系统检查液压启闭和控制系统。每年汛前组织一次闸门启闭试验，所有闸门开启至最大开度，以检验液压启闭机和自动控制系统能否正常工作，确保在汛期过洪时能迅速启闭闸门。

（2）液压油的维护。油液中颗粒污染物造成的污染磨损是引起液压元件失效的主要原因，因此保持液压油的洁净对保证液压系统正常运作至关重要。每年对油箱中液压油做一次全面过滤。定期清洗滤油器滤芯，防止滤芯堵塞，若滤芯已损坏，必须及时进行更换。每年委托具有相应资质的单位对液压油的品质进行取样检测，出具检测报告，液压油的取样应在系统正在运行或刚刚停止工作时进行。若液压油品质不符合要求，必须进行更换。

（3）对油管油缸的维护。油管油缸的维护是液压启闭机日常养护的重要内容，每年汛前打开油管沟盖板，检查油管夹是否稳固，油管的接口处、焊缝处、与阀组的连接处是否有漏油现象。如发现油管夹松动或者油管漏油，应及时进行调整、加固，确保设备正常工作。检查油缸是否渗油漏油，油缸漏油由密封件的磨损老化引起，应及时更换密封件。

（三）提高应急处置能力

（1）对于易损坏元件，储备一定数量的备品备件，如滤油器滤芯、液压缸密封圈、液压阀组、PLC模块、光纤收发器、开度位移传感器、位置开关等，以便于发生故障时迅速维修更换。备品备件与各类元件应具有互换性，由相同的材料制成，采用相同的工艺标准。

（2）对于一些建设年限较长，液压启闭系统老旧，故障率高，难以快速修复的水利工程，可配备移动式液压启闭机。移动式液压启闭机是将发电机和液压装置组合在一起的应急设备，直接控制液压油缸来启闭闸门，为汛期安全行洪提供应急保障。配备柴油发电机作为备用电源，在市电断电时启用备用电源保障电力供应。

（3）制定应急预案，明确液压启闭机和自动控制系统异常时的应急处置方法、处理人员和职责；举行应急演练，模拟在液压启闭机和自动控制系统出现各种故障情况下，组织操作人员高效有序地以应急方式启闭闸门，迅速排查修复系统故障，提高工作人员操作熟练程度和问题处理能力。

六、巩固措施

（1）加强安全技术培训工作，提高生产人员的技术水平和业务能力。技术培训工作要与现场实际工作紧密联系，避免技术培训和实际工作脱节，流于形式。

（2）加强对生产人员的安全管理。生产人员作业前要认真进行作业危险点分析，了解作业过程中的危险点和危险因素，且必须在采取齐全有效的安全防范措施后方可开工。当作业中出现常规以外的异常情况时，要重新进行危险源辨识。

（3）对现有设备缺陷管理制度进行修编，增加处理重要设备缺陷、突发性设备缺陷的管理规定，包括处理原则、回路更改的审批程序和权限，以及人员到位制度。

七、相关法规依据

（一）《水工钢闸门和启闭机安全检测技术规程》(DL/T 835—2003) 相关规定
巡视检查的主要内容如下：
（1）观察闸门、启闭机运行情况。
（2）液压系统及其控制保护系统是否完整。
（3）电气控制及保护系统设备和备用电源是否能正常工作。
液压缸检查的主要内容如下：
（1）缸体、端盖、支承凸台、支座等是否存在损伤和裂纹。
（2）活塞杆是否存在磨损和变形。
（3）泄漏状况。
液压系统检查的主要内容如下：
（1）油箱、油泵、阀件、管路等是否存在腐蚀、泄漏。
（2）液压系统中的仪表灵敏度、准确度。
启闭机的电气装置应接线正确、接地可靠，绝缘电阻符合有关电力规程的要求。
启闭机的过负荷保护装置、负荷指示器、限位开关、终点（极限）行程开关、信号装置等零部件完好，动作正确、可靠。
启闭机的所有机械部件、连接装置、润滑系统等都必须处于正常工作状态。
液压式启闭机液压系统工作正确，液压缸密封和活塞杆密封的泄漏不超过允许值；液压缸的支撑或悬挂装置牢固可靠。

（二）《水工钢闸门和启闭机安全运行规程》(SL/T 722—2020) 相关规定
液压启闭机的日常检查项目应主要包括下列内容：
（1）转动轴等需要润滑的部件润滑状况应良好。
（2）油箱内液压油的液位应正常。
（3）油箱、油泵、阀组、压力表及管路连接处应无渗漏等现象。

（4）液压油应无浑浊、变色、异味、沉淀等异常现象。

（5）吸湿空气滤清器干燥剂应无变色，如发生变化，应取出烘干或更换。

（6）运行时应无异常噪声和振动；油泵、液压油温升应符合要求；系统压力表、有杆腔压力表、无杆腔压力表的显示应符合设计要求，其示值与电气控制屏上的示值应一致。

（7）应急装置或手动泵装置及联锁机构的工作应可靠有效。

（8）加热系统应正常。

液压启闭机的定期检查及特别检查项目应主要包括下列内容：

（1）机架、油缸、活塞杆等防腐蚀涂层应完好，结构应无变形、裂纹。

（2）各部位连接螺栓应无松动、断裂、缺失情况。

（3）油缸与支座、活塞杆与闸门的连接应牢固；油缸各部位连接件应无变形。

（4）油缸应无外泄漏，油缸运行应无异常响声、爬行等现象。

（5）油泵及油路系统运行应平稳，应无异常振动和响声。

（6）运行速度、同步性等整定值应满足设计要求。

（7）液压油污染度等级。

八、案例启示

为了最大限度地降低闸门冲顶事故发生的概率，相关管理人员应做好设备的日常维护管理、检查工作，同时应不断提升自身业务水平和专业技能，根据不同的故障和隐患特征，建立相应的维修和整改方案并设置专项岗位落实相关工作。对于出现故障的部位，应及时发现问题、解决问题，尽可能地降低事故损失，确保闸门及其系统的安全正常工作。

案例七　液压闸门无法开启

一、系统结构与原理

某大型泵站工程装设 6 台套水泵机组，每台水泵出水口设置了 2 道闸门，分别为多叶拍门和快速工作闸门，以确保排水流畅，同时防止倒流回水。2 道闸门共用 1 套液压启闭系统，其中包括 2 台液压启闭机（互为备用），利用液压系统实现闸门开启或关闭。该液压系统由电气控制系统和液压传动系统构成，包括液压油缸、油管、油箱、油泵、组阀和操作台、电器柜等配件。液压控制流程及工作原理见图 3-1。

当需要抬升闸门时，液压启闭机油泵起动，液压油经电磁溢流阀实现压力加载，三位四通阀换向，液压油注入油缸下腔推动活塞杆抬升，上腔油经过高位油箱回流至液压油箱，从而实现闸门抬升，当闸门抬升至指定高度后，插装阀锁定油缸，实现闸门开启高度固定。闸门开启时液压控制流程原理见图 3-12。

当需要关闭闸门时，插装阀启用卸压，在闸门自重作用下，油缸下腔油经过插装阀流至上腔，同时高位油箱油流至上腔补油，实现闸门关闭。

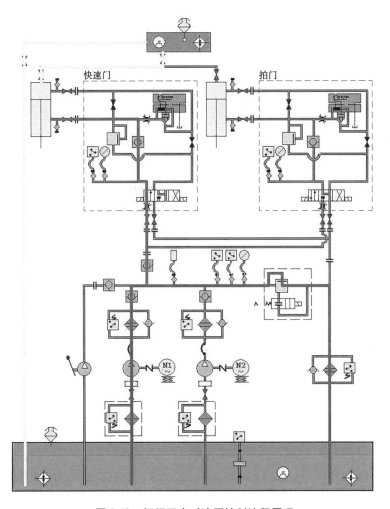

图 3-12 闸门开启时液压控制流程原理

二、故障现象

该泵站工程运行前须利用液压启闭机开启快速门、拍门,泵站关闭后须关闭快速门、拍门,防止倒流回水。在某次泵站试运行时,运行操作人员在完成泵站试机后,在关闭快速门时,发现操作失效,闸门无法关闭。由于当时上下游水位差较小,且已关闭拍门阻水,未产生倒流回水的事故。在出现操作失效情况后,运行操作人员及时停止操作,并将情况上报,该泵站立即组织技术管理人员开展了详细的排查工作,并及时抢修恢复,未造成损失。

三、故障分析

造成液压启闭闸门无法正常开启的原因有很多,大致可以归类为闸门及启闭机故障和自动控制系统及通信故障。

(一)闸门及启闭机故障

(1)电磁阀等控制元件损坏。按用途分类,电磁阀分为调压阀、方向阀、流量阀等。

（2）油缸、油管、油箱漏油渗油。这是液压启闭机普遍存在的问题，通常由于接口处密封圈老化磨损引起，漏油严重会造成液压系统起动时油压不足，无法正常启闭闸门。

（3）纠偏不同步。闸门的运行过程中，若闸门左右开度不一致，纠偏不及时，会造成闸门单边卡死或闸门全关时漏水。该水闸配备的是双缸液压启闭机，采用自动纠偏方式，闸门左右开度差超出设定的控制值时，通过 PLC 发出指令调节左右电磁阀以达到同步。偶尔出现的自动纠偏系统误差导致闸底关闭不严漏水，不影响闸门安全运行，可采用手动纠偏解决。

（4）系统油压不足，流量偏小。油管或液压元件内的型砂、毛刺切屑等污染物在液压油的冲击下脱落，堵塞阻尼孔和滤油器，会造成压力和速度不稳定。

（二）自动控制系统及通信故障

（1）可编程控制器 PLC 故障。可编程控制器属于编程控制单元，是整个自动控制系统的核心，完成信号处理、逻辑运算、通信、控制输出等功能，PLC 故障会导致自动控制系统瘫痪。

（2）通信故障。监控主机与控制柜通过光缆连接，通信故障是闸门自动控制系统最常见的故障，会导致数据、指令、信号无法正常传输接收，通常由光纤收发器损坏、光缆接头松动、供电异常等引起。

（3）传感器故障。每台启闭机在闸门两侧油缸上各配有一套闸门开度位移传感器，在显示闸门开度的同时，及时为控制器提供闸门左右 2 个活塞杆的运行高度和速度信号，使控制器随时对 2 个活塞杆进行纠偏处理，保证其工作的同步状态。闸门开度位移传感器是自动控制重要的传感器，较容易出现故障。

四、故障处置

在停止工作状态下，从外观上进行排查。观察电路是否存在线路和元件烧毁现象，保险是否熔断；机械结构是否存在磨损、断裂和卡死现象；液压系统是否出现渗漏和喷油现象。经技术人员细致认真的观察，电路系统、机械结构、液压系统外观均处于正常状态，并未发现异常。

逐一开启操作台上的控制开关，观察被控制端是否产生相应的控制动作。被控元件均为电磁阀组，开启和关闭开关时，只需要观察阀芯是否出现换位时的振动即可判断电路是否存在问题。通过对操作台的操作和电磁阀的观察，电路系统工作均正常，但部分电磁阀换位振动微弱。

在电路系统的排查工作中，发现电磁阀换位振动微弱，因此判断电磁阀出现了卡顿现象。随后做出以下分析：根据闸门故障现象及启闭机控制系统工作原理、液压油加载、回流过程可知，油泵在闸门还未被提起时即开始工作运转，其原因为压力油还未进入油缸下腔，但控制系统已经开始工作。通常情况下，电磁换向阀在闸门关闭和开启时可对控制阀发挥控制作用，并且两者相互关联，互相控制。在控制阀和电磁换向阀中如任何一个环节出现故障，均可造成压力油无法准确进入油缸下腔，并最终造成闸门无法正常开启或关闭。

将电磁阀拆解后发现，液压管路和电磁阀内存在大量杂质和碎屑，导致电磁阀芯卡死,无法完成电磁阀芯的换向动作,造成闸门无法正常启闭。

(1)由于该液压启闭机刚刚投入使用不久,在使用磨合过程中产生了杂质和碎屑,而且液压系统的设计没有考虑到磨合环节,存在缺陷,导致事故的发生。

(2)油箱、阀组、油管及油泵等元件安装前未进行彻底的清理工作,系统内残留的粉末、涂料灰尘、铁金属碎屑、金属颗粒、脏物等,也是产生故障的一个重要原因。

(3)新注入的液压油纯净度低,含有水分、杂质等,最终引起液压阀组不能正常工作,进而导致闸门开启的失效。

(4)故障造成阀卡损坏引起闸门不能正常地关闭或开启。除此之外,相对运动配合面也会产生一定的磨损,这不仅缩短了油泵机组的寿命,而且增大了阀组的漏油量,严重妨碍机组的安全正常工作。

(5)引起缸体内活塞卡阻。活塞孔横截面及液压阀活塞是利用机械方法加工而成的不规则圆形,并且多数情况下为椭圆形,由于活塞直径比转动直径大,在活塞与阀组进行相对运动时,其运动直径范围无法满足规定的尺寸要求,在杂质和碎屑的影响下引起了活塞的卡阻。

五、巩固措施及效果跟踪

(一)清洗液压管路排除故障

针对液压系统压力油存在水分、杂质等实际情况,对启闭系统液压油进行过滤,并对管路进行了清理。在液压系统正常运转时,虽然进行了滤油工作,并且反复过滤油箱和油箱连接管路内的液压油,但该过程却不能对机组油泵及其管路、阀组之间的液压油进行过滤。针对上述情况,可选取1台备用机组,并利用液压系统在低负荷期的运转状态对工作闸门进行连续多次关闭、开启,最大限度地排出油管和油缸内的脏油,并进行反复循环过滤。在进行滤油清洁时,应尽可能地使得排油口与进油口保持一定距离,其最有效的方法是将油箱中的废油利用滤油机抽取并进行过滤,过滤完成后的油再次排入油箱,经过多次反复过滤,最终将所有油体过滤干净。

(二)增设滤油器,防止故障再次发生

在油泵空载起动时,回油管及液压启闭系统吸油管上均安装1套滤油器,可有效防范机组油泵及其管路、阀组无法正常过滤的问题,并有效避免活塞的堵塞。在实际工作中,应加大对滤油器的修理、检查及防护工作,增加清扫次数,并定期对滤芯和滤油器进行检查清理,确保滤油质量。

(三)加强日常保养力度

液压油中包含的杂质是造成启闭机故障如活塞拒动、卡阻等现象的主要因素,同时还应考虑活塞孔加工精度、阀组构建尺寸等因素影响。如果在起动油泵机组中发现活塞孔不能灵活转动或故障,可通过对活塞的研磨实现油泵机组的正常起动,在该过程中严禁人为把活塞转动至一定角度。所以,在日常生产中,应对阀组活塞及活塞孔进行定期的维修、检查及防护工作,检查其椭圆度,保证构件尺度为绝对圆形。对于出现反复磨损及卡阻等问题,应确保活塞和活塞孔在研磨时为匹配状态,故障排除后,均可正常地关闭、开启闸门,并且在启闭过程中处于平稳状态,在高位锁定后,闸门在60 h和48 h内的下滑量均

满足相关要求。并且该启闭机恢复了原有的运转性能,也经过了汛期防洪排涝的检验,其故障分析和技术改进取得了良好的效果。

六、案例启示

为了最大限度地降低闸门失效事故发生的概率,相关管理人员应做好设备的日常维护管理、检查工作,同时还应不断提升自身业务水平和专业技能,根据不同的故障和隐患特征,建立相应的维修和整改方法,并设置专项岗位落实相关工作。对于出现故障的启闭机,应及时发现问题、解决问题,尽可能地降低事故损失,确保闸门及其系统的安全正常工作。

案例八 真空破坏阀漏气

一、系统结构与原理

某大型泵站工程配备的压力平衡式虹吸(真空)破坏阀,安装在输水管道的制高点,在虹吸式输水管道中起快速闸门的作用。此阀门属断电开阀型产品,与水泵同步通、断电。水泵一旦断电,阀门的电气控制系统也同步断电,阀瓣开启,大气涌入阀体,破坏管道内虹吸现象,防止水流倒灌产生叶轮飞逸事件,故它是保护主机安全运行不可缺少的重要设备。

真空破坏阀原理如图 3-13 所示。

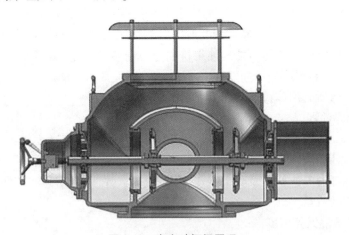

图 3-13 真空破坏阀原理

本阀门结构可分为水腔、空气腔、电磁操作机构(见图 3-14)、手动操作机构(见图 3-15)、电气控制箱(见图 3-16)共 5 部分。水腔和输水主管道相连接,空气腔和大气相通。阀门电气控制系统收到运行指令后,电磁操作机构开始工作,阀轴上的两片阀瓣向手动操作机构方向快速移动,这时阀瓣和阀体上的阀座密封完整,水腔和空气腔的大气被隔断,形成虹吸现象。阀门电气控制系统收到停止指令后,电磁操作机构的电磁铁不工作,失去了电磁力,在蓄能弹簧作用下,阀瓣按照反方向移动,此时阀瓣和阀座分离打开,由于主管道内负压作用下大气经空气腔急速进入水腔,和主管道相通,破坏虹吸实现断流。虹吸破坏阀可以和水泵联动,可采取现场操作和远程控制。此阀门在产品安全性能可靠的前提下,还设有人工手动紧急开阀、关阀装置与观察视窗(在其他功能全部失效情况下,敲掉有机玻璃,亦可破坏虹吸)。

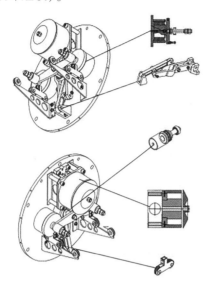

图 3-14　电磁操作机构

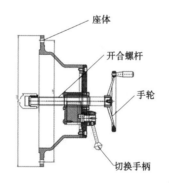

图 3-15　手动操作机构

二、故障现象

某日,某大型泵站满负荷抗旱运行,技术人员在日常巡视检查过程中发现,1#主机的真空破坏阀有漏气现象,漏气声持续且漏气声响大,主水泵和主电机振动及噪声增大,机组运行功率持续增大。

三、故障分析

结合真空破坏阀的运行情况、突发故障处置经验及破坏阀机械结构综合分析,产生漏气的主要原因有两个方面,一是阀瓣与阀座的配合间隙达不到密封的要求,无法形成虹吸现象;二是密封圈破损、老化或开裂,导致漏气。造成此现象的主要原因包括以下几点:

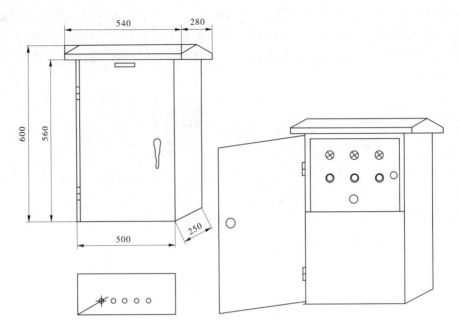

图 3-16　电气控制箱　（单位：mm）

（1）电磁机构中两侧电磁铁不吸合，或者一侧吸住，另外一侧吸不住。

（2）两只阀瓣与阀座距离不一致，两只阀瓣不能同时实现密封。

（3）阀瓣上密封件破损、老化，出现裂纹。

（4）电磁铁的连接电源不正常，存在保险丝不工作、端子插件不牢固或线头松动等现象。

（5）阀轴中心与缸体中心线不一致，造成阀瓣密封面与止动板中心出现偏差，局部密封面出现间隙。

（6）阀瓣密封面与阀轴中心不垂直，致使密封面无法实现全部密封，局部密封面出现漏气。

（7）密封件为橡胶制品，容易老化破损。

（8）密封件在阀体关闭过程中，由于电磁铁吸合力较大，密封件需要承载一定的冲击力，所以破坏阀关闭过程中会损坏密封件。如果 2 个密封件不同步，只有 1 个密封件（或局部）受力，密封件更容易损坏。

四、故障危害

（一）主水泵抽水流态变差

（1）主水泵叶轮室内声响异常，能清晰听到叶轮室内连续的气泡爆裂声。

（2）主水泵出水流量减少。利用 ADCP 超声波实时流量测量发现，在相同叶片角度运行下，实测的流量减少了约 10%。

（3）泵站出水池流态较差。出水池流道的出口处浪花较大，并伴有大量白色气泡。

（二）主水泵及电机噪声与振动增大

现场测量水泵运行噪声和振动数值。经分析比较,当真空破坏阀出现持续漏气现象时,水泵和电机的噪声增大,振动数值也呈增大趋势。

（三）虹吸出水流态无法形成

真空破坏阀漏气时,流道内水流无法形成虹吸流态,造成机组严重偏离设计工况运行,抽水扬程变大,机组功率增加。

非虹吸流态下,水泵扬程的计算公式为

$$H = h_1 - h_2$$

式中　h_1——虹吸出水流道驼峰高程(12.10 m);

　　　h_2——下游水位(6.70 m)。

经计算,非虹吸流态下抽水扬程为 5.40 m,超过虹吸运行时的上下游水位差 2 m 多,电机功率由正常的 900 kW 左右陡增至 1 250 kW 左右,机组整体稳定性能明显变差,噪声、振动均超出常规,励磁电流接近限值。

五、故障处置

（一）综合查看

(1)查看站内是否有未完成的工作票。如有,立即停止作业。本案例中无未完成的工作票。

(2)查看泵站内部是否有人员在未落实组织措施和技术措施的情况下私自进行设备检修调试、电气试验等作业。如有,处置措施同上。本案例中,未进行任何设备检修调试和电气试验等作业。

(3)查看后台信号是否变化。如中控室控制系统或 PLC 后台信号是否有可疑变化。本案例中,上述故障未导致后台信号变化。

（二）调节电磁铁与阀座的连接

(1)断开电源,拧开电磁机构罩后面的 4 个螺母,打开不锈钢电磁机构外壳,要轻拉出来,注意连接的电线。

(2)用扳手工具松动电磁铁的螺纹杆后面的调整螺母,再通电测试电磁铁,经反复调试,让动态铁芯和静态铁芯吸合后,再用工具锁紧螺母。

(3)断开电源,恢复电磁机构罩安装。

（三）检修电磁铁连接电源

(1)检查电磁铁的保险丝是否正常,连接电线插件是否松动,各连接件是否松动,导线有无老化和龟裂。

(2)通电后,检查电磁机构的动作是否灵活,有无卡阻现象,检查电磁铁的动态铁芯和静态铁芯有无油污,检查动、静态铁芯之间的距离是否符合要求。

(3)断开电源,恢复电磁机构安装。

（四）更新破损、老化的密封件

(1)断开电源,用扳手工具拧电磁机构、手动机构、观察孔盖板等部位螺母,解体电磁机构外壳、手把、手轮和观察孔。

（2）解体抽出阀轴1根,拆除密封件2组,清理密封部位,检查传动机构、推力头、滑动滚轮、轴弹簧、电磁安装板及左右阀盖等部位。

（3）在阀瓣处涂刷专用胶水,安装新密封件（分A、B型密封）,待密封件牢固,安装阀轴。

（4）接通电源,反复分合开关调试,最终动态铁芯和静态铁芯吸合住,无漏气声响,用工具锁紧螺母。

（5）断开电源,恢复各部分安装。

六、巩固措施及效果跟踪

为防止类似故障再次出现,运行人员采取了以下几点巩固措施。

（一）全面摸排

解体其他3台真空破坏阀,检查机械结构、电磁系统和密封件,如发现异常及时更换,防患于未然。

（二）备品备件储备

原厂采购足量的电磁铁、传动机构、推力头、滑动滚轮、轴弹簧及密封圈等备品备件,配置专用工器具,保证随时开展设备检修,确保设备运行安全稳定。

（三）定期维护

制定真空破坏阀巡视检查制度和维修养护制度,定期对故障隐患点进行巡视检查,如发现问题及时处理;每年汛前、汛后进行维修养护,确保系统运行正常。

案例九　清污机齿耙变形

一、系统结构与原理

某大型泵站工程配备回转式清污机,清污机是拦污和清污两种功能结合为一体的设备,其中清污机齿耙是回转式清污机的主要工作部件,齿耙的设置就是为了清除河道中的水草、生活废弃物等污物。常规的清污机齿耙主要由齿耙轴和耙齿组成,耙齿按一定的排列次序装配在齿耙轴上,带有耙齿的齿耙轴在转动时,耙齿伸入栅网中,将固体取出。回转齿耙及与耙齿联结的齿耙轴全部采用不锈钢,这一类齿耙的结构相对简单,尺寸相对较小。清污机齿耙结构如图3-17所示。

二、故障现象

某日应急供水期间,5#机组正在运行,值班人员发现出水流量明显降低,经现场检查发现,清污机上游侧水草和杂物较多,推断为水下堆积的水草和杂物阻塞进水通道,导致进水不畅,影响机组出水流量。查明原因后,项目部当即开启清污机清除水草和杂物,出水流量逐步恢复正常。清污机开启一段时间后,出水流量又出现降低现象。值班人员再次赴现场检查发现,清污机停止工作且齿轴被顶弯,同时清污机控制柜内热继电器过载跳闸。清污机齿耙变形如图3-18所示。

图 3-17　清污机齿耙结构

图 3-18　清污机齿耙变形

三、故障原因

清污机停止工作,经排查发现,齿耙靠近中间处有较大杂物卡阻,使得齿耙无法正常转动运行。清污机齿耙变形故障现象发生在清污机的齿耙轴上,表现为齿耙轴管壁弯曲变形,齿耙超负荷后变形引起一系列故障。齿耙变形后导致清污机无法正常清污,同时引起清污机控制柜内热继电器过载跳闸。

四、故障危害

齿耙轴是回转式清污机重要的运动部件,同时起到支撑链条防止链条脱轨和打捞污物的双重作用。如果齿耙管发生变形,可能会出现链条脱轨、打捞污物能力下降等问题。

如果不能及时修理好清污机,使清污机恢复运作,拦污栅、清污机前后将会形成较大的水位差,让本来就不高的下游水位变得更低。这样不仅会影响清污机的使用,严重的还可能会对泵站造成重大的事故。

总之,当清污机齿耙发生变形故障时,可能会影响整个系统的正常运行,需要及时采取措施进行维修。

五、故障分析

经排查,本次故障主要是由于裹在水草中的木桩随着清污机上升,在此过程中将齿轴顶弯,造成齿耙变形。

造成清污机齿耙变形的原因有很多,常见的原因主要包括以下几点:

(1)由于洪水期河道中污物过多,过于集中,捞污瞬间的拉扯力容易造成单道齿耙负荷过重,导致齿耙轴管壁变形、耙齿弯曲等。

(2)由于洪水期河道污物过大,如裹在水草中的较大木桩等,在随着清污机上升的过程中将齿轴顶弯。

(3)由于齿耙管材料问题,经过较长时间运行,齿耙管表面经过杂物及河水侵蚀等原因,强度或刚性有所减弱,当遇到较大污物后,容易引起齿耙的变形。

总之,在洪水期间,需要采取措施来保证整个系统能够正常运行,避免单道齿耙负荷过重而发生变形。

六、故障处置

发现清污机故障后,为解决故障问题,现场项目组人员当即起动应急预案,立即对清污机进行故障检查。

(1)运维组临时分成 3 个小组:一组及时更换弯曲损坏的清污机齿轴;二组及时检查并复位清污机控制柜内热继电器;三组继续做好 5# 机组运行检查,密切关注出水流量及进出水池水位。

(2)综合组联系好垃圾车,清运打捞上来的垃圾,协调好各组工作同步、有序推进。

(3)在进水口设置临时工作区域,周围设立安全护栏和警示标牌标志,做好安全防护措施,禁止闲杂人员入内。

(4)水工抢修组将弯曲的清污机齿轴拆除并更换新的齿轴。

(5)机电抢修组检查清污机内热继电器,将损坏的热继电器进行更换。

(6)故障排除后,清污机经测试运行正常后立即开启,清除进水侧堆积的水草和杂物,清理完毕后经现场检查并确认进水池内水位符合正常要求。

(7)确认故障解决后,撤除所有安全护栏和警示标牌标志。

七、巩固措施

为了防止类似故障再次出现,检查和运行维护人员可以采取以下几项巩固措施。

(一)加强检查

定期对存在故障隐患的地方进行检查,如发现问题,及时处置,特别是启用、关闭清污机前后,应加强检查。在日常不启用情况下,可通过观察等方式,检查清污机齿耙有无锈蚀、变形等损坏现象。

(二)定期维护

做好耙齿检查养护工作,定期开展耙齿防腐处理,以增加耙齿刚度,保障清污机正常运行。

(三)优化改进

(1)在材料选择时,确保齿耙管材料具有足够的直径和壁厚,以承受洪水期间污物过多、过于集中的情况。

(2)可以在齿耙管壁上设置加强筋,增加齿耙的强度,或者增加齿耙的数量,减少单道齿耙的负荷。

(3)可以对齿耙管中部进行局部加强使之成为变截面受力构件,从而提高其强度和刚度。

(4)对于更大尺寸的回转清污机,可以考虑使用多道牵引链条来改善齿耙受力情况。

八、案例启示

回转式清污机的齿耙是回转清污机运转的重要组成部分。所以,回转式清污机齿耙材料的选择很重要,除此之外,可适当加强检查,在检查过程中如果遇到回转式清污机齿耙轴或者耙齿损毁,应该及时更换,更换过程中要观察新更换的齿耙是否满足运行需求。在更换完毕后要试运行一段时间,检查清污机是否恢复正常。

在日常工作中,回转式清污机的日常实际运作与工作中故障的处理相对较复杂,这是因为在实际工作中排除故障时的受限制条件比较多,因此要重视回转式清污机的日常检查检修工作,以确保清污机的正常运行。

案例十　清污机传动链条脱轨

一、系统结构与原理

某大型泵站配备 GL4800 型回转式格栅式清污机,用以打捞泵站进水池内的水草、漂浮物等。该清污机由机架、驱动电机、齿耙、链条传动机构、电气控制等部分组成。其中链条传动机构由链条、链轮和轴承组成。在清污机构运转过程中,链条和链轮通常需要经受水冲击和腐蚀。为了增加链条和链轮的耐腐蚀性能,通常会采用不锈钢或镀锌钢材料来制造链条和链轮。清污机传动链条将驱动电机的动力传递到链轮上,链轮通过驱动轴驱动链条运动,使清污机构沿着指定的路径移动。链条的传动效率高,运动稳定,能够承受较大的力和扭矩,因此是清污机传动的常用形式之一。

清污机传动链条结构如图 3-19 所示。

二、故障现象

某日应急供水期间,机组正在运行,正值初夏,河道内水草丛生,为保障机组稳定的进

图 3-19　清污机传动链条结构

水流量,值班人员开启中间 5#~7# 清污机清除水草和水中杂物,开启后机组运行正常。在值班人员的一次巡查过程中发现,进水池水位明显降低,水泵机组扬程升高,有功功率较最佳运行工况下略增大,进一步巡查后发现,清污机已停止工作,推断为清污机故障停运导致进水不畅,使进水池水位降低,影响机组运行效率。清污机传动链条脱落脱轨故障现象如图 3-20 所示。

图 3-20　清污机传动链条脱落脱轨故障现象

三、故障原因

清污机停止工作,经排查发现清污机传动链条出现故障,使得清污机无法正常转动运行。清污机传动链条出现脱落脱轨现象,表现为传动链条脱离原有轨道后引起一系列故障。

四、故障危害

清污机传动链条脱落脱轨通常是链条张紧不当、链轮磨损、链条疲劳等原因导致的,可能会导致清污机的整个传动系统失灵,从而影响设备的正常工作。清污机传动链条脱落脱轨的危害包括:

(1)影响设备的正常工作。传动链条是清污机传递动力的重要部件之一,如果传动链条脱落脱轨,可能会导致清污机整个传动系统失灵,从而使设备无法正常工作,导致停工和效率下降。

(2)设备损坏。如果传动链条脱落脱轨,还可能导致相关设备或其他部件的损坏,比如轴承、齿轮等,从而加剧清污机故障程度。

(3)环境破坏。清污机未能及时清除污物和沉积物,将导致环境破坏和水质下降。

(4)人身伤害。如果链条脱落脱轨时有人在周围工作,可能会导致人身伤害,甚至可能造成生命危险。

因此,为了避免这些危害的发生,定期检查清污机传动链条的状态和性能非常重要。如果链条脱落脱轨,应立即停机检查处置。

五、故障分析

清污机传动链条脱落脱轨的原因很多,泵站工程常见的原因主要包括以下几点:

(1)链条磨损。长时间使用使链条的磨损增加,从而导致链条脱落脱轨。

(2)链条张紧不当。长时间运行或使用不当会导致清污机传动链条张紧不当,链条可能会松动,使得链轮和链条之间的配合不精确,引起脱落脱轨的问题。

(3)链轮故障。清污机传动链轮长时间使用,可能会产生磨损,磨损过多时会影响链轮和链条之间的配合精度,引起脱落脱轨的问题。

(4)链条拉伸。链条长时间使用后会被拉长,链条松弛将导致链条脱落脱轨。

(5)不正确的操作。如果操作人员不正确地操作清污机,比如突然刹车、超载运转等,可能会对传动链条和其他传动部件造成损坏,引起脱落脱轨的问题。

(6)不适当的安装。如果链条的安装不正确或不牢固,也会导致链条脱落脱轨。

(7)缺乏维护。如果清污机传动链条长时间缺乏维护,比如清洁、润滑等,链条和链轮表面可能会积聚油脂、灰尘等物质,影响链条和链轮之间的配合,也会引起脱落脱轨的问题。

因此,定期检查清污机传动链条的状态和性能非常重要,需要采取适当的维护和保养措施,及时发现和解决问题,保证设备的正常运行。

六、故障处置

清污机传动链条脱落脱轨需要进行以下故障处置:

(1)停机处理。清污机传动链条脱落脱轨时,应立即停机以避免进一步损坏设备或造成人员伤害。

（2）排查故障原因。检查链条、链轮和轴承的磨损、拉伸、松动和故障等情况,以确定故障原因。

（3）修理或更换。根据故障原因进行修理或更换链条、链轮和轴承等部件。如果链条磨损或拉伸过度,可能需要更换链条,如果链轮故障,可能需要更换链轮。

（4）在更换完成后安装调试。安装好新的链条、链轮和轴承等部件后,需要进行调试,确保链条和链轮的配合良好,并进行必要的润滑和保养。

（5）测试运行。将清污机进行测试运行,观察设备运行情况和链条是否正常工作,以确保设备的正常运行。

综上所述,清污机传动链条脱落脱轨是一种常见的故障,需要及时排查故障原因并进行修理和更换。维护人员需要具备相关的技能和经验,以保证设备的正常运行和安全性。

七、巩固措施

防止清污机传动链条脱落脱轨可从多个方面入手,综合采取以下巩固措施,可以有效降低链条脱落脱轨的风险,保证设备的正常运行和安全。

（一）定期检查

定期检查清污机传动链条的状态和性能,如发现问题及时处理,以避免设备故障和危害的发生。

（二）日常保养润滑

清污机传动链条需要加强日常的维护和保养,定期进行保养润滑,以延长链条的使用寿命,减少链条的磨损和拉伸。

（三）优化改进

（1）调整链条张力。定期检查并调整链条的张力,配置适当的张紧装置,确保链条张紧适当,避免链条松弛,减小链条脱落脱轨的风险。

（2）选择优质链条。选用优质的传动链条,提高耐磨性和抗拉伸能力,减少链条在使用过程中产生的磨损和拉伸,避免链轮过度磨损引起链条脱落脱轨。

（3）强化安装和固定。进行严格的安装和固定,确保传动链条不会松动或摇摆,增加链条安全性和稳定性。

八、案例启示

清污机传动链条脱落脱轨是泵站工程中常见的设备故障,也是一种非常危险的故障。加强检查,查看设备的状态和性能是保障设备正常运行的重要措施。特别是对于传动链条等易出现问题的部件,应加强检查和维护。在使用设备时,应采取措施增强安全性,比如安装防护装置,严格遵守工作规程和操作规范等。日常工作中应加强员工培训,提高操作技能和安全意识,避免人为疏忽和操作错误。设备运行期间,一旦发现设备故障,应立即停机检查,并及时处理和修复故障。

综上所述,泵站管理人员应及时检查和维护设备,采取措施增强安全性,减少人为因素的干扰,并及时处理故障,确保设备的正常运行和工作安全。

案例十一　供水管道冻裂

一、故障现象

某泵站夜间运行后,未及时将技术供水泵内和管道中残留的水排出,当日夜间发生极端天气,气温由 2 ℃ 骤降至-10 ℃。在此温度环境下,由于技术供水泵停止工作(且水泵出口处装有止回阀),残留的水在管道中失去流通性,泵站供水管道冻结严重,部分管道和连接件出现冻胀和冻裂的现象。

二、故障原因分析

造成泵站供水管道冻裂的原因有很多,常见的原因主要有以下几点。

(一)水泵和管道内残存的水未及时排出

1 mL 水在 4.4 ℃ 时重 1 g,此时密度最大。在 0 ℃ 时水重为 0.999 9 g,冰重 0.916 g。由于 0 ℃ 时冰比水的体积增大约 9%,冻结时表面水首先成冰,然后,冰层逐渐向内部延伸,当内部的水因冻结而膨胀时会受到外部冰壳的阻碍,于是产生内压,称之为冻结膨胀压。当内压超出外层承受极限时就破裂,遂使内压消失。这就造成部分管道和连接件出现冻胀和冻裂的现象。

(二)管道内部缺陷

(1)焊缝质量不好。根据国内外有关资料分析,管道冻裂大部分发生在质量差的焊缝处。在施工交验时,虽经多次检查,仍出现焊缝质量事故,主要是因为检测手段不完备。过去对焊缝严密性的检验一直采用外观检查、煤油试渗、真空试漏等办法。强度检验主要靠水压、试气压等方法来完成。焊缝的外观缺陷如咬边、焊瘤、弧坑、表面裂纹等可以用肉眼或低倍放大镜观察到,而焊缝的内部裂纹、夹渣、未焊透等内伤用上述办法显然是不易被检查出来的。因此,使用一段时间后,这些内伤由于受气温变化等引起的压力作用,有的便形成裂口,酿成事故,有的因严重锈蚀而造成渗漏。这在北方很多工程中的供油管道、蒸汽冷凝水管道上都有一些例证。例如,某原油厂出口管道一圈焊缝裂开 1/3 周长,当时气温为-31 ℃,造成漏油事故,其原因就是焊缝未焊透。

(2)冻裂也常发生在因内部腐蚀、冲刷而使管壁变薄之处。如弯头、三通、弯管管壁常因内部腐蚀、冲刷而变薄,极易冻裂。

(三)管道外部缺陷

外部缺陷主要表现在外部锈蚀严重之处,这与外部防腐有关。管道一般只采用有机涂料进行防腐处理。涂料虽有一定的防腐效果,但一旦涂层出现龟裂、剥离或机械损伤,将使局部金属腐蚀速度加快,最终使管壁变薄,冬季易在此处冻裂。

三、故障危害

泵站技术供水管道冻裂,将直接导致冷水泵机组冷却水流量、压力达不到要求,造成机组温升、润滑油变质、填料密封失效等问题,影响设备正常运行。同时,裂缝处迸射的高压水流,极易造成人员伤亡。更有甚者,排水或堵水不及时,导致泵房内产生大量积水,水泵、电动机及其他电气设备也会被淹没,造成机组瘫痪和财产损失。

四、故障处置

(1)及时停机、关阀、断电,避免造成大面积的设备损伤或人员触电、溺亡等次生伤害。

(2)对于冻裂口处管壁厚度够用的管道,经处理符合动火条件后,用锤子平合缝后焊接。

(3)暂时不宜动火焊接时,用卡子固定。

(4)管壁薄的冻裂口,平整后,在外壁上贴补焊接一块合适的管片,像补丁一样补上去。

(5)若腐蚀严重,一段管道裂口多达几处无法修补时,应更换新管道或连接件。

五、巩固措施

为防止类似故障再次出现,应采取以下几项巩固措施:

(1)对管道焊缝质量的检测,宜采用超声波进行。

(2)在安装和维保环节,对连接件或冲刷严重的位置,应增加检测频次,并采取加固处理。改进办法是使弯头壁厚大于管道壁厚12 mm,三通连接管内壁焊一防冲板,弯管则应使弯曲半径尽量大一些。

(3)在防腐方面,应避免采用单一的手段,建议采用有机涂料和牺牲阳极联合防护法进行防护,这样大大减少输水管道的锈蚀,尤其对安装在地下水位较高处的管道更应加强防护。

(4)温度较低的时间点,应密切关注气象预报。运行结束后若停机时间较长,应及时排空水泵内部和管道内部的存水。

六、相关法规依据

(一)《泵站设备安装及验收规范》(SL 317—2015)相关规定

进出水管道的安装应具备下列条件:

(1)钢管外径及壁厚的偏差应符合钢管制造标准和设计要求,钢板卷管的制造质量应符合有关规定。

(2)铸铁管应在每批中抽10%做外观检查。检查内容应包括表面状况、涂漆质量、尺寸偏差等;若制造商未提供耐压试验资料,应补做耐压试验。

地埋管道耐压试验和防腐检验合格后,按隐蔽工程进行验收。验收合格后应及时回填,并应分层夯实,同时应填写"管道隐蔽工程(封闭)记录"。

管道焊缝位置应符合下列规定:

(1)管道同一直管段上两对接焊缝的间距,当公称直径大于或等于150 mm时,不应小于150 mm;当公称直径小于150 mm时,不应小于管外径,且不应小于100 mm;应按安装顺序逐条进行,且不应在混凝土浇筑后再焊接环缝。

（2）焊缝距弯管（不包括压制和热弯管）起弯点不应小于管外径，且不应小于100 mm。

（3）卷管的纵向焊缝应置于易检修的位置。

（4）在管道焊缝上不应开孔。若必须开孔，焊缝应经无损探伤检查合格。

（5）有加固环或支承环的卷管，其加固环或支承环的对接焊缝应与管道纵向焊缝错开，间距不宜小于100 mm，加固环或支承环距管道的环向焊缝不应小于50 mm。

钢管安装后，应与垫块、支墩和锚栓焊牢，并将明管内壁、外壁和埋管内壁的焊疤等清理干净，局部凹坑深度不应超过板厚的10%，且不大于2 mm，否则应予补焊。

钢管耐压试验应符合下列规定：

（1）明管安装后应做整体或分段耐压试验，分段长度和试验压力满足设计要求。

（2）岔管应做耐压试验，试验压力应为最大水锤压力的1.25倍。

钢管耐压试验应逐步升压至工作压力，保持10 min，经检查正常再升至试验压力，保持5 min，然后降至工作压力，保持30 min，并用0.5~1.0 kg小锤在焊缝两侧各15~20 mm处轻轻敲击，应无渗漏及异常现象。

铸铁管明管耐压试验，应为工作压力的1.25倍，保持30 min，应无渗漏及异常现象。铸铁管地埋管道耐压试验压力应为工作压力的2倍，保持10 min，应无渗漏及异常现象。

（二）《泵站现场测试与安全检测规程》（SL 548—2012）相关规定

压力管道应检测下列项目：

（1）管道及附件的磨损、变形、裂纹及锈蚀。

（2）接头密封性。

阀门和水锤消除器应检测下列项目：

（1）阀门的裂纹、磨蚀、密封性及可靠性。

（2）水锤消除器的锈蚀和工作可靠性。

七、案例启示

泵站供水管道冻裂是具有偶发性和地域性的事故现象，在气温较低的环境下极易出现，这也恰恰助长了当值人员的麻痹思想。但是，管道冻裂和漏水一旦发生，绝非小事，轻则影响机组的正常运行，重则造成不可估量的财产损失甚至人员伤亡。当前，极端天气频发，异常低温天气时有发生，泵站运行和维护人员应摒弃麻痹思想，坚守安全底线，从设备的生产、安装到后期的运行养护，全链条跟踪，杜绝一切管道冻裂的潜在威胁。

案例十二　基坑渗漏排水集水井水位倒灌

一、基本情况

某大型泵站工程设有渗漏排水集水井2个，有效容积22.08 m³，2个集水井之间通过管道互为连通，每个集水井各配备1台150QW150-22-22型潜水排污泵，排污泵额定流量为150 m³/h，额定功率为22 kW。渗漏排水泵由集水井中的水位信号器自动控制，集水井内设浮球式和超声波水位信号器各 1 套,水位信号与泵站计算机监控系统连接。渗漏排水集水井设备布置情况如图 3-21 所示。

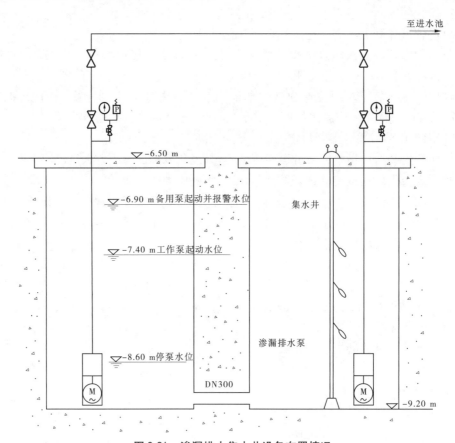

至进水池

▽-6.50 m

▽-6.90 m备用泵起动并报警水位

集水井

▽-7.40 m工作泵起动水位

渗漏排水泵

▽-8.60 m停泵水位

DN300

M
~

M
~

▽-9.20 m

图 3-21　渗漏排水集水井设备布置情况

二、故障现象

某日清晨,运行人员值班手机响起,来电显示"泵站集水井满水报警",随后立即前往泵站基坑层查看,至基坑层楼梯口发现,基坑层地面已有 50 cm 深的积水并呈快速上涨的趋势,现场测量水位上涨速度为 1 cm/2 min。为防止触电以保证人身安全,运行人员未敢轻易下水查看,第一时间上报请求支援,同时迅速至集水井上方平台查看,通过上方平台可看到集水井上部钢盖板已被顶开,且内部持续冒出大股翻滚的水流。待支援力量赶到后,随即增设 2 台临时排水泵抽排积水,但水位仍然呈上涨趋势。技术人员仔细查阅图纸并认真研判后,迅速切断基坑层所有设备电源,并派潜水员潜入集水井处关闭渗漏排水泵出水管路检修蝶阀后,集水井内不再冒出水流,基坑层积水水位在临时排水泵的抽排下也逐渐下降,基坑渗漏排水集水井水位倒灌得到制止。

三、工作原理

正常情况下,泵站内部的各类渗漏水(如轴密封润滑水、伸缩缝漏水、主水泵渗水等)

通过排水沟、管路等方式集聚到集水井内。当集水井内水位低于停泵水位时,渗漏排水泵不起动;当集水井内水位达到工作泵起动水位时,水位信号器自动控制起动工作泵;当集水井内水位达到备用泵起动并报警水位时,水位信号器自动控制接通备用泵并发出报警信号。渗漏排水泵抽取集水井内水位后经过止回阀、检修蝶阀(常开状态)排出至进水池-1.00 m 高程处(水面之下),位于进水池水面之下的排出口设有拦污网。集水井内渗漏排水泵剖面布置如图 3-22 所示。

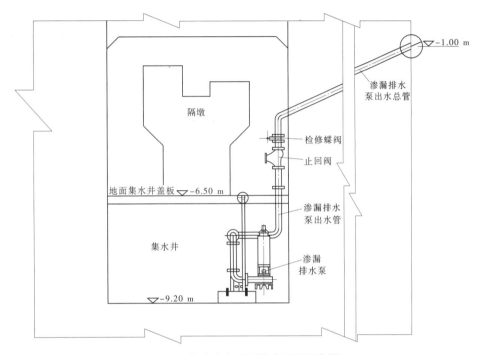

图 3-22　集水井内渗漏排水泵剖面布置

四、原因分析

集水井内壁各路进水管路均为小口径 PE 管、镀锌管,分别来自轴密封润滑水、伸缩缝漏水、主水泵渗水等,短期内不可能形成大股漏水流。集水井内壁排水管路仅有 1 处,即渗漏排水泵吸水口至渗漏排水泵出水口,再经止回阀、检修蝶阀、渗漏排水泵出水总管、进水池排出口,此管路口径为 150 mm。如果此排水管路故障,在外部水面压力的作用下,短期内有可能形成大股渗漏水流倒灌入集水井内。除此以外,集水井内再无其他进出水管路。

通过第一时间赶到现场的运行人员观察到的现象(集水井上部钢盖板已被顶开,且内部持续冒出大股翻滚的水流),结合潜水员关闭渗漏排水泵出水管路检修蝶阀后集水井内不再冒出水流的现象,技术人员分析故障源为渗漏排水泵出水管路中的止回阀,止回阀内部损坏导致外部压力水流通过渗漏排水泵倒灌入集水井之内,如图 3-23、图 3-24 所示。

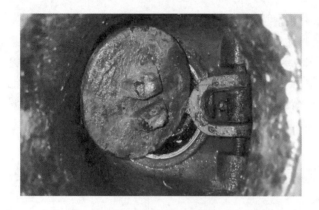

图 3-23　盖板脱落的止回阀

图 3-24　止回阀和检修蝶阀

与此同时,大股翻滚水流倒灌后,集水井内水位信号器浮球开关受到扰动而失灵。事后技术人员查看渗漏排水泵运行记录发现,当天凌晨渗漏排水泵自动开启过一段时间后就再无起动,这也验证了上述结论。

运行人员值班手机收到来电显示"泵站集水井满水报警"的电话,是因为管理人员事前在集水井内部安装了多功能水位云报警器,该装置由云报警器和高音喇叭组成,当集水井内满水时,常开触点接通,在高音喇叭响起的同时,云报警器自动拨打值班人员电话并推送微信通知,告知值班人员集水井发生溢水故障,如图 3-25、图 3-26 所示。

图 3-25　云报警装置

图 3-26　云报警装置实物

五、故障处置

(一)更换止回阀

运行人员按照如下步骤更换损坏的止回阀:

(1)裁好垫圈,准备好结构胶、铜丝、钢丝刷、扳手、铁锤等工具。

(2)关紧止回阀上方的检修蝶阀,使其不渗漏。

(3)拆下止回阀,法兰面除锈、清污,擦干水迹。

(4)装上止回阀上法兰的一半螺丝,垫圈涂上结构胶,塞进法兰之间。

（5）装上止回阀上法兰的另一半螺丝后，将上法兰尽可能紧固，尽量压缩垫圈。

（6）装上止回阀下法兰的一半螺丝，垫圈涂上结构胶，塞进法兰之间。

（7）稍微放松止回阀上法兰的螺丝，使止回阀体微量下移，压缩止回阀下法兰的垫圈。

（8）在止回阀上法兰、下法兰的缝隙里，尽可能往里挤入结构胶。

（9）在止回阀上法兰、下法兰的缝隙里，多缠绕几圈铜丝（防止排水时结构胶受水压被挤出）。

（10）待结构胶凝固后，打开止回阀上面的检修蝶阀，观察止回阀的法兰间是否有渗漏水。

更换后的止回阀及法兰处理后如图 3-27、图 3-28 所示。

图 3-27 更换后的止回阀　　　　　　图 3-28 止回阀法兰处理后

（二）修复水位信号器

因原有的浮球式开关受本次大流量水流扰动较大而导致渗漏排水泵未能正常起动，故重新修复水位信号器浮球开关，测试正常后投入运行。

（三）重新布置多功能云报警装置

因原有的集水井多功能云报警装置在此次故障中已被积水淹没，无再利用价值，故重新布置多功能云报警装置，测试正常后投入运行。

六、巩固措施

（一）改造排水管路

集水井渗漏排水回路：渗漏排水泵吸水口至渗漏排水泵出水口，再经止回阀、检修蝶阀、渗漏排水泵出水总管、进水池排出口。进水池水位常年在 3.00 m 以上，原设计进水池排出口高程为 -1.00 m，位于水面之下。本次故障的主要原因是止回阀损坏，导致位于水面之下的进水池排出口压力水倒灌入集水井。为彻底消除上述隐患，运行人员改造排水管路，将原有的进水池排出口接至进水池侧翼墙水面之上。改造后，即使上述管路中阀件再次出现故障，也不会再出现集水井倒灌的现象。

（二）排水总管设置伸缩节

原设计的排水管路无伸缩节，在渗漏排水泵的运行过程中管路和阀件振动较大，也为止回阀的更换带来困难。为解决上述问题,在原有的排水管路止回阀下侧设置伸缩节,既能消除渗漏排水泵运行时给管道和阀件带来的振动,又能在阀件更换时提供足够的伸缩间隙。

(三)优化水位信号器采集方式

水位信号器通过原有的老式的浮球来采集水位高低信号并接通触点开关,浮球式开关受水流扰动较大、可靠性较低,常常导致渗漏排水泵误起动、不起动。为此,运行人员进一步优化水位高低采集方式,采用市面上售卖的电容感应探头、不锈钢感应探头、浮球开关探头、水侵感应探头等多种采集探头并联的方式来采集集水井的水位高低信号,采用并联方式的优点是只要其中一个探头采集到高水位信号就可以及时起动渗漏排水泵进行排水,使采集信号更加可靠、稳定。

(四)优化多功能云报警装置参数设置

优化多功能云报警装置参数,设置多个手机号码和报警方式,当溢水故障发生后,该装置能够同时向多名人员拨打电话、发送短信和微信通知,便于运行人员和管理人员及时发现、处置故障。

七、相关法规依据

(一)《泵站技术管理规程》(GB/T 30948—2021)相关规定

阀门应定期维护和检修,主要项目如下:

(1)阀体及法兰的整体外观检查。

(2)阀板及阀体主密封检查、修复、更换。

(3)阀轴及轴部密封的检查处理。

(4)阀门油压装置滤油器清洗,自动化元件的校验或更换,油、气压系统的检查调整。

(二)《泵站运行规程》(DB32/T 1360—2009)相关规定

应经常检查排水泵自动控制装置动作的可靠性,排水廊道的积水及排水情况。排水廊道应无淤积、堵塞,水位报警装置应完好。

八、案例启示

对大型泵站工程集水井排水系统的管理而言,运行人员在巡视过程中常常将焦点放在渗漏排水泵的运行正常与否、集水井内部的水位高低,在检查过程中常常将焦点放在管路、闸阀、水泵的外观上,进而忽略对闸阀内部结构、管道内部锈蚀程度、渗漏排水泵自动控制系统的检查。集水井排水系统经长期运行后,渗漏排水泵逐渐老化、绝缘降低、管道内部锈蚀、附着水生物,止回阀因反复振动可能导致盖板和焊点脱落,检修蝶阀因锈蚀或附着物而无法关紧导致渗漏水等问题,为大型泵站工程运行管理人员提出警示。

第四章　控制系统常见故障

案例一　励磁装置故障报警

一、系统结构与原理

某大型泵站工程供配电系统配备 WKLF-102 型微机控制同步电动机励磁装置,为水泵机组同步电动机转子提供直流电源,形成电动机励磁磁场,用于同步电动机常规异步起动,调节控制励磁电流,监视系统故障。该励磁装置主要由励磁调节器、励磁变压器、手动控制单元、灭磁、保护、监视装置、仪表和冷却风机等组成。WKLF-102 型励磁柜结构如图 4-1 所示。

励磁装置的核心部件是励磁调节器,与传统励磁装置相比,WKLF-102 型具有双套相同励磁调节器,一用一备,型号为 Excitrol-100。励磁调节器操控励磁系统所有测量、控制、调节与保护,如触发脉冲形成与功率放大、模拟量变送、接点量开入开出、起动回路控制、参数整定与励磁调节、软硬件故障监测、双机通信、后台通信、与 PC 机或液晶操作面板通信等任务。其核心部件 Excitrol-100 型励磁调节器外形如图 4-2 所示。

二、故障现象

某日,4# 机组在运行中保护跳闸,运行人员查看上位机故障指示为 4# 机组励磁装置故障,但主电机电气参数、运行状态一切正常,未发生主机组保护跳闸。运行人员迅速赶往励磁装置室查看故障详情,现场励磁装置柜故障指示灯亮,触摸屏故障信息显示"A10 励磁电流传感器故障;B10 励磁电流传感器故障",初步得知故障原因为 4# 励磁装置励磁电流传感器故障。

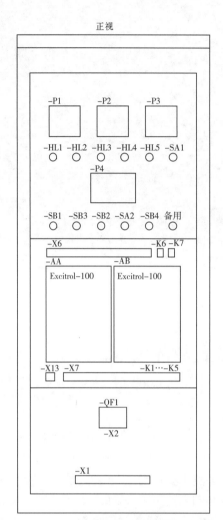
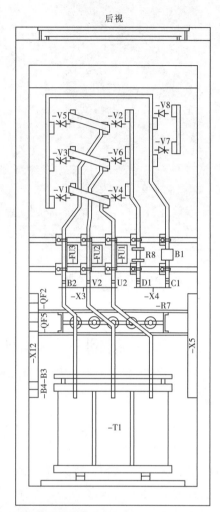

图 4-1　WKLF-102 型励磁柜结构

图 4-2　Excitrol-100 型励磁调节器外形

三、故障分析

Excitrol-100 型微机控制同步电动机励磁调节器配置有功能全面的保护软件,绝大多数保护动作均会有故障或警告提示,故障或警告信息可通过液晶触摸屏面板读出,采用中文描述,含义明确。故障信息描述包括故障代码和故障描述两部分。

对于本次故障现象,结合故障信息及机组运行状态进行分析,通常情况下励磁电源缺失会导致电机失步从而造成机组保护跳闸,而本次机组运行状态正常,因此可以排除励磁电源故障,那么故障原因大概率出现在励磁电流数据采集上,问题初步诊断与故障信息内容一致。励磁电流电压测量回路如图 4-3 所示。

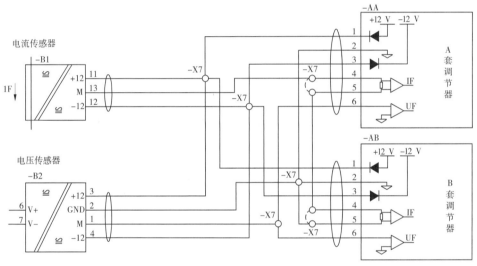

图 4-3 励磁电流电压测量回路

如图 4-3 所示,励磁电流测量由安装于功率回路的霍尔电流变换器(霍尔电流变换器俗称一体化电流变送器,是集电流互感器、电流变送器于一体的新一代交流电流变送器)B1 完成励磁电流信号的隔离变换,在励磁电流等于电流变换器一次额定电流时,变换器二次输出电流为 100 mA,该信号串联输入至 A、B 套调节器,并在调节器内部的取样电阻(阻值为 10 Ω)上产生 1 V 的取样电压信号,并通过调节器内部的运算放大器完成电平匹配后送往 A/D 采集单元,实现励磁电流的测量。闭环式霍尔电流变换器的工作原理如图 4-4 所示。

该励磁装置故障信息描述包括故障代码和故障描述两部分,故障代码前冠以"A"或"B"表征故障发生的调节器位置为 A 套或 B 套。由于 A、B 两套励磁调节器共同读取励磁电流传感器信号且为串联连接,因此有 A、B 两条相同的故障信息。

检修人员对初步诊断的故障点进行验证。霍尔电流变换器故障分为两个方面,一是传感器供电缺失,二是传感器本体损坏。拆下传感器供电接头,用万用表正、负表笔测量供电电源正常,排除传感器供电问题。用万用表的正、负表笔分别与连接器 1 与 3 端子相连接,接通点火开关时电压为零,说明线路存在断路、短路,或 ECU 有故障。

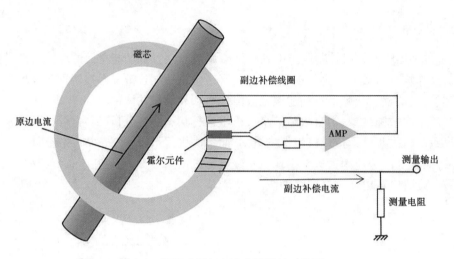

图 4-4　闭环式霍尔电流变换器的工作原理

四、故障危害

　　励磁装置是配备同步电机泵站的重要部件。同步电机励磁装置在电机的异步起动时牵入同步运行,在牵入同步以后调节控制励磁电流,在运行中监视系统故障,包括励磁调节器本体硬件监视、励磁关联硬件监视、励磁运行监视及保护等,确保同步电机安全运行。因此,励磁装置可靠与安全对泵站的稳定运行起着至关重要的作用。如果励磁装置出现故障报警或者电机保护跳闸等故障时不及时处理,轻则造成机组不能正常投运,重则造成严重的安全事故,进一步影响地区行洪排涝、突发水污染事故处置、水源地供水安全、生态补水等重大水事件。

五、故障处置

　　对本次故障现象分析查明原因后,更换损坏的霍尔电流变换器,选择相同配型传感器更换后进行测试,励磁参数稳定,励磁系统运行正常,本次故障得以解决。

　　Excitrol-100 型微机励磁调节器配置功能丰富的励磁保护限制软件,包括调节器硬件监视、励磁关联硬件监视、励磁运行监视及保护等 3 大类别。被监视的硬件出现故障时点亮调节器面板上的故障灯,并报警、动作于切换或跳闸停机。励磁调节器监测硬件见表 4-1。

表 4-1　励磁调节器监测硬件

调节器自身硬件监测	励磁关联硬件监测	
调节器+24 V 工作电源监视	可控硅触发同步故障监测	风机故障监测
模拟量采集(A/D 采集)故障监测	24 V 操作电源短路保护及监视	触发脉冲故障监测
模拟量变换±12 V 电源监视	另套调节器电源状态监视	主桥缺相检测
录波存储器故障监测	交、直流控制电源监视	励磁电流传感器故障监测

续表 4-1

调节器自身硬件监测	励磁关联硬件监测	
双套调节器双机通信故障监测	空气开关过流保护动作监测	励磁电压传感器故障监测
配置参数正本 CRC 校验	空气开关分闸监测	灭磁失败监测
配置参数副本 CRC 校验	快速熔断器熔断监测	励磁输出开路检测
通信电源短路保护及监视	可控硅触发同步信号断线监测	PT 断线监测
调节器温升监测	励磁电源逆序检测	增、减磁接点黏连监测
	起动回路故障检测	主断路器跳闸机构拒动检测
	起动回路防误开通保护及误开通后无法关断检测	

　　励磁调节器在运行中除会不断监视自身硬件、关联的硬件外,还可以对励磁系统运行状态进行监视及保护,保护内容包括长时间不投励保护、失步保护、再整步不成功保护、内环调节器调节限制失效保护、外环调节器调节限制失效保护等。上述硬件故障或者运行中触发保护动作绝大部分均会有故障或警告提示。励磁调节器常见故障信息描述及处理方法见表 4-2。

表 4-2　励磁调节器常见故障信息描述及处理方法

故障描述	故障原因及常规处理方法
24 V 电源故障	调节器内部硬件故障,更换调节器
+12 V 电源故障	调节器内部硬件故障,更换调节器
−12 V 电源故障	调节器内部硬件故障,更换调节器
A/D 采集故障	调节器内部硬件故障,更换调节器
空气开关过流动作	励磁变压器过电流或空气开关保护定值有误
空气开关跳闸	手动或保护动作在投励状态下强行分断空气开关
快速熔断器熔断	励磁输出短路或主桥可控硅元件短路
可控硅触发同步信号故障	空气开关合闸而励磁电源未送或缺相或三相同步信号中两相以上断线或励磁变压器二次无电压输出
励磁电源逆序	励磁电源进线相序为逆序,任意调换两相电源进线
配置参数副本错误	配置参数副本发生非正常改变,重新写入或更换调节器
出厂参数副本错误	出厂参数副本发生非正常改变,更换调节器
调节器序列号错误	更换调节器
灭磁失败	整流桥逆变时间超过 3 s,检查可控硅或励磁电流传感器
励磁电压传感器故障	励磁电压传感器零点偏移过大,传感器正电源或负电源缺失,传感器损坏;检查传感器电源或更换传感器
内环调节器调节限制失效	励磁电流调节器比例、积分系数设置过大,或励磁电流输出长时间上限或下限饱和,或可控硅触发同步追踪错误

续表 4-2

故障描述	故障原因及常规处理方法
触发脉冲故障	调节器内部元件失效或触发脉冲接线松动,检查连线或更换调节器,如伴随有主桥缺相故障,则按主桥缺相故障处理
外环调节器调节限制失效	功率参数测量选线错误
起动回路故障	起动可控硅故障或触发极连线故障导致起动回路无法正常开通
冷却风机故障	冷却风机监视接点吸合,检查或更换风机单元
PT 断线	电压小母线 PT 一相以上缺失,检查 PT 回路连线
可控硅触发同步信号断线	三相同步信号任意一相缺失,检查励磁电源或检查同步信号接线
通信电源故障	调节器内部硬件故障或 PORT2 端口输出的 24 V 电源短路,检查液晶屏面板或更换调节器
录波存储器故障	调节器内部硬件故障,更换调节器
配置参数出错	配置参数发生非正常改变,重新写入或更换调节器
出厂参数出错	出厂参数发生非正常改变,更换调节器
直流电源故障	检查 DC 220 V/110 V 直流控制电源、开关及线路
交流电源故障	检查 AC 220 V 交流控制电源、开关及线路
调节器过热	调节器内部环境温度超过定值,检查环境温度或保护定值,必要时更换调节器
双机通信故障	双套调节器之间通信发生故障,检查 PORT3 金属插头,必要时更换双机通信电缆或调节器
电机失步	同步电动机失步,在整步成功后自动清除
再同步失败	失步再整步不成功
长时间不投励	电机起动时间超过起动闭锁时限定值,检查保护定值或电机负载状况
主桥缺相	主桥输出励磁电压波头缺损,可控硅损坏或触发极连线故障,检查可控硅及其触发极连线
双套调节器不匹配	更换调节器时,备用调节器的型号或类型与原调节器不一致,核实调节器型号及软件版本号
最小励磁限制	励磁电流低于或试图低于限制器定值,给定值调整下限设置过小或外环调节器失效或励磁电流测量有误
主断路器辅助接点虚接	主断路器辅助接点分断而定子电流不等于零,检查主断路器辅助接点
强励限制	励磁电流超过额定值且持续时间达到反时限限制器定值,由系统原因引起(如系统短路)或外环调节器失效或励磁电流测量有误

续表 4-2

故障描述	故障原因及常规处理方法
过励限制	电动机视在功率超过额定值,电机长时间超额运行或调节器相关配置参数设置不对
调节器输出 24 V 电源故障	励磁屏 24 V 操作电源回路短路或调节器内部硬件故障,检查调节器外部连线,必要时更换调节器
励磁输出开路	励磁输出至励磁绕组连接电缆有误或碳刷接触不良,励磁电流表计有指示时应为励磁电流传感器故障
起动回路无法关断	起动回路长期带电或开路,检查起动回路接线及起动可控硅

六、巩固措施

为防止类似故障再次出现,检修人员采取了以下几项巩固措施。

(一)全面摸排

全面摸排断路器电气部分控制回路电缆通断、端子连接、元器件完好性等情况及机械部分连杆机构运转情况等,及时更换不良元器件,消除可能发生的机械卡滞等隐患,防患于未然。

(二)定期维护

制定励磁装置定期维护制度,可结合机组的大、中修进行定期维护,定期维护包括以下内容:

(1)清除调节器上端面及其他部件表面尘土,保持装置的清洁。

(2)检查焊点及各接线端子,对有腐蚀和锈蚀部分进行处理。

(3)紧固一遍接线螺丝和螺栓。

(4)灰尘严重的场所,需对励磁调节器定期做除尘处理。

(5)检查空气开关主触头辅助接点接触的良好性。

(6)检查与励磁装置相关设备联锁动作的可靠性。

七、相关法规依据

(一)《同步电机励磁系统 大、中型同步发电机励磁系统技术要求》(GB/T 7409.3—2007) 相关规定

自动电压调节器按用户要求可以全部或部分装设以下附加功能:

(1)电压互感器断线保护。

(2)无功电流补偿。

(3)过励限制。

(4)欠励限制。

(5)V/Hz 限制。

(6)电力系统稳定器(PSS)。

(7)过励保护。

（8）定子电流限制。

（9）其他附加功能。

励磁系统应有灭磁功能，能在正常和下述非正常工况下可靠灭磁：

（1）发电机运行在系统中，其励磁电流不超过额定值，定子回路外部短路或内部短路。

（2）发电机空载误强励（继电保护动作）。

静止励磁系统应能可靠起励，起励电源可采用直流或交流整流电源。

励磁系统应设有必要的信号及保护，以监视励磁系统运行状态和防止故障。

（二）《泵站运行规程》（DB32/T 1360—2009）相关规定

运行中励磁电流、励磁电压异常时，应检查原因予以排除。如不能恢复正常，应停机检修。

励磁设备运行期间的巡视检查，每班至少 3 次。巡查内容包括：各表计指示应正常，信号显示应与实际工况相符；各电磁部件应无异常声响及过热现象；各通流部件的接点、导线及元器件应无过热现象；通风元器件、冷却系统工作应正常；励磁装置的工作电源、备用电源、起励电源、操作电源等应正常可靠，并能按规定要求投入或自动切换；励磁变压器线圈、铁芯温度、温升应不超过规定值。声音正常，表面应无积污。

案例二　可控硅同步信号故障

一、系统结构与原理

可控硅又叫晶闸管，是电力系统电气设备的主要组成部分，也是大型泵站工程同步电动机的主要设备之一。可控硅的安全、稳定运行十分重要，其一旦发生故障，将造成同步电动机无法正常运行，工程效益无法得到及时发挥。

某大型泵站工程中配备了安装有 KGLF11 可控硅励磁装置的同步电动机。可控硅是可控硅整流元件的简称，为 P1-N1-P2-N2 四层三端结构大功率半导体元件，共有三个PN 结、三个极（阳极 A、阴极 K、控制极 G），如图 4-5 所示。

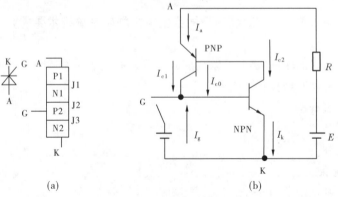

(a)　　　　　　　　　　(b)

图 4-5　可控硅电气原理

在可控硅阳极 A 与阴极 K 之间外加正向电压,在控制极 G 与阴极 K 之间输入一个正向触发电压,可以使晶闸管导通。导通后松开按钮开关,去掉触发电压,仍然维持导通状态。如果可控硅阳极和阴极之间外加的是交流电压或脉动直流电压,那么在电压过零时,可控硅会自行关断。可控硅的最基本的用途就是可控整流,通过可控硅控制极 G 的导通或切断,起到整流或同步的功能,同时可控硅还具有"以小控大"的作用。

可控硅导通条件见表 4-3。

表 4-3 可控硅导通条件

状态	条件	说明
从关断到导通	1. 阳极电位高于阴极电位; 2. 控制极有足够的正向电压或电流	两者缺一不可
维持导通	1. 阳极电位高于阴极电位; 2. 阳极电流大于维持电流	两者缺一不可
从导通到关断	1. 阳极电位低于阴极电位; 2. 阳极电流小于维持电流	任一条件即可

当接通三相交流电时,电动机的定子绕组内的电流就会产生一个旋转磁场,旋转磁场的磁力线被鼠笼绕组切割,在鼠笼绕组中又会产生感应电流,感应电流产生的磁场与定子绕组产生的电流相互作用进而使电动机中的转子旋转起来。电动机的转子旋转之后,其速度从零慢慢增高到接近于定子绕组内的电流产生的旋转磁场的转速,此时转子磁场线圈由直流电来激发可控硅导通,使转子上面形成磁极,这些磁极为了跟踪定子上的旋转磁极,促使电动机转子的速率增加,直至与旋转磁场同步旋转。

二、故障现象

运行管理人员在运行工作中发现,有时无法起动电动机或不同步,主机组被迫停机,经查发现是电动机可控硅励磁装置出现了故障。

三、故障原因

(1)个别可控硅品质下降,某个时段偶发可控硅烧毁击穿,连带快速熔断器也熔断,或灭磁回路和灭磁插件故障引起的可控硅击穿,导致可控硅励磁同步电动机不能起动。

(2)可控硅主回路中某一相可控硅击穿和快速熔断器熔断,如果没有别的故障,只要更换故障配件就可以了;或电动机主回路中硅整流器 GZ 或两只灭磁可控硅击穿,或由脉冲触发插件或移相插件故障引起的无电流、无电压输出,导致调节电位器励磁电压和电流输出很小或根本没有输出。

(3)电动机转子转速尚未达到亚同步前,直流励磁过早投入造成电动机起动过程带励失败,导致电动机在起动时剧烈振动并有异常声响。

(4)在同步电动机运行中,投励环节不能正常工作,导致同步电动机处于异步运行状态,定子电流很高并且摆动,而励磁电压电流很小。

四、故障危害

电动机可控硅励磁装置故障大致分为可控硅欠励失步、可控硅过励失步两种。可控硅欠励失步会使电动机的励磁绕组严重欠励磁或失去直流励磁,转子磁场会跟不上旋转磁场,使同步电动机丧失静态稳定,脱离同步;可控硅过励失步是由于励磁装置调节不当或故障等原因造成励磁电流增加,在过励失步时,励磁系统虽有直流励磁,但励磁电流及定子绕组电流都很大并且会产生强烈的脉振,转子磁场会超前旋转磁场很多,有时还会产生电磁共振和机械共振,造成电动机损伤,定子绕组绑线崩断,导线变松,振伤线圈表面绝缘层,使其逐步由过热至烤焦、烧坏,甚至发生短路等,使同步电动机脱离同步,甚至停机。

五、故障分析和处理

(一)同步电动机不能起动

查看可控硅是否击穿、灭磁回路和插件有无故障。灭磁回路主要工作在电动机从起动到投入励磁前这一段时间内,在这段时间内,主回路三相全控桥的 6 只可控硅没有得到触发脉冲,处于阻断状态。因此,电动机在异步起动过程中,转子感应交变电压通过灭磁电阻 Rfd1、Rfd2、灭磁可控硅 KGZ 和硅整流器 GZ 构成回路。如果硅整流器 GZ 烧断,很高的转子感应交变电压会使主回路可控硅正向击穿;如果灭磁可控硅 KGZ 烧断,很高的转子感应交变电压会使主回路可控硅正向击穿;如果灭磁晶闸管烧断或过早关断,则会使主回路反向击穿;如果灭磁电阻 Rfd1 和 Rfd2 烧断,很高的转子感应交变电压在正负半波期间均可能造成主回路可控硅击穿。当遇到故障点在灭磁部分时,首先检查灭磁电阻 Rfd1 和 Rfd2 是否烧断,再检查灭磁可控硅 KGZ 和硅整流器 GZ 是否击穿。如果正常,可能是灭磁可控硅 KGZ 关断过早,这时应调整灭磁插接电位器,使灭磁可控硅 KGZ 正常导通。

(二)可控硅励磁电压和电流输出很小或根本没有输出

将转换开关拨到调节输出位置,重点查看灭磁插件和灭磁回路,必要时应及时更换插件,查看脉冲触发插件,有 A、-A、B、-B、C、-C 6 个相同的插件,6 个脉冲插件内部元件及线路连接完全相同,所以 6 个插件可以互换。6 个脉冲触发插件采用了双脉冲触发方式(也叫补脉冲触发),即给三相可控桥中的一只可控硅触发脉冲的同时,又按照一定的顺序给另一只可控硅元件触发脉冲,使励磁电流造成通路。这种设计就造成如果一个脉冲触发插件有问题,也会影响其他插件脉冲输出的情况。脉冲触发插件是由同步信号、脉冲发生、脉冲放大、脉冲输出构成的。同步信号来自同步变压器+A1,其相位与三相可控硅阳极电源的相位相同。脉冲触发环节是一个同步振荡电路,主要是由单结晶体管 4BG2 和其周围元件组成弛张振荡电路实现的。由移相插件过来的直流信号改变电容 4C2 的充放电时间。当电容 4C2 的电压充到单结晶体管 4BG2 的峰点电压时,4BG2 导通,4C2 两端电压迅速放电,从而在电阻 4R1 上产生脉冲触发,可控硅 4KGZ 导通,因此改变来自移相插件直流控制信号大小,就可以改变产生脉冲时间,使输出脉冲相位移动,以改变励磁回路晶闸管 1~6KGZ 的导通角,达到调节励磁电压的目的。多数是由于半导体品质下降、插件松动和周围环境温度变化引起击穿晶体管。来自移相插件直流控制信号出现故障,也会出现输不出电流和电压,移相插件中的电位器损毁率高。在调整励磁电压和电流输出时,一定要反复调整 4W1 和 4W2 两个电位器,使输出波形符合电路要求。但是在维修过程中发现,不用示波器,用钳形电流表也可以调整好脉冲触发插件,就是用钳形电流表逐个测量三相励磁输入电流,反复调整 4W1 和 4W2 电位器,只要三相电流达到尽可能的平衡,就可以正常使用了。

(三)电动机在起动时剧烈振动并有异常声响

查看投励和移相插件有问题,重点检查投励插件中的三极管 18BG1 和单结晶体管 18BG2 是否有击穿故障,电路板有无虚焊等。另外,投励和移相环节是通过主回路高压断路器的辅助常开触点控制的,也要检查一下触点在电机运行前是否已经接通,因为触点接通也会造成电机起动时带励失步。

(四)电动机定子电流很高并且摆动,而励磁电压电流很小

电动机需从电网中吸取大量的无功电流来励磁,因此定子电流升高并摆动。因为没有投励,励磁绕组切割定子旋转磁场产生感应交变电流,而转子电流表是为了测量直流励磁电流而设置的,故只能指示极小的电流。这种故障主要检查投励和移相环节,此外还应检查灭磁部分,如果灭磁晶闸管不能关断,也可能造成励磁投不上,这时应调整灭磁插件上的电位器。电机转子集电环击穿或打火的主要原因是电刷和集电环接触不良,造成集电环打火严重。应检查碳刷磨损情况,正确更换碳刷并调整好碳刷压力。如果集电环损伤严重,应把集电环整体取下来,重新修复后经耐压试验合格后回装。运行管理中应定期清理集电环周围粉末和油污。

六、巩固措施

(一)严格遵守操作规程

在运行管理过程中,要加强可控硅品质的检测,检查可控硅励磁电压电流是否正常,检查电动机定子电流是否正常,电动机起动是否存在剧烈振动并带有异常声响,如发现问题立即处理,严格遵守可控硅和电动机制造厂家和相关规程规范的要求,防止出现可控硅同步信号故障。

(二)做好设备管理记录

可控硅励磁装置是大型泵站工程电气设备中的元器件,其运行安全与否决定着泵站工程运行的稳定。做好可控硅励磁装置的安装、运行、检查、养护、维修及试验等记录,出现故障后,多角度、全方位进行分析,精准判断故障原因并及时处置,避免发生事故。

(三)加强巡视检测

在异常天气情况下或可控硅已出现轻微异常现象时,应加强对设备重要部位的巡视,加密对设备重要数据的记录,如可控硅质量、电流、电压等和环境温度、故障时间间隔等重要参数。

(四)总结故障发生后的检查方法

可控硅同步信号故障后,应立即查明原因并予以处理,并总结故障发生后的检查方法,供今后运行人员参考。运行人员可从可控硅品质、电动机起动声音、可控硅电压、可控硅电流、电动机定子电流、环境温度等方面着手检查。

七、相关依据

(一)《泵站运行规程》(DB32/T 1360—2009)相关规定

(1)检查调试励磁装置应正常,置于允许运行状态。

(2)复查主电机高压断路器在断开位置后,将断路器拨至工作位置。

(3)合上主电机高压断路器,起动主电机。

(4)检查励磁装置交流电源空气开关应在断开位置,并置励磁装置于停运状态。

(5)励磁装置停运期间,应防止设备受潮。

(6)运行中励磁电流、励磁电压异常时,应检查原因,予以排除。如不能恢复正常,应停机检修。

(7)励磁回路发生接地时,应查明故障原因,予以消除。

(8)励磁设备运行期间的巡视检查,每班至少3次。巡查内容包括:各表计指示应正常,信号显示应与实际工况相符;各电磁部件应无异常声响及过热现象;各通流部件的接点、导线及元器件应无过热现象;通风元器件、冷却系统工作应正常;励磁装置的工作电源、备用电源、起励电源、操作电源等应正常可靠,并能按规定要求投入或自动切换;励磁变压器线圈、铁芯温度、温升应不超过规定值;声响正常,表面应无积污。

(二)《电力设备预防性试验规程》(DL/T 596—2021)相关规定

晶闸管(可控硅)阀及阀室试验项目、周期和要求见表4-4。

表4-4 晶闸管(可控硅)阀及阀室试验项目、周期和要求

序号	项目	周期	判断
1	所有部件外观检查	必要时	外观完好
2	均压电路的电阻值、电容值测量	不超过6年;必要时	超过正负5%则必须更换
3	阀室外观检查	必要时	外观完好
4	通风系统检查	必要时	通风正常

(三)《泵站技术管理规程》(GB/T 30948—2021)相关规定

主要电气设备检修项目详见表4-5。

表4-5 主要电气设备检修项目

类型	小修项目	大修项目
励磁装置(可控硅)	1. 主电路检查及绝缘电阻测试; 2. 控制回路检查及绝缘电阻测试; 3. 励磁变压器电气试验; 4. 风机检查; 5. 投励强励、灭磁调节、失步再调整等单元检查调试; 6. 三相整流输出波形对称度检查; 7. 信号及报警电路测试; 8. 微机型励磁装置通信测试; 9. 整组联调	1. 小修项目检修内容; 2. 拆接设备引线,清理、检修各种元件; 3. 更换控制单元、可控硅管等元器件

八、案例启示

对大型泵站工程运行管理人员而言,开展技术管理工作主要依据的是《泵站技术管理规程》(GB/T 30948—2014)相关规定。其中,旧的 GB/T 30948—2014 规定:电气设备、仪表、压力容器、起重设备等应按相关规定进行定期检测,未按规定进行检测或检测不合格的,不应投入运行。此处的相关规定主要为《电力设备预防性试验规程》(DL/T 596),该规程中对不同电气设备试验周期均有不同规定。而新的《泵站技术管理规程》(GB/T 30948—2021)中规定:设备及监控系统应按规定每年进行检查、维护、调试及预防性试验,其性能指标应符合相关规定。这就对大型泵站工程电气设备预防性试验频次提出了更高的要求,要求每年开展 1 次。此条文的修订应值得大型泵站工程运行管理者关注。

案例三　蓄电池电压降低容量不达标

一、系统结构与原理

某大型泵站工程配备 GZDW 型直流电源系统,该系统是泵站综合自动化系统中一个重要的组成部分,为泵站内各开关电器的控制、信号、继电保护、自动装置等二次回路供电。直流电源系统由逆变器、充电机、蓄电池组构成,在直流电源系统停电时,由电池供电,通过逆变器逆变为 220 V 交流电,实现零延时不间断供电,供其他设备使用。直流系统配备的蓄电池组由 18 个 NP220 阀控铅酸蓄电池组成,蓄电池组于 2016 年 8 月安装更换,正常工作时处于浮充电状态,每月进行一次均衡充电,每年按照规范要求开展核对性充放电试验。

二、故障现象

某日,运行人员在运行巡视时发现,6#蓄电池电压降低,与其他电池压差较大。18 个蓄电池电压数值见表 4-6。

表 4-6　18 个蓄电池电压数值

电池编号	电压数值/V	电池编号	电压数值/V	电池编号	电压数值/V
1#	13.42	2#	13.48	3#	13.38
4#	13.50	5#	13.57	6#	13.08
7#	13.45	8#	13.46	9#	13.40
10#	13.48	11#	13.40	12#	13.43
13#	13.59	14#	13.46	15#	13.42
16#	13.42	17#	13.45	18#	13.45

蓄电池组处于浮充电状态下,6#电池电压最低,为 13.08 V;13#电池电压最高,为 13.59 V,压差达到 0.51 V,已经接近相关规程规定的 12 V 阀控铅酸蓄电池运行中电压偏差值不超过 0.6 V 的标准。

将蓄电池组退出运行,拆除电池接线,电池开路状态下测量,最大压差为 0.2 V,超过开路状态下最大最小电压偏差值规定的 0.06 V。

三、故障原因

造成电池电压降低或容量不达标的原因有很多,常见原因主要包括以下几点:

(1)蓄电池室的温度未保持在 5~35 ℃,通风和照明条件不好。蓄电池室内温度或湿度条件不达标,均可能导致电池散热不好或引起电池鼓包,电压下降,容量降低。

(2)电池管理不善,充电机故障或充电电压不符合规范要求,浮充电流调整不当,造成欠充,补偿不了阀控蓄电池自放电和爬电漏电所造成的蓄电池容量亏损。

(3)核对性充放电试验操作不规范,未在蓄电池组达到终止放电电压时及时停止,造成蓄电池组亏电。

(4)蓄电池长期运行,蓄电池内部失水干涸、电解物质变质。

(5)蓄电池制作工艺不达标,外壳破损或变形,造成内部电解质流失、蓄电池本体损坏,容量与其他正常蓄电池有差距。

(6)直流系统充电机故障,电压过高或过低,电流偏大或偏小,使得电池未能正确充电。

(7)泵站内交流电源短时间内多次长期断电,直流电源系统所带负载较大,多次长时间供电,导致蓄电池组故障损坏。

四、故障危害

(1)如蓄电池组个别电池电压降低或容量降低,当采用恒流限压充电时,电池组电压会迅速升高,当整组蓄电池尚未充足时,失效的蓄电池已经处于过充状态,电池温度升高,失水速度增加,导致整组蓄电池电压升高,同时也会引起整组蓄电池充电电流下降,延长充电时间。

(2)蓄电池组中单只容量不够,会导致整组电池容量不达标,达不到系统设计使用时间,影响工程安全运行;个别电池内阻发生变化,导致整组蓄电池内阻不平衡,影响整组电池性能,缩短电池组使用寿命。

五、故障分析

由于此泵站有 2 条供电线路,基本很少存在停电情况,蓄电池组安装之后,除因停电检修或电池组开展充放电试验外,基本长期处于浮充电状态。长期处于浮充电状态会给电池造成极坏现象和记忆效应,造成电池内阻增大,降低蓄电池容量;或是 6#电池生产工艺和原材料不过关,导致电池失效。

六、故障处置

为彻底消除本故障,运行人员按照下述步骤进行处理:

(1)为补偿蓄电池在使用过程中产生的电压不均衡现象,恢复其电压至相关规定范围,运行人员需要将蓄电池组浮充电方式手动调整为均衡充电,当电池电压上升至正常范围时,立即转为浮充状态运行。本例中,均衡充电后6#电池电压仍较低。

(2)对电池组进行恒流放电,使用专用放电仪器,设置20 A恒流放电,6.5 h后,6#电池电压率先下降至10.8 V放电终止电压,计算可得,蓄电池组容量为130 A·h,未达到电池组额定容量220 A·h的80%。

放电后,将蓄电池组进行恒流充电,3次充放电循环后,若蓄电池组仍无法达到额定容量,判断此组电池容量不合格。

(3)将电池组完全退出运行,拆除连接线,使用万用表和容量测试仪对18个蓄电池的电压和容量进行测量,6#电池电压低,容量仍然不达标。将6#电池拆除,在电池两端使用专用放电仪器,按照放电电流2 A进行放电,每30 min记录1次电压数据,直到电池电压降低到10.8 V,停止放电,静置2 h后,再用2 A电流对其进行充电,使电压上升至14 V,再进行2 h浮充电。循环3次后,电池电压略有升高,容量仍未达标,蓄电池不合格,需要更换。

(4)更换蓄电池时,不能只更换其中容量不够的那一个,需要全部更换。单独更换一个电池,会造成蓄电池内阻不平衡,影响整组电池性能,缩短整组电池寿命。本例中,需要将18个电池全部进行更换。

七、巩固措施

蓄电池组作为泵站直流系统的重要组成部分,是交流电停电期间工程能够正常运转的保证,应注意维护保养,主要有以下几点:

(1)更换整组蓄电池时,整组电池选择同品牌、同型号、同批次产品,以避免因内阻不同、容量不同缩短蓄电池组的使用寿命。

(2)蓄电池组在投入运行前,要进行补充充电。电池生产、储存过程中,会有自放电情况,容量会逐渐降低;由于各电池内阻大小存在差异,自放电情况不同,各电池端电压也会出现不均衡,单纯靠充电机以浮充电方式难以恢复其设计容量。如果在投运前,没有进行补充充电,会在运行中进一步扩大各电池间的差距,造成个别电池电压偏低。

(3)蓄电池组应当放置在专用的蓄电池柜内,避免阳光直射。蓄电池室内的温度应当经常保持在5~35 ℃,有条件的可以将温度控制在22~26 ℃,并且保持良好的通风和照明。

(4)蓄电池运行过程中,运行人员要经常检查蓄电池的端电压,检查连接片有无松动和腐蚀现象、电池外壳有无变形和渗漏,定期将充电方式由浮充电转成均衡充电,以平衡电池之间的电压差。

(5)定期开展蓄电池核对性充放电试验,让电池进行循环充放电,活化电池内物质,恢复电池容量。如果发现蓄电池组容量不达标,应尽快将整组蓄电池更换。

八、相关法规依据

《电力系统用蓄电池直流电源装置运行与维护技术规程》(DL/T 724—2021)相关规定如下所述:

恒流充电:充电电流在充电电压范围内,维持在恒定值的充电。

均衡充电:为补偿蓄电池在使用过程中产生的电压不均匀现象,使其恢复到规定的范围内而进行的充电。

恒流限压充电:先以恒流方式进行充电,当蓄电池组端电压上升到限压值时,充电装置自动转换为恒压充电,直到充电完毕。

浮充电:在充电装置的直流输出端始终并接着蓄电池和负载,以恒压充电方式工作。正常运行时,充电装置在承担经常性负荷的同时向蓄电池补充充电,以补偿蓄电池的自放电,使蓄电池组以满容量的状态处于备用。

补充充电:蓄电池在存放中,由于自放电,容量逐渐减少,甚至于损坏,按厂家说明书,须定期进行的充电。

核对性放电:在正常运行中的蓄电池组,为了检验其实际容量,将蓄电池组脱离运行,以规定的放电电流进行恒流放电,只要其中一个单体蓄电池放到了规定的终止电压,应停止放电。

铅酸电池和大容量的阀控蓄电池应安装在专用蓄电池室内,容量较小的镉镍蓄电池(40 A·h 及以下)和阀控蓄电池(300 A·h 及以下)可安装在柜内,直流电源柜可布置在控制室内,也可布置在专用电源室内。

蓄电池室的温度应经常保持在 5~35 ℃,并保持良好的通风和照明。

阀控蓄电池组容量测试:额定电压为 12 V 的组合蓄电池,放电终止电压为 10.8 V。只要其中一个蓄电池放到了终止电压,应停止放电。在 3 次充放电循环之内,若达不到额定容量值的 100%,此组蓄电池为不合格。

阀控蓄电池在运行中电压偏差值及放电终止电压应符合表 4-7 规定。

表 4-7　阀控蓄电池运行中电压值

阀控式密封铅酸蓄电池	标称电压/N
	12
运行中的电压偏差值	±0.3
开路最大最小电压偏差值	0.06
放电终止电压值	10.8(1.8×6)

九、案例启示

阀控密封蓄电池组使用寿命正常为 6~8 年,但是电池本身制造工艺、工作环境、维护保养等都会对电池寿命造成影响。

对于运行了一段时间的蓄电池组,维护人员要按时检查,按照相关规范要求开展容量测试,如果发现电池组容量不合格,应及时整组更换,避免直流系统在关键时刻无法发挥其应有的作用。

案例四 卫星对时异常

一、系统结构与原理

泵站的自动化控制系统是复杂的,由于拥有众多自动化采集和处理设备,特别是在众多设备同时调度控制中,时间差造成的监测数据与反馈数据之间的差异性,对自动化控制系统的统一时钟工作提出了更高要求。由于各自动化设备的内部时钟大都采用晶振式电子时钟,准确度不高,长时间运行后误差会越来越大,需要利用精准的外部时钟源进行校准。目前,标准时钟源主要有原子钟、微波、卫星和互联网等几种,卫星授时以全球定位系统(GPS)和北斗卫星导航系统(BDS)的精准定位授时功能最具代表性,泵站的自动化控制系统中使用的时间同步装置普遍为具备 GPS 和 BDS 授时的多源时钟同步系统。

卫星同步时钟系统是基于导航卫星高精度定位授时功能的精准授时应用系统,主要由在轨卫星、时钟同步装置、授时对象 3 部分组成。由于卫星导航系统对时钟的高精度和稳定性要求,每个导航卫星上都有 2~3 个高精度的原子钟,这几块原子钟互为备份、互相校正,同时卫星还接收地面控制站的定期时钟校准信号,每颗卫星都具有纳秒级精度的内部时钟。如图 4-6 所示,导航卫星不停地向地面广播其内部的高精度时钟信号,地面卫星时钟同步装置将接收到的卫星时钟信号解码,并按照需求输出符合规约的时间信息给各授时对象,SCADA、PLC、RTU、保护装置、故障录波装置等电力生产业务系统或智能设备再根据接收到的基准时间对其内部时钟进行校核,即实现了授时对象与导航卫星间的时间同步。卫星时钟同步装置一般采用双电源、多时钟源和双机冗余等配置,具有授时精度高、可靠性好、接口丰富等特点。

目前,卫星时钟同步装置的对时方式主要有硬件对时、软件对时和编码对时 3 种。硬件对时一般用分对时(1PPM)或秒对时(1PPS),时钟装置通过硬接点或电平变位方式定期向授时对象发送对时信号,硬件对时方式授时精度较高,一般用于 PLC 和保护装置等;软件对时是以通信报文的方式实现的,将包含有年、月、日、时、分、秒、毫秒在内的通信报文定期发送给授时对象,可为授时对象提供毫秒级对时。编码对时是一种综合对时方式,在其报文中既有较全面的时间内容,又有相当于秒脉冲同步信号的整秒跳变信息,常用的有交流 B 码和直流 B 码两种,目前这种授时方式应用最为广泛。

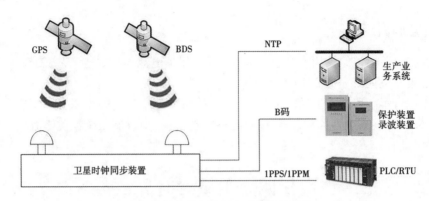

图 4-6　某泵站卫星同步时钟系统结构

二、故障现象

按相关规范要求,所有的自动化监控系统中均应该接入卫星时钟装置,此装置担负着整个主站系统的对时任务。但由于卫星时钟装置的精确度高、故障率低,其配置维护工作一直未能引起足够的重视。日常工作中对其忽视往往就会导致事故的发生。

案例1:某工程中控机房全部服务器及工作站突发频繁反复地发出断网和恢复告警。经过查找原因发现,报警是因为服务器时间不一致造成的,表现为 OPEN3000 系统卫星时钟对时出现问题,与厂站端卫星时钟相差 20 s 左右。

案例2:某工程供电线路保护死机,液晶显示不刷新,装置面板按键失灵,后台无任何异常告警信息。重启后,故障仍然存在。

三、故障分析

(一)案例1的故障排查及分析

发现卫星时钟时间与标准时间不一致,且卫星时钟未出现告警现象,所以先对卫星时钟进行重启操作。重启操作过后,发现卫星时钟时间恢复成正确时间,但是系统内所有服务器未进行重新对时,所有服务器时间与卫星时钟之间仍相差 20 s 左右。据推测,此时,对时服务器1时钟正确,而对时服务器2时钟错误,而所有服务器应该正在与对时服务器2进行对时。随后运维人员对实时服务器1使用了 NTP(Network Time Protocol)对时进程重启,使实时服务器1与对时服务器1对时。随后实时服务器1对时成功,此服务器为正确时间,而其他服务器仍然与对时服务器2进行对时,导致实时服务器1的时间与其他服务器相差 20 s,所以系统内时间正确的服务器对其他服务器频繁提示断网、恢复告警。之后,又对实时服务器2使用了 NTP(Network Time Protocol)对时进程重启,使实时服务器2与对时服务器1对时。这样就使实时服务器2产生了与前面实时服务器1同样的问题,由实时服务器2对其他服务器频繁提示断网、恢复告警。最后,发现故障是因为两个实时服务器对时过后与其他服务器时间不同导致的。

总结:①对时服务器2对时故障,而其他服务器未与对时服务器1对时,却与对时服务器2进行对时;②对卫星时钟进行重启操作之后,两台对时服务器没有重新进行自动对时;③自动化维护人员误操作两台实时服务器的 NTP(Network Time Protocol)进程与对时服务器 1 进行对时。

(二)案例 2 的故障排查及分析

运维人员在确认该套保护装置死机,并汇报所长后,将该套保护进行了重启操作,但重启不成。查阅 GPS 对时扩展时钟厂家说明书,GPS 扩展屏采用不同信号插板模块化输出对时信号,其中明确说明,为满足不同客户的需要,每种 GPS 信号插板都有不同的同步信号输出。开始检查通信线路,经过大量排查后发现,测量 RS485 信号电压为 -1.8~+1.8 V,远低于正常 RS485 信号电压要求范围:-4.5~+4.5 V。

四、故障处置

(一)案例 1 的故障处置

根据故障排查及分析的原因,运维人员把对时服务器 1 和对时服务器 2 重新与卫星时钟进行对时,随后对时服务器的时间错误被纠正,OPEN3000 系统和所有服务器的时钟逐步恢复正常,告警信号消失。

(二)案例 2 的故障处置

根据故障排查及分析的原因,运维人员测量线路通断后决定更换 GPS 扩展屏,对该套保护信号接线端子进行处理,更换端子后再次重启保护,保护恢复正常。

五、巩固措施

(一)案例 1

通过案例 1 对事故原因进行的分析,发现此次事故的发生既有同步对时系统设备原因,也有软件进程故障的原因及人为的不当操作原因。

(1)对于软件进程的问题,可以请对时系统的厂家对系统内软件进程进行彻底排查。

(2)对于设备原因造成的问题,可以加强对同步对时设备的检修维护力度,加大对设备巡视的频次。

(3)对于人为操作不当造成的问题,可以严格管理制度,执行工作检修票流程,在工作前做好安全防护措施,从而避免事故的发生。有这些措施的加持,一般此类软件故障的发生概率将会大大降低,发现后也能及时妥善处置,将损失降至最低。

(二)案例 2

(1)后台无保护异常告警,安全隐患大。由 GPS 装置原因引起的保护装置异常,监控后台无任何相关保护异常告警信息,仅依靠运维人员现场巡视发现,缺陷隐蔽性很强,且存在失去一套线路保护的安全隐患。建议相关保护厂家能开发出反映 GPS 对时后及时报警。

(2)GPS 对时装置运行监视不够,监控范围需要进一步细化。GPS 对时装置无时钟失步告警,原因为端子接线故障,而对具体信号插板的各输出模块运行情况无法做到实时监视。故失步告警内容需要进一步完善,GPS 对时厂家技术也需要进一步升级。有了这些改进升级,一般此类硬件故障的发生概率也将会大大降低,发现后也能及时妥善处置,将损失降至最低。

六、相关法规依据

（一）《继电保护和安全自动装置运行管理规程》（DL/T 587—2016）相关规定

时钟应满足以下要求：

（1）微机保护装置和保护信息管理系统应经站内时钟系统对时，同一变电站的微机保护装置和保护信息管理系统应采用同一时钟源。

（2）运行人员定期巡视时应核对微机保护装置和保护信息管理系统的时钟。

（3）运行中的微机保护装置和保护信息管理系统电源恢复后，若不能保证时钟准确，运行人员应校对时钟。

保护装置和继电保护信息管理系统与站内时钟系统失去同步时，应给出告警信息。

（二）《江苏省泵站技术管理办法》相关规定

泵站计算机监控系统投运前应进行检查并符合下列要求：

（1）受控设备性能完好。

（2）计算机及其网络系统运行正常。

（3）现地控制单元（LCU）、微机保护、测量装置、微机励磁装置运行正常。

（4）各自动化元件，包括执行元件、信号器、传感器等工作可靠。

（5）视频系统运行正常。

（6）系统特性指标及安全监视和控制功能满足设计要求。

（7）无告警显示。

计算机监控局域网投运前应进行检查并符合下列要求：

（1）服务器运行正常。

（2）工作站运行正常。

（3）通信系统运行正常。

（4）无出错显示。

计算机监控系统在运行中监测到设备故障和事故时，运行人员应迅速处理，及时报告。

计算机监控系统和监控局域网运行发生故障时，应查明原因，及时排除。

未经无病毒确认的软件不得在监控系统和监控局域网中使用。计算机监控系统和监控局域网内的计算机不得移作他用和安装未经设备主管部门工程师同意的软件。计算机监控系统和监控局域网内的计算机不得和外网连接。

七、案例启示

同步对时系统是否安全可靠的问题十分重要，虽然此类装置较为先进，但也存在某些问题的隐蔽性和复杂性，需要运行人员进一步细致巡查，如发现问题能够按照相关标准规范进行操作。

自动化控制系统本身就是一个与时俱进的系统，各软件、硬件厂商应及时发现软件、硬件上的缺陷，进行实时修复及时更新，以免类似问题严重化、损失扩大化。

案例五 直流电源装置绝缘降低故障报警

一、系统结构与原理

某大型泵站工程配备 GZDW-B 系列带触摸屏程控直流电源装置 1 套,以满足工程供配电系统正常或非正常状态下的直流控制电源和高压开关分合闸的供电需求。该装置的高频开关电源、监控单元、功率输出、显示等单元集中安装于一屏,电池单独装于另一屏,高频开关电源采用 N+1 模式,并保留了可控硅+自动调压电路。系统额定输出电压为 DC 220 V,额定输出电流为 10 A,电池容量为 200 A·h。直流系统工作原理如图 4-7 所示。

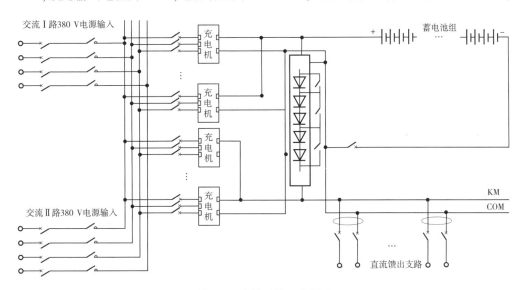

图 4-7 直流系统工作原理

监控系统主要包括主监控、交流检测单元、直流检测单元、开关量检测单元、绝缘检测单元、电池巡检单元,分别采用艾默生 EMU10 模块、EAU01 模块、EDU01 模块、EGU01 模块、EGU01 模块、EBU02 模块。主监控的功能包括数据的采集、处理及传输,接收后台发来的控制命令,接收各类操作命令等。监控系统工作原理如图 4-8 所示。

二、故障现象

某日,运行人员在例行巡视检查过程中发现,直流电源装置控制柜主监控面板故障报警指示灯点亮红色,柜后报警音响响起,查看监控系统告警记录显示"1#母线绝缘下降""1#EGU01 绝缘模块 11#馈出支路绝缘下降""1#EGU01 绝缘模块 13#馈出支路绝缘下降",绝缘检测模块 EGU01"RS485"指示灯常亮红色、"ALARM"指示灯常亮黄色,进一步查看主监控模块 EMU10 触摸屏绝缘数据显示,正母线对地 $U+$:+171.3V;$R+$:500 kΩ;负母线对地 $U-$:-65.9 V,$R-$:44.9 kΩ。故障前后绝缘数据对比见表 4-8。

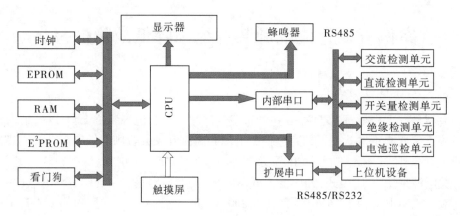

图 4-8　监控系统工作原理

表 4-8　监控系统绝缘数据

参数名称	故障示值	正常示值	参数名称	故障示值	正常示值
正母线对地 $U+$	+171.3 V	+99～+121 V	正母线对地 $R+$	500 kΩ	500 kΩ
负母线对地 $U-$	−65.9 V	−99～−121 V	负母线对地 $R-$	44.9 kΩ	500 kΩ

三、故障原因

造成直流系统绝缘下降或接地的原因有很多,水利工程常见的原因主要包括以下几点:

(1)二次回路、二次设备的绝缘性能降低,例如直流馈出支路正负回路电缆不合格,施工工艺(暗埋混凝土内无保护套管)不当,或二次设备绝缘老化、破损、碎裂等。

(2)二次回路连接、二次设备元件之间组装不合理,例如二次电缆接头之间、二次设备进出线等带电体与接地柜体、柜门、连接件间距过小。

(3)二次回路、二次设备表面落尘、污秽。

(4)二次回路、二次设备雷雨季节室内外接线盒进水导致直接接地,或梅雨季节受潮、湿度过大。

(5)二次回路、二次设备因未封闭、封堵完全,从而使老鼠、蜈蚣、蛇、壁虎等小动物通过孔洞进入进而咬坏电缆或跨接带电体。

(6)施工作业人员遗漏的小金属件如铁屑、螺钉等搭接或跨接带电体。

(7)设备中附属小金属件如螺栓、螺帽、垫片等因运行期间振动而脱落。

(8)备用电源为直流电源的事故应急照明回路电缆、灯具受潮。

(9)电气设备及附属件挤压磨损,例如断路器、隔离开关、电容柜及互感器柜等手车开关的移动部分和固定部分的连接件缺少保护隔离措施,手车来回移动导致二次导线破损,破损的导线与柜体金属部分接触。

(10)二次接线不规范,例如在设备检查维护中,柜内出现线头脱落,或作业遗留的未包裹裸线接触柜体。

（11）元器件损坏,例如某些元器件为了抗干扰,电路设计时往往在正负极和大地直接并联抗干扰电容,当此电容被击穿后即引起接地。

（12）误接、误拆二次线缆,例如一根二次电缆的一端在运行,另一端被误以为是备用芯或不带电的电缆而裸露在外,不做任何包扎,一旦接触铁件即引起接地。

四、故障危害

按照最坏结果考虑,主要阐述直流系统直接接地时的危害。因直流接地种类较多,此处仅对正极接地、负极接地、两极接地三种情况进行阐述。

(一)正极接地

如图 4-9 所示的合闸控制回路,当 A 点、B 点接地时,电流回路自+KM 到达 A 点,跳过合闸触点直通 B 点,再经过合闸线圈回到-KM,有可能引起误合故障。

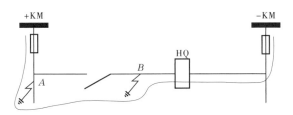

图 4-9　正极多点接地合闸控制回路

如图 4-10 所示的分闸控制回路,当 A 点、B 点接地时,电流回路自+KM 到达 A 点,跳过分闸触点直通 B 点,再经过分闸线圈回到-KM,有可能引起误分故障。

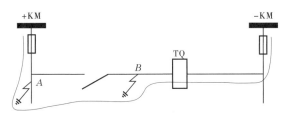

图 4-10　正极多点接地分闸控制回路

(二)负极接地

如图 4-11 所示的合闸控制回路,当 A 点、B 点接地时,电流回路自+KM 经过合闸触点到达 A 点后,跳过合闸线圈直通 B 点,再回到-KM,有可能引起拒合故障。同时,控制母线正负极短路,使直流电源保险熔断或开关跳闸,系统失去保护及控制电源,还有可能烧毁继电器接点。

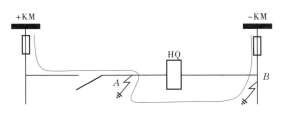

图 4-11　负极多点接地合闸控制回路

如图 4-12 所示的分闸控制回路,当 A 点、B 点接地时,电流回路自 +KM 经过分闸触点到达 A 点后,跳过分闸线圈直通 B 点,再回到 -KM,有可能引起拒分故障。同时,控制母线正负极短路,使直流电源保险熔断或开关跳闸,系统失去保护及控制电源,还有可能烧毁继电器接点。

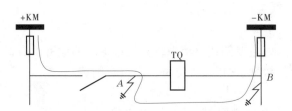

图 4-12　负极多点接地分闸控制回路

(三) 两极接地

如图 4-13 所示的合闸控制回路,当 A 点、B 点接地时,电流回路自 +KM 经过 A 点后,跳过合闸触点、合闸线圈直通 B 点,再回到 -KM,有可能引起拒合故障。同时,控制母线正负极短路,使直流电源保险熔断或开关跳闸,系统失去保护及控制电源,还有可能烧毁继电器接点。

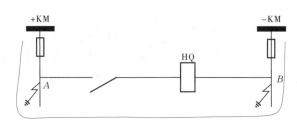

图 4-13　两极多点接地合闸回路控制

如图 4-14 所示的分闸控制回路,当 A 点、B 点接地时,电流回路自 +KM 经过 A 点后,跳过分闸触点、分闸线圈直通 B 点,再回到 -KM,有可能引起拒分故障。同时,控制母线正负极短路,使直流电源保险熔断或开关跳闸,系统失去保护及控制电源,还有可能烧毁继电器接点。

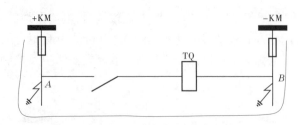

图 4-14　两极多点接地分闸控制回路

综上所述,直流系统出现接地后,有可能出现误合、误分、拒合、拒分、保护及控制电源消失、继电器接点烧毁等故障。对于配备多种高压电气设备的大型泵站工程而言,上述故障的存在可能进一步影响地区行洪排涝、突发水污染事故处置、水源地供水安全、生态补水等重大水事件。

五、故障分析

由故障报警指示灯点亮和柜后报警音响响起两处特征,查阅图纸可知,主监控模块 EMU10 外部告警蜂鸣器输出接口(SND)和外部告警指示灯输出接口(LIT)动作并输出信号,再由主监控模块 EMU10 告警记录和负母线对地电压明显降低可初步判断,直流电源装置 11#馈出支路和 13#馈出支路绝缘下降,导致母线电压和绝缘明显下降,绝缘检测模块 EGU01 检测到支路和母线绝缘下降信号后,通过 CAN 总线传输至主监控模块 EMU10,进而触发主监控模块 EMU10 外部告警。触发原理如图 4-15 所示。

查阅相关图纸后得知,11#馈出支路和 13#馈出支路分别为变电站▽7.0 m 层事故应急照明配电箱和泵房▽6.15 m 层事故应急照明配电箱电源回路。由此可以初步确定,故障源在 11#馈出支路和 13#馈出支路中,运行人员只需逐段排查 11#馈出支路和 13#馈出支路及其下级支路绝缘情况即可。

六、故障处置

为彻底消除本故障,运行人员按照下述步骤进行一系列排查。

(一)综合查看

(1)查看站内是否有未完成的工作票。如有,立即停止作业。本案例中无未完成的工作票。

(2)查看泵站内部是否有人员在未落实组织措施和技术措施的情况下私自进行设备检修调试、电气试验等作业。如有,处置措施同上。本案例中,未进行任何设备检修调试和电气试验等作业。

(3)查看后台信号是否变化,如中控室控制系统或 PLC 后台 AI、DI、DO 等信号是否有可疑变化。本案例中,上述故障现象即为后台信号变化。

(4)查看直流系统母线对地电压和绝缘情况是否稳定,是否存在规律性变化。本案例中,绝缘数据一直保持正母线对地 $U+$:+171.3 V,$R+$:500 kΩ;负母线对地 $U-$:-65.9 V;$R-$:44.9 kΩ,无明显规律性变化。

(5)查看直流接地极性。正常情况下,正母线对地电压应为正电源电压,负母线对地电压应为负电源电压,本案例中,正电源电压为+120 V,负电源电压为-120 V。若正母线对地电压为正电源电压,负母线对地电压为零,则说明负母线完全接地;若负母线对地电压为负电源电压,正母线对地电压为零,则说明正母线完全接地;本案例中,正母线对地电压 $U+$:+171.3 V,负母线对地电压 $U-$:-65.9 V。

(6)查看绝缘检测模块直流接地选线支路。对绝缘检测模块所报的支路进行安全性分析,根据该报警支路供电回路对泵站重要设备影响程度决定是否拉开该直流馈出支路开关。本案例中,故障 11#馈出支路和 13#馈出支路为事故应急照明电源,对泵站重要的运行设备无影响,可以拉开 11#馈出支路和 13#馈出支路开关进行故障处置。

(7)查看故障期间天气情况。查看暴露在室外的开关柜、盒,是否存在密实不严,雨水浸入导致带电线头接触外壳或大地,引起接地;或者梅雨季节,电缆接头包裹不严,引起

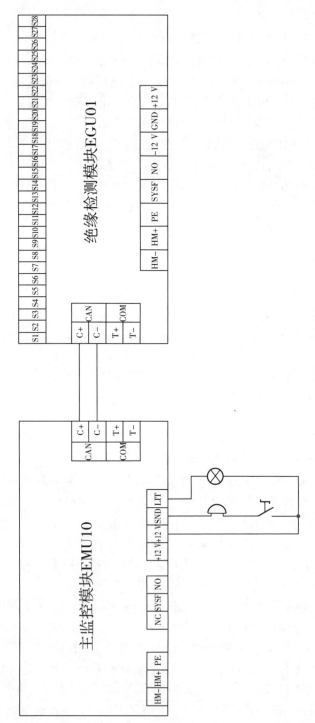

图 4-15 外部告警触发原理示意图

绝缘降低。本案例中,工程年代久远,建筑物年久失修,梅雨季节常见漏雨,混凝土内穿管线缆明显老化破损。

(8)查看封堵情况。查看对应故障二次回路开关柜、箱、盒及末端用电设备(照明灯具、传感器等)接线盒的密封情况,是否有老鼠、蜈蚣、蛇、壁虎、蜜蜂等小动物通过孔洞进入咬坏电缆或跨接带电体,导致绝缘降低或接地。本案例中,运行人员查看了直流馈电柜、事故应急照明配电箱、电缆接线盒及事故应急照明灯具内部,未发现小动物进入等情况。

(9)查看线缆挤压磨损情况。查看故障范围内涉及的线缆挤压、拖拽磨损情况,主要为移动部分和固定部分的连接线缆是否破损,破损的导线与柜体金属部分或大地是否接触。本案例中,运行人员查看了直流馈电柜出线端、事故应急照明配电箱进出线端、电缆接线盒前后端及事故应急照明灯具进线端,发现事故应急照明配电箱出线端电缆未见套管,直接埋入混凝土内,且靠近墙体部分已露出铜芯,电缆绝缘层存在明显磨损。

(10)查看接线松动脱落情况。查看故障范围内二次回路、二次设备的接线是否规范,柜内接线有无明显松动、脱落或遗留金属物等情况。本案例中,运行人员按照从始端(11#馈出支路和13#馈出支路)至末端(事故应急照明灯具)的顺序,对直流馈电柜、事故应急照明配电箱、电缆接线盒、事故应急照明灯具及其控制开关内部接线进行逐项排查,未发现接线松动、脱落情况。

(二)拉路试探

(1)拉路试探原理。直流馈出支路数量繁多、分布范围广,接地隐患点更是难以查找,相对有效的办法就是拉路试探,即逐一对每路直流馈出支路空气开关拉闸停电,观察直流接地或绝缘降低现象是否消失;若停电后直流接地或绝缘降低现象消失,则接地点就位于本直流馈出支路空气开关控制的下级回路中;若停电后直流接地或绝缘降低现象继续存在,则本直流馈出支路空气开关控制的下级回路中没有直流接地或绝缘降低现象存在。

(2)直流馈出支路分层分级配置原理。大型泵站工程直流系统中的直流馈出支路空气开关采用分层分级配置,从直流母线往下经过一段线、馈出支路空气开关、二段线、配电箱、三段线至用电末端,馈出支路空气开关对应于保护、信号、控制、储能等回路。其中,配电箱以下回路数量最多、接线最复杂、接地隐患点最多、接地概率最高,几乎所有的直流接地都出现在三段线中。直流馈出支路分层分级配置如图 4-16 所示。

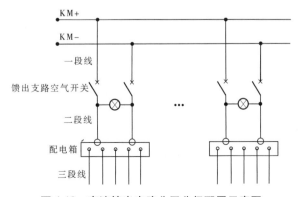

图 4-16 直流馈出支路分层分级配置示意图

(3)拉路试探操作。因拉路过程中停送电改变了回路状态,直流电压的恢复需要一定时间,故采用两人进行此项操作,一人负责拉闸、合闸,一人负责监护并监视表计指示及信号变化、直流母线对地电压及绝缘情况。本案例中,运行人员按照事故应急照明电源、通信电源、附属设备电源、储能回路电源、信号回路电源、操作回路电源的顺序依次瞬时断开空气开关。当运行人员单独拉开11#馈出支路事故应急照明空气开关后,故障信号未发生变化,主监控模块EMU10告警记录仅显示"1#母线绝缘下降"和"1#EGU01绝缘模块13#馈出支路绝缘下降";运行人员合上11#馈出支路事故应急照明空气开关,再次单独拉开13#馈出支路事故应急照明空气开关后,故障信号未发生变化,主监控模块EMU10告警记录仅显示"1#母线绝缘下降"和"1#EGU01绝缘模块11#馈出支路绝缘下降";运行人员合上13#馈出支路事故应急照明空气开关后,同时拉开11#馈出支路和13#馈出支路事故应急照明空气开关,故障报警指示灯熄灭,报警音响停止,主监控模块EMU10告警记录不再刷新,绝缘检测模块EGU01"RS485"指示灯闪烁、"ALARM"指示灯熄灭,主监控模块EMU10触摸屏绝缘数据显示"正母线对地 $U+$:$+119.7$ V;$R+$:500 kΩ";"负母线对地 $U-$:-117.6 V;$R-$:498 kΩ",系统恢复正常。因系统已经恢复正常,后续的通信电源、附属设备电源、储能回路电源、信号回路电源、操作回路电源馈出开关不再进行拉合操作。

(4)缩小拉路操作范围。通过上述故障分析和拉路试探操作,已确定接地故障源为变电站▽7.0 m层事故应急照明配电箱和泵房▽6.15 m层事故应急照明配电箱及其下级电源回路,上述照明系统图如图4-17、图4-18、图4-19所示。因这两路均为事故应急照明电源回路,回路电源短暂断开不会影响泵站工程重要设备运行,故运行人员对配电箱内的空气开关再次进行拉合试探操作。

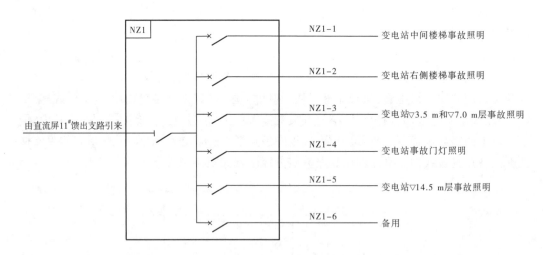

图4-17 变电站▽7.0 m层事故应急照明配电箱NZ1系统

运行人员首先拉开13#馈出支路事故应急照明空气开关,再拉开变电站▽7.0 m层事故应急照明配电箱NZ1内部NZ1-1~NZ1-6回路空气开关,系统恢复正常,说明11#馈出支路事故应急照明空气开关至配电箱NZ1内部总开关一段回路无故障;再依次单独合上配电箱NZ1内部NZ1-1~NZ1-6回路空气开关,仅当单独合上NZ1-4回路空气开关时,

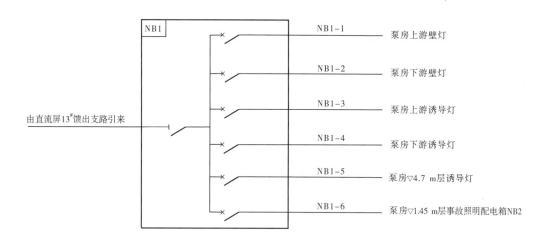

图 4-18 泵房▽6.15 m 层事故应急照明配电箱 NB1 系统

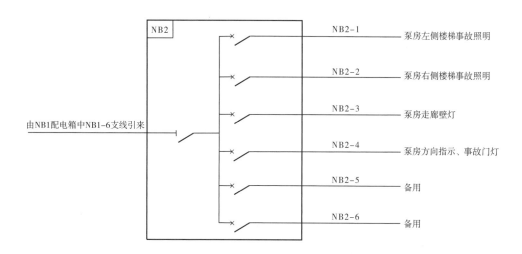

图 4-19 泵房▽1.45 m 层事故应急照明配电箱 NB2 系统

系统出现接地故障报警,说明直流接地故障源位于 NZ1-4 回路中。

同理,运行人员首先拉开 11#馈出支路事故应急照明空气开关,再拉开泵房▽6.15 m 层事故应急照明配电箱 NB1 内部 NB1-1～NB1-6 回路空气开关,系统恢复正常,说明 13# 馈出支路事故应急照明空气开关至配电箱 NB1 内部总开关一段回路无故障;再依次单独 合上配电箱 NB1 内部 NB1-1～NZ1-6 回路空气开关,当单独合上 NB1-1、NB1-3、NB1- 5、NB1-6 回路空气开关时,系统出现接地故障报警,说明直流接地故障源位于 NB1-1、 NB1-3、NB1-5、NB1-6 回路中。

因 NB1-6 回路连接泵房▽1.45 m 层事故应急照明配电箱 NB2,故需进一步排查下 级回路。运行人员拉开配电箱 NB1 内部 NB1-1～NB1-5 回路空气开关和配电箱 NB2 内 部 NB2-1～NB2-6 回路空气开关,系统恢复正常,说明 13#馈出支路事故应急照明空气开关通过配电箱 NB1 内部总开关至配电箱 NB2 内部总开关一段回路无故障;再依次单独合上配电箱 NB2 内部 NB2-1～NB2-6 回路空气开关,当合上 NB2-4 回路空气开关时,系统出现接地故障报警,说明直流接地故障源位于 NB2-4 回路中。

综上所述,确定直流接地故障源分别位于 NZ1-4、NB1-1、NB1-3、NB1-5、NB2-4 回路中。

(三)绝缘检测

通过上面拉路试探法,可将接地故障源定位于一段简单回路中,然后就可以用绝缘摇表对故障回路中的每一根接线遥测绝缘,进而把接地故障源限定在电缆、端子或灯具中。若解开电缆两侧端子后遥测电缆绝缘正常,则接地点位于端子或灯具中;若解开电缆两侧端子后遥测电缆绝缘异常,则接地点就位于该段电缆中。按此办法,运行人员分别对上述排查出的故障回路 NZ1-4、NB1-1、NB1-3、NB1-5、NB2-4 进行绝缘检测,检测结果见表4-9。

表4-9　回路绝缘检测记录

回路编号	检测方法	正极绝缘	负极绝缘	结论及处置措施
NZ1-4	解开回路两侧端子,用绝缘摇表分别测量正负极回路绝缘	$+\infty$	$+\infty$	回路正常,更换故障端子和灯具
NB1-1		$+\infty$	$\to 0$	负极回路接地,更换故障回路电缆
NB1-3		$+\infty$	$\to 0$	负极回路接地,更换故障回路电缆
NB1-5		$+\infty$	$\to 0$	负极回路接地,更换故障回路电缆
NB2-4		$+\infty$	$\to 0$	负极回路接地,更换故障回路电缆

因上述故障回路 NB1-1、NB1-3、NB1-5、NB2-4 电缆当初施工工艺不当,未采取套管等防护措施而直接埋入混凝土内,加之年代久远,导致电缆多处破损、老化,绝缘严重降低,已无再利用可能,于是对上述故障回路电缆全部进行更换。通过上述处置措施后,直流系统接地问题得到彻底解决。

七、巩固措施

为防止类似故障再次出现,运行人员采取了以下几项巩固措施。

(一)全面摸排

按照事故应急照明电源、通信电源、附属设备电源、储能回路电源、信号回路电源、操作回路电源的顺序,全面摸排回路电缆绝缘、端子连接、用电终端故障等情况,防患于未然。

(二)改造电路

将泵站事故应急照明电源由直流电改为具有独立双回路供电的交流电,同时将直流电作为事故应急照明灯具的备用电源。

(三)定期维护

制定直流系统巡视检查制度和维修养护制度,定期对故障隐患点进行巡视检查,如发现问题及时处置;每年汛前、汛后进行维修养护,确保系统运行正常。

八、相关法规依据

(一)《水利工程设计防火规范》(GB 50987—2014)相关规定

消防用电设备应按不低于二级负荷供电。

消防用电设备(包括消防水泵、消防电梯、防烟排烟设备、火灾自动报警装置、自动灭火装置、火灾事故应急照明标志、疏散指示标志、电动防火门、防火卷帘及电动阀门等)应采用独立的双回路供电,并应在其末端设置双电源自动切换装置。

消防应急照明、疏散指示标志,可采用直流系统或应急灯自带蓄电池作备用电源;若采用直流系统供电,其连续供电时间不应少于 30 min;若采用应急灯自带蓄电池供电,其连续供电时间不应少于 60 min。

(二)《水利水电工程照明系统设计规范》(SL 641—2014)相关规定

应急交流照明网络电压宜采用 380 V/220 V;应急直流照明网络电压宜采用 220 V,也可采用 110 V。

应急照明网络的备用电源,采用下列方式之一:

(1)蓄电池组(包括灯内自带蓄电池、泵站直流装置、UPS 电源装置和 EPS 电源装置等)。

(2)应急发电机组。

(3)以上两种方式组合。

设置在发电机层、泵站主机室、中央控制室等重要场所的应急照明,正常时由正常照明网络供电,事故时应能自动切换到应急照明网络上。

应急照明网络的备用电源的连续供电时间不应小于 30 min;若采用应急灯自带蓄电池供电,其连续供电时间不应少于 60 min。

远离照明主网络的工作场所,当无应急照明供电网络时,可采用自带蓄电池的应急灯照明。

(三)《直流电源系统绝缘监测装置技术条件》(DL/T 1392—2014)相关规定

对于标称电压为 220 V 的直流系统,任何一极的对地绝缘电阻降低到 25 kΩ 时,应发出报警信息;对于标称电压为 110 V 的直流系统,任何一极的对地绝缘电阻降低到 15 kΩ 时,应发出报警信息。

直流系统中,支路任何一极的对地绝缘电阻低于 50 kΩ 时,应发出报警信息。

对于标称电压为 220 V 的直流系统,任何一极的对地绝缘电阻降低到 50 kΩ 时,应发出预警信息;对于标称电压为 110 V 的直流系统,任何一极的对地绝缘电阻降低到 30 kΩ 时,应发出预警信息。

直流系统中,支路任何一极的对地绝缘电阻低于 100 kΩ 时,应发出预警信息。

(四)《电力用直流电源设备》(DL/T 459—2017)相关规定

当设备直流系统发生接地故障(正接地、负接地或正负同时接地),其绝缘水平下降至低于整定值(输出电压为 220 V 时,绝缘水平整定值为 25 kΩ)时,应满足以下要求:设备的绝缘监察应可靠动作;应显示接地的极性、接地电阻值和母线对地电压值;应发出声光信号并具有远方触点信号输出。

九、案例启示

本案例泵站工程建成于 2003 年,其事故应急照明采用蓄电池组直流电源供电,供电电压为 220 V,应急灯无自带蓄电池,该供电方式明显不符合《水利工程设计防火规范》(GB 50987—2014)的最新要求。

诸如此类,大多数水利工程,特别是泵站工程,因为建成已久,建设期间的设计方案已达不到新的相关规程规范的要求,存在明显的安全隐患。对广大的水利工程管理者而言,对此类问题的整改已迫在眉睫。

案例六 直流电源装置电池组压差超限告警

一、基本情况

某大型泵站工程直流电源系统标称电压为 220 V、额定容量为 200 A·h,配置有 18 个串联电池组,每个电池组由 6 个标称电压 2 V、额定容量 200 A·h 的阀控密封式铅酸单体电池串联组成。电池接线如图 4-20 所示。

二、故障现象

某日,运行人员例行巡视发现直流室内发出告警声,查看后发现是直流电源装置控制柜主监控(艾默生 EMU10 模块)面板故障报警指示灯点亮红色,柜后报警音响响起,查看主监控系统告警记录显示"电池组压差超限告警",分别查看 18 个电池组电压,其中第 4 组最高电压为 13.082 V,第 16 组最低电压为 12.501 V。

三、电池管理

均衡充电是为保证蓄电池组中各个蓄电池荷电状态相同而进行的充电,简称均充,一般采用定期进行恒流限压充电的运行方式。浮充电是充电装置和蓄电池组始终连接在直流母线上,充电装置在稳压运行状态下的输出电压略高于蓄电池的开路电压,以很低的充电率充分补偿蓄电池自放电使其处于满容量备用状态的恒压充电运行方式,简称浮充。正常工作时,输入的交流电通过充电机给蓄电池组充电,蓄电池组对外提供直流电源;当输入的交流电异常时,蓄电池组仍然可在一段时间内对外提供直流电源。

电池巡检单元采用艾默生 EBU02 模块,用于在线实时监测、记录、分析 18 个电池组在不同工作状态下的电压,及时发现异常电池,为蓄电池组的维护提供参考依据。电池巡检单元接线如图 4-21 所示。

电池管理是直流电源装置的重要组成部分,可以根据电池实际运行情况进行电池的智能化均、浮充转换。本泵站工程蓄电池组管理参数如表 4-10 所示。

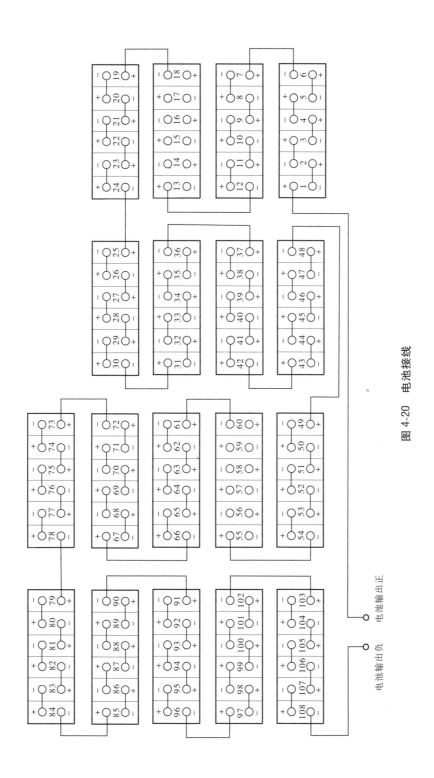

图 4-20 电池接线

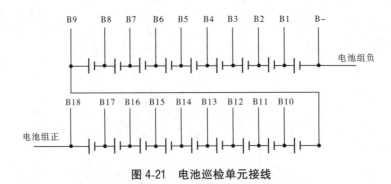

图 4-21　电池巡检单元接线

表 4-10　蓄电池组管理参数

项目名称	标称/设定电压	过压点	欠压点	过流点	压差告警门限
电池组	220 V	260 V	216 V	0.15C10	—
单个电池组	12 V	14.5 V	12 V	—	500 mV
浮充电	234 V	240 V	—	—	—
均充电	245 V	—	—	—	—
浮充转均充	周期90 d 或容量限制80%				
自动均充保护时间	24 h				

四、故障危害

本案例故障为串联蓄电池组中个别电池组电压不一致并超过了设定的压差告警门限而造成主监控系统报警。此种故障若一直存在,伴随着蓄电池组的不断充放电,单个蓄电池组间的不一致性将不断扩大,压差也越来越大,告警将越来越频繁,整个蓄电池组的使用寿命将大大缩短,甚至报废。对于大型泵站工程而言,整个蓄电池组功能失效将导致高压开关设备失去控制电源、继电保护装置和监控设备等失去供电电源,严重影响大型泵站工程效益的发挥。

五、原因分析

(一)制造工艺

可能因制造工艺不同,每个单体电池间容量、内阻、极板活性物质等存在性能差异,使串联后的单个电池组出现不同程度的压差。

(二)环境温度

蓄电池性能发挥的标准温度为25 ℃,温度过高或过低将导致蓄电池的性能和使用寿命大幅衰减。不同温度下蓄电池预期寿命如表4-11所示。对于大型泵站工程而言,蓄电池组一般放置在配有空调的室内,可以保证室内环境温度常年在25 ℃左右。即便如此,若运行管理人员在日常的电池管理中忽视环境温度对蓄电池组的影响,将对单个电池组的压差产生较大的影响,如本案例故障。

表 4-11　不同温度下蓄电池预期寿命

环境温度/℃	预期寿命/年
25	6.00
30	4.50
35	2.90
40	1.80
45	1.25

(三) 充电模式

蓄电池的充电电压和电流对其性能和寿命也将产生差异性。正常情况下,充电电压和电流值应采用生产厂商标注的推荐值,但在实际的运行管理中,受管理人员技术水平、现场条件等因素制约,充电电压值往往高于或低于生产厂商的推荐值,使蓄电池内部受到失水或内阻增大等不可逆的损害。本故障案例使用的 108 个单体蓄电池在 25 ℃时的浮充电压生产厂商推荐值为 2.22~2.24 V,整个蓄电池组的浮充电压生产厂商推荐值应为239.76~241.92 V,而根据表 4-10 可知,本故障案例蓄电池组管理参数浮充电压设定值为234 V,显然偏离了生产厂商的推荐值。

(四) 安装方式

大型泵站工程中蓄电池组一般安装在密闭的屏柜内部,以保证稳定的运行环境。本故障案例蓄电池组采用四屏五层的方式安装,每个屏柜单层放置 6 个单体蓄电池,共 18个单组蓄电池,如图 4-22 所示。电池组在运行过程中容易发热,散发出的热量长期积聚在密闭屏柜顶部,且柜顶缺少排风散热设施,使上部蓄电池环境温度明显高于下部蓄电池,使蓄电池之间的内阻出现较大差异,从而产生明显的压差。

图 4-22　蓄电池组布置形式

六、故障处置

(一)合理控制室内温度

在直流屏室内增设遮阳窗帘,有效避免阳光直射,尤其是盛夏高温时节;同时,增设除湿设施,降低室内湿度,保持室内环境干燥,尤其是梅雨季节;将空调温度设定为25 ℃,保持不同季节室内温度稳定。

(二)科学设置电池管理参数

按照电池生产厂商给定的推荐值修改电池管理参数表,尤其是浮充电压设置为240 V,均充周期设定为90 d,以充分发挥电池性能,延长电池使用寿命。

(三)改善电池放置环境

将蓄电池屏柜内部隔板拆除,顶部安装排风扇,后柜门打开,使蓄电池本体温度和环境温度充分一致。

(四)及时调整压差告警门限

原有单个电池组压差门限告警设置值为500 mV,在冬季或夏季温差较大时频繁出现报警。运行管理人员根据夏季高温或冬季低温的实际情况,相应增高或降低压差门限告警设置值,以降低报警频率。

七、巩固措施

(一)开启温度补充功能

根据运行实际需要,开启蓄电池组充电温度补偿功能,温度补偿中心点为25 ℃,温度传感器系数为100(使用TMP2温度传感器),温度补充系数为-3 mV/℃,即电池组环境温度比温度补偿中心点每升高1 ℃,浮充电压就降低3 mV,反之升高3 mV,以实时修正蓄电池组的充电电压,使蓄电池保持在最佳的充电状态。

(二)及时进行手动均充

当再次出现单个蓄电池组压差超限告警时,运行人员及时进入系统,开始均充,及时均衡各个蓄电池组,使各蓄电池组荷电状态保持相同,达到良好的均一性。

(三)调整电池组低温、高温报警

原有系统设置电池组高温告警值45 ℃,低温告警值10 ℃。此设置值与标准温度值25 ℃偏差较大,告警作用未能充分体现。运行人员将高温告警值调整为30 ℃,低温告警值调整为20 ℃,告警作用得到充分发挥的同时,蓄电池组管理和控制得更加精准、精细。

八、相关法规依据

(一)《电工术语 原电池和蓄电池》(GB/T 2900.41—2008)相关规定

单体电池:直接把化学能转变为电能的一种电源,是由电极、电解质、容器、极端,通常还有隔离层组成的基本功能单元。

蓄电池:按可以再充电设计的电池。

电池组:装配有使用所必需的装置(如外壳、端子、标志及保护装置)的一个或多个单体电池。

阀控蓄电池组的电压偏差值见表4-12。

表4-12　阀控蓄电池组的电压偏差值

电压偏差值	蓄电池标称电压		
	2 V	6 V	12 V
运行中与平均电压的偏差值	±50 mV	±150 mV	±300 mV
蓄电池间的开路电压最大差值	30 mV	40 mV	60 mV

(二)《防止电力生产事故的二十五项重点要求》(国家能源局2022年版征求意见稿)

浮充电运行的蓄电池组,除制造厂有特殊规定外,应采用恒压方式进行浮充电。浮充电时,严格控制单体电池的浮充电压上、下限,每个月至少对蓄电池组所有的单体浮充端电压进行1次测量,防止蓄电池因充电电压过高或过低而损坏。

九、案例启示

对于大型泵站工程而言,直流电源系统和UPS系统均会用到蓄电池组,这两个系统有的工程合并布置,有的工程分开布置、分开管理。本故障案例工程即是分开布置、分开管理,日常维护和管理工作量较大。建议有条件的情况下,对直流电源系统和UPS系统进行升级改造,合二为一,减少维护量的同时,最大限度地保证运行安全。

《电力设备预防性试验规程》(DL/T 596—2021)中未对蓄电池相关试验做出要求,建议运行管理单位按《防止电力生产事故的二十五项重点要求》(国家能源局2022年版征求意见稿),对新安装的阀控密封蓄电池组进行全核对性放电试验,以后每隔2年进行1次核对性放电试验,运行了4年以上的蓄电池组,每年做1次核对性放电试验。

案例七　UPS装置故障报警

一、系统结构与原理

某大型泵站工程配备UPS装置1套。通常UPS设备由输入输出开关、整流器、逆变器、蓄电池、风扇、静态转换开关、变压器等主要部件组成。正常工作模式下,市电经输入开关进入整流器整流后变为直流电,再经逆变器逆变为交流电,通过输出开关后为负载提供电源,同时直流电对蓄电池浮充或均充。当市电停电时,UPS自动转为电池供电模式,蓄电池经过逆变器逆变后为负载供电。此后,当市电恢复供电时,UPS自动回到正常工作模式。当整流器或逆变器工作异常时,UPS自动转为旁路供电模式,市电经旁路开关后为负载提供电源。当UPS因故障需维修时可转为维修旁路模式,负载通过维修旁路装置连接到旁路电源。UPS装置结构如图4-23所示。

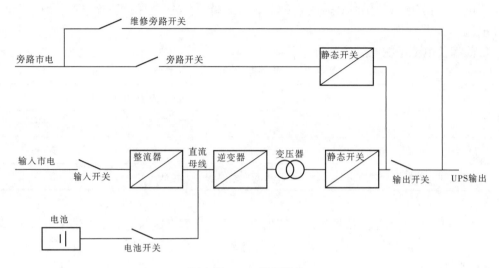

图 4-23　UPS 装置结构

二、故障现象

某日,夜间值班人员发现 UPS 装置不定时报警,报警代码为 A03,报警显示为"旁路电源超出范围"。

三、故障原因分析

造成该泵站 UPS 装置报警的原因有很多,水利工程中常见的主要包括以下几点:

(1)主输入电源故障或整流输入开关断开。

输入相电压不在 AC 165~250 V 范围内;输入频率不在 45~55 Hz 范围内;整流输入开关断开;输入电源相序错误。

(2)过热或风扇故障。

当电源的控制系统、逆变器功率模块或整流器功率模块因环境温度或风扇失效而产生过热情况时,电源整机保护报警。

(3)电池低电压。

开机电池低电压报警,属正常状况,按消声键消声即可。电池开关断开,市电输入异常,整流器关闭,无充电电压。

(4)UPS 电池过载。

负载功率比额定输出功率大,电源报警。当电源报警时,需要减少负载。否则,电源就会自动转入整机保护状态。

(5)逆变输出过载。

如负载超过 UPS 电源额定功率的 120%,逆变器可向负载供电 1 min,而后整机保护。

(6)其他线路故障报警。

充电器与电池组之间的连接线断线和短路;输出回路的保护动作;电池间连接线断线;应急输出主线路及支路连线开路和短路等。

四、故障危害

如今,看不见的电力问题防不胜防,时刻危害着仪器设备。市电电网瞬间停电时, UPS 不间断电源系统若不能将 UPS 蓄电池直流电源转换成交流电继续为负载供电,会给工程运行带来诸多不便。若 UPS 的稳压作用失效,市电发生电压上涌和下陷或瞬间压降,会影响设备的精准度,严重时会损坏精密设备,使用户遭受损失。市电电压容易受电力输送线路的距离和品质的影响,离变电所较近的用户电压较高,离变电所较远的用户电压则会偏低。若市电电压时高时低,UPS 电源内的稳压器(AVR)使市电电压保持在可使用的安全范围,确保设备可以正常运行。当高低电压超过可使用的范围时,UPS 系统则将起动蓄电池供电,保障设备的持续运行。电压过高或过低都会影响用户仪器设备的使用质量和使用寿命,较严重时则会损坏设备,给用户造成重大损失。市电发电机运转时用户端用电量的突然变化会造成转速的变动,将使转换出来的电力频率不定,若 UPS 失效,不稳定的频率也会对设备仪器的正常工作产生严重的干扰。电力经输配电线路传送至使用端时,电压波形失真,基波电流发生变化,产生谐波。谐波会影响设备的使用,降低设备的运行效率,缩短其使用寿命。

五、故障处置

(一)有市电时 UPS 电源输出正常,而无市电时蜂鸣器长鸣,无输出

从现象判断为蓄电池和逆变器部分故障,可按以下步骤检查:

(1)检查蓄电池电压,看蓄电池是否充电不足。若蓄电池充电不足,则要检查是蓄电池本身故障还是充电电路故障。

(2)若蓄电池工作电压正常,检查逆变器驱动电路工作是否正常。若驱动电路工作正常,说明逆变器损坏。

(3)若逆变器驱动电路工作不正常,则检查波形产生电路有无 PWM 控制信号输出。若有控制信号输出,说明故障在逆变器驱动电路。

(4)若波形产生电路无 PWM 控制信号输出,则检查其输出是否因保护电路工作而封锁。若有则查明保护原因。

(5)若保护电路没有工作且工作电压正常,而波形产生电路无 PWM 波形输出,则说明波形产生电路损坏。

(二)蓄电池电压偏低,但开机充电 10 h 以上,蓄电池电压仍充不上去

从现象判断为蓄电池或充电电路故障,可按以下步骤检查:

(1)检查充电电路输入、输出电压是否正常。

(2)若充电电路输入正常,输出不正常,断开蓄电池再测。若仍不正常,则为充电电路故障。

(3)若断开蓄电池后充电电路输入、输出均正常,则说明蓄电池已因长期未充电、过放或已到寿命期等原因而损坏。

(三)UPS 电源开机后,面板上无任何显示,UPS 电源不工作

从故障现象判断,其故障在市电输入、蓄电池及市电检测部分及蓄电池电压检测回

路,可按以下步骤检查:

(1)检查市电输入保险丝是否烧毁。

(2)若市电输入保险丝完好,检查蓄电池保险是否烧毁。

(四)在接入市电的情况下,每次打开 UPS 电源,便听到继电器反复的动作声,UPS 面板"电池电压过低"指示灯长亮且蜂鸣器长鸣

根据上述故障现象可以判断,该故障是由蓄电池电压过低,导致 UPS 电源起动不成功而造成的。拆下蓄电池,先进行均衡充电,若仍不成功,则只能更换蓄电池。

(五)有市电时工作正常,无市电时逆变器有输出,但输出电压偏低

逆变器有输出说明末级驱动电路基本正常,变压器有噪声说明推挽电路的两臂工作不对称,检查步骤如下:

(1)检查功率是否正常。

(2)若功率正常,再检查脉宽输出电路输出信号是否正常。

(3)若脉宽输出电路输出正常,再检查驱动电路的输出是否正常。

(六)UPS 电源只能工作在逆变状态,不能转换到市电工作状态

不能进行逆变供电向市电供电转换,说明逆变供电向市电供电转换部分出现了故障,要重点检查以下几项:

(1)市电输入保险丝是否损坏。

(2)若市电输入保险丝完好,检查市电整流滤波电路输出是否正常。

(3)若市电整流滤波电路输出正常,检查市电检测电路是否正常。

(4)若市电检测电路正常,再检查逆变供电向市电供电转换控制输出是否正常。

(七)后备式 UPS 电源当负载接近满载时,市电供电正常,而蓄电池供电时蓄电池保险丝熔断

蓄电池保险丝熔断,说明蓄电池供电电流过大,检查步骤如下:

(1)逆变器是否击穿。

(2)蓄电池电压是否过低。

(3)若蓄电池电压过低,再检查蓄电池充电电路是否正常。

(4)若蓄电池充电电路正常,再检查蓄电池电压检测电路工作是否正常。

(八)UPS 电源不能转为逆变供电

不能进行市电向逆变供电转换,说明市电向逆变供电转换部分出现故障,要重点检测:

(1)蓄电池电压是否过低,蓄电池保险丝是否完好。

(2)若蓄电池部分正常,检查蓄电池电压检测电路是否正常,若蓄电池电压检测电路正常,再检查市电向逆变供电转换控制输出是否正常。

(九)UPS 过热

如果是外部环境因素,可以采取增加空调、改善外部通风条件,或者增加风扇和散热鳍片等措施。如果是内部风扇坏了,则维修或更换相应部件。

六、巩固措施

为防止类似故障再次出现,运行人员采取了以下几项巩固措施。

（一）定期检查

定期进行 UPS 电源的内部性能测试，包括输入输出电压、充放电电流、电容、逆变状态等相关测试。

定期检查各单元电池的端电压和内阻。UPS 电源在运行过程中，由于各单元电池特性随时间变化而产生的不均衡性是不可能再依靠 UPS 电源内部的充电回路来消除的，所以对这种已发生明显不均衡性的电池组，若不及时采取脱机均充处理，其不均衡度就会越来越严重。

（二）重新浮充

UPS 电源利用机内的充电回路重新对蓄电池浮充 10～12 h 以上再带载运行。UPS 电源长期处于浮充状态而没有放电过程，相当于处在"储存待用"状态。如果这种状态持续的时间过长，蓄电池将因"储存过久"而失效报废，主要表现为电池内阻增大，严重时内阻可达几欧。

（三）减少深度放电

电池的使用寿命与其被放电的深度密切相关。UPS 电源所带的负载越轻，市电供电中断时，蓄电池的可供使用容量与其额定容量的比值增大，在此情况下，当 UPS 电源因电池电压过低而自动关机时，电池被放电的深度就比较深。当 UPS 电源处于市电供电中断，改由蓄电池向逆变器供电状态时，绝大多数 UPS 不间断电源会以间隙 4 s 左右响 1 次的周期发出报警声，通知用户现在是由电池提供能量。当听到报警声变急促时，就说明电源已处于深度放电，应立即进行应急处理，关闭 UPS 电源。

（四）利用供电高峰充电

为防止电池因长期充电不足而过早损坏，应充分利用供电低谷（如深夜时间）对电池充电，以保证电池在每次放电之后有足够的充电时间。一般电池被深度放电后再充电至额定容量的 90%，至少需要 10～12 h。

（五）保证电源环境温度

UPS 不间断电源、电池可供使用的容量与环境温度密切相关。一般情况下，电池的性能参数都是在室温为 20 ℃ 条件下标定的，当温度低于 20 ℃ 时，蓄电池的可供使用容量将会减少，而温度高于 20 ℃ 时，其可供使用的容量会略有增加。

七、案例启示

当今社会，随着技术手段的进步，供电保障率进一步提升，往往缺乏对 UPS 故障的心理准备和技术储备。泵站工程的设备正常运行，不仅关乎水利生产经营单位的业务开展，更关系到流域防洪、供水安全和人民生命财产安全。一旦在运行过程中遇到电源电压骤降、骤升或突然停电的情况，UPS 装置失效的后果将不堪设想。同时，在发电机运行前，负载处于断电状态，无法抵御电压突然升高或其他问题带来的损害。为此，工作人员应对照相关运行管理规程和 UPS 装置使用说明，勤学习、多巩固、强演练、固本领，确保关键时刻"拉得出、打得响"。

案例八　监控系统上位机故障

一、系统结构与原理

泵站监控系统是泵站的重要组成部分,一般由计算机监控系统(泵站控制层和现地控制单元层)、计算机继电保护系统、计算机直流系统(UPS)、计算机数据采集系统等构成,以实现对泵站设备的数据采集和实时控制。其中,计算机监控系统是核心。运行人员可在监控系统上位机(值班电脑、监控电脑、移动终端)直观掌握泵站设备的运行工况。泵站监控系统上位机的人机界面一般包括起动界面、泵站总视图界面、机组监控界面、上下游水位监控界面、高低压电柜监控界面、机组温度监控界面、运行参数设定界面、故障报警界面和数据记录界面等。上位机是重要的控制设备,一般会设置操作权限。

某大型泵站计算机自动控制系统结构拓扑见图 4-24。

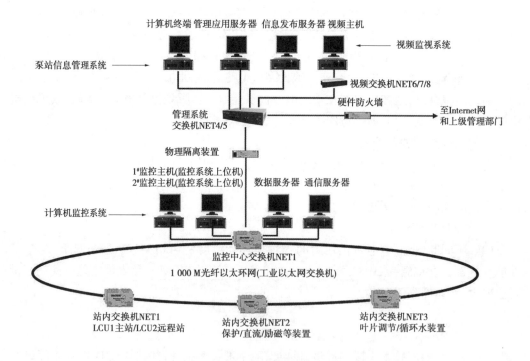

图 4-24　某大型泵站计算机自动控制系统结构拓扑

泵站控制层主要由监控主机和服务器等数台计算机构成,通过以太网连成一个计算机网络系统。监控主机主要用于完成计算机监控系统的安全监视、运行管理、系统自诊断与上、下层通信等。图形服务器则主要完成人机接口功能,如各种界面的显示、各种控制命令的发出等。此外,当系统硬件资源较为紧张时还可增设服务器。通信服务器实现与保护系统、数据采集系统及直流系统等的通信,通过串行口进行上述设备的实时数据采集和操作控制。

监控系统的现地控制层 PLC 主要是针对某一特定的控制对象而设置的现场控制设备,通过工业控制软件与站控级一起连成一个计算机局域网,也叫工控网(一般会做物理隔离)。它主要负责完成现场设备各种数据的采集、处理及事件的记录,信息传输,设备控制、保护等工作,并通过以太网通信协议与站控级计算机相连,传送各运行设备的实时数据,由泵组的现地控制单元、公用现地控制单元和开关站的现地控制单元等组成。每台泵组的现地控制单元分别对每台泵组实施监控;公用现地控制单元用于对泵站的辅机系统,如水系统、油系统等进行监测和控制;开关站的现地控制单元对开关站实现监控。

(一)数据采集和处理

将现场各子系统下属设备的各种运行参数和运行状态通过 PLC 现场采集,数据处理后形成各类实时数据。开关量的采集和处理:主要是对事故信号、设备状态等开关量信号的采集,计算机自动控制系统按照相应内部逻辑做出一系列的反应和自动操作。对各类故障信号、辅助设备运行状态信号、手动自动方式选择的信号等非中断开关量的信号,计算机控制系统对其采集方式定期扫查。对信号的处理包括光电隔离、接点防抖动处理、硬件和软件滤波基准时间补偿、数据有效性和合理性的判断、起动相关量功能(如起动事故顺序记录或事故报警音响,界面自动推出和自动停机等),最后经格式化处理后存入实时数据库。脉冲量的采集处理包括接点防抖动处理,数据有效性合理判断、标度变换、检错纠错处理,经格式化处理后存入实时数据库,也能直接通过串行通信采集。开关量输出指各种操作指令,计算机在输出这些信息前应进行校验,经判断无误后方可送至执行机构。为保证信号电器的独立性和准确性,输出信号应防抖动并光电阻隔。信号量值和状态设定:因为设备原因而造成的信号出错和在必要时进行人工设定值分析处理信号量,计算机自动控制系统允许运行值班人员和系统操作人员对其进行人工设定,并在处理时把它们和正常采集的信号同等对待,计算机自动控制系统能区分它们并给出相应标志。

(二)运行监视和事故报警

监控系统能使运行人员通过上位机对各主设备的运行状态进行实时监视。所有要进行监视的内容包括当前各设备的运行和停运情况,并对各运行参数进行实时显示。系统对某些参数和计算数据进行监控,对这些参数量值预先设定其限制范围,当它们越限和复限时要做出相应的处理显示。这些处理包括越限报警、越复限时的自动显示、记录和打印;对于重要参数和数据进行存储和召唤显示、分析、故障原因提示等,对于一些重要参数进行趋势报警。在发生事故时,由各现场控制单元采集设备的状态量并送控制室,完成事件顺序排序、排列、显示、打印和存档。每个事件的记录和打印点名称、状态描述和时标、记录的分辨率、记录事故发生前后时间段重要实时参数的变化情况等都有相应技术指标。运行人员能调取、显示或打印这些数据。

(三)控制和调节

当控制方式切换到计算机控制(远控)方式时,控制室值班人员通过监控系统上位机对设备进行监控,主要有自动完成启、停水泵及相关阀门操作(也称顺序起动),电气设备开关合、分操作,各种辅机系统的操作,各种整定值和限值的设定等功能。当泵组启、停指令确认下发后,计算机监控系统能自动推出相应水泵的启、停操作过程监视界面。界面上反映操作全过程中所有重要步骤的实时状态、执行时间和执行情况,当操作受阻时迅速提示受阻设备和受阻原因。泵组的启、停操作允许开环单步运行和闭环自动运行。计算机监控系统自动识别在不同方式下的启、停操作要求并做出响应。

二、故障现象

泵站监控系统投入运行年限较长后,故障出现率会相应升高,这是系统生命周期的必然结果。通常故障可以分为两大类,一类是监控软件和计算机问题,表现有软件卡死、上位机频繁重启等,此类故障与监控系统稳定性没有关联,属于一般故障,可以用清理内存、开机重启或更换上位机电脑等常规手段解决。另一类属于监控系统本身的相关问题,导致操作人员在上位机上不能正常操作,一般表现为:上位机泵站监控软件误报设备状态异常或监控的设备没有数据;在上位机上无法实现自动化操作。此类问题出现,应当引起值班人员的足够重视,应根据故障现象,及时进行排查。

某大型泵站监控系统上位机监控软件信息误报见图 4-25。

运行报表

	Uab(kV)	Ubc(kV)	Uca(kV)	Ia(A)	Ib(A)	Ic(A)	P(kW)	Q(kvar)	Cos	齿轮箱油站进水流量	1#快速门开度	2#快速门开度	1#拍门开度	2#拍门开度
					电气量					溢油m3/h			阀门	
1#主机	6.22	6.22	6.21	0.00	0.00	0.00	0.00	0.00	0.00	0.07	1.08	0.00	0.15	0.43
2#主机	6.21	6.21	6.21	0.00	0.00	0.00	0.00	0.00	0.00	0.25	0.20	0.00	0.64	0.00
3#主机	6.22	6.21	6.21	0.00	0.00	0.00	0.00	0.00	0.00	0.18	0.00	0.91	0.55	0.19
4#主机	6.21	6.21	6.20	0.00	0.00	0.00	0.00	0.00	0.00	0.00	4.54	0.14	0.00	
5#主机	6.21	6.21	6.21	0.00	0.00	0.00	0.00	0.00	0.00	0.00	0.00	0.08	0.56	
6#主机	6.21	6.21	6.21	0.00	0.00	0.00	0.00	0.00	0.00	1.81	0.12	0.00		

	水导上轴承测点	水导下轴承测点	推力径向组合轴承进口	推力径向组合轴承出口	电机定子绕组A相测点	电机定子绕组B相测点	电机定子绕组C相测点	电机推力端轴承温度	电机非拖动端轴承温度	推力轴油站进水流量	1#快速门下滑	2#快速门下滑	1#拍门下滑	2#拍门下滑
					温度值(℃)					溢油m3/h			阀门	
1#主机	33.0	74.0	20.0	22.6	21.2	21.3	21.0	22.1	25.6	0.00	正常	正常	正常	正常
2#主机	20.0	21.2	20.2	20.1	21.4	21.5	21.6	21.9	21.6	0.04	正常	正常	正常	正常
3#主机	21.8	21.6	21.2	21.4	21.9	22.0	22.2	21.8	22.4	0.05	正常	正常	正常	正常
4#主机	21.9	22.5	22.4	22.5	22.4	22.7	23.2	27.7	21.5	0.00	正常	正常	正常	正常
5#主机	21.8	21.6	21.5	0.0	21.2	0.0	0.0	21.6	21.6	0.03	正常	正常	正常	正常
6#主机	23.7	24.2	22.3	22.1	21.2	21.2	21.2	21.5	21.5	0.02	正常	正常	正常	正常

	电机排风口温度	推力轴油站进口油温	齿轮箱进出口油温	齿轮箱高速端测点	齿轮箱低速端测点	冷却循环供水进水温度	电机推力端轴油出水温度	推力轴油站出水温度	填料示流	1#快速门状态	2#快速门状态	1#拍门状态	2#拍门状态
1#主机	0.0	27.8	20.2	22.3	23.1	22.7	68.0	21.6	21.7	✓	全关	全关	全关	全关
2#主机	22.2	27.7	23.0	23.0	23.7	22.8	21.6	21.5	21.2	✓	全关	全关	全关	全关
3#主机	23.6	27.7	27.8	23.0	24.5	23.7	21.3	21.8	21.6	✓	全关	全关	全关	全关
4#主机	21.9	27.0	28.5	22.7	23.2	22.0	22.0	22.2	22.1	✓	中间	中间	中间	中间
5#主机	0.0	28.3	27.7	22.8	22.8	22.8	13.7	21.6	21.8	✓	中间	中间	中间	中间
6#主机	21.7	24.6	24.6	22.8	23.0	22.7	21.6	21.6	21.7	✓	中间	中间	中间	中间

进水池水位(m) 3.25　　出水池水位(m) 3.22　　技术供水总管流量(m³/h) 0.03　　冷却循环总管流量(m³/h) 0.03

图 4-25　某大型泵站监控系统上位机监控软件信息误报

三、故障危害

上位机故障不论是上位机本身问题,还是监控系统问题,都会导致远控无法正常操作,给大中型泵站控制运用带来不便。因监控数据无法正常监控,一些难以人工巡查或巡查量大的设备将不能对其现状进行准确掌握,从而降低了安全运行能力。对于设备状态误报,轻则远控方式无法操作自动进入停机程序,重则使设备受损。综上所述,对于上位机异常,无论是一般故障还是重大故障,都应该及时处置,及时恢复。对于难以恢复的故障要进行人工监测,必要时停止使用远控方式。

四、故障原因分析与处置

引起上位机监控软件误报或监控数据丢失及无法远程控制的原因有很多,可有针对性地逐一进行排查。

(一)上位机监控软件误报设备状态异常或监控的设备没有数据

1. 相应设备可能断电

对设备现场 PLC、温度传感器、压力传感器、水位传感器、控制电源、电流电压采集设备等是否通电进行检查。若断电,则先送电使其在工作状态,如送电后短时内又断电,对这一路电进行排查处理,直到正常恢复供电。

备注:现代化泵站越来越依靠自身监控系统,随着信息化深度推进,系统也越来越复杂,所以必须严格按照监控系统运行程序进行故障排查。开机前,检查所有设备是否处于正常运行状态,开机中控制室值班人员要及时处置报警信息,尤其要重视易出现误报设备的状态,通过步话机和视频监视系统,对其真实情况进行掌握。某泵站曾经出现过上位机水导轴承温度持续偏高误报警,运行人员一直将上位机的这个报警当作误报,结果在某次的运行中的确温升异常,造成不良后果。经查,虽然温度传感器本身有故障,但温升到 200 ℃左右时它又正常在线了,所以发送了报警信号,但运行人员仍然当作误报信号。

2. 通信转换器损坏

通信转换器虽然不易出现故障,但在复杂的运行环境如高湿高热泵房中仍然会出现故障。如果排查确认是通信转换器故障,先断掉设备电源,再拔下通信转换器(一般不支持热拔插)。换上新的通信转换器,上位机软件显示状态即可恢复。注意,恢复后人工对上位机显示数据和现场 PLC 采集数据进行对比,以确认转入正常监控状态。

3. 串口通信服务器供电电源异常

串口通信服务器故障,与之连接的串口设备数据将会中断,同样会引起该类故障。一般首先检查串口通信服务器的供电电源,再检查与该串口通信服务器连接的通信线故障,如短路、开路、接触不良等。排查后,恢复完毕,系统即可恢复正常。通常管理制度完善的泵站,供电电源是日常巡视点,这保证了系统的在线率和稳定性。

4. 交换机、工控机、以太网设备异常

检查交换机、工控机、以太网设备等通信设备上面的通信网线是否接触良好、有无松动。以太网组网中,网线水晶头引起的问题较为普遍,尤其是有的泵站水晶头还是金属的。此故障的检查和处置方法都较为简单,并不需要专业人员。检测方法:拔下水晶头连接线,重新插紧,如果恢复通信即可排除故障,如果仍然异常,使用网络对线器测试这段网线是否正常。

5. PLC 现场控制柜内对应故障状态中间继电器辅助触头问题

如果经过上面的排查,仍然不能恢复正常状态,则需要到现场控制柜查看。找到对应的中间继电器,检查是否出现了故障。查找方法:根据上位机显示错误状态,对照原理图,即可轻松找到对应的中间继电器。如果辅助触头是常开接点,在继电器吸合后,测量其对应电压是否正常。

6. 高压柜辅助触头异常

高压柜辅助触头故障,导致上位机软件显示错误,也是引发问题的常见故障点。在高压柜合闸状态下,用万用表测量其通断,如果不通或时通时断,说明高压开关柜辅助触头故障,反复分合闸几次,如果还不能恢复正常,则需更换该辅助触头。通常若是此类问题,辅助触头恢复正常,上位机故障即可消除。

7. PLC 输入点和连接线路接点连接问题及 PLC 本身问题

对这个可能的故障点,首先检查采集点到 PLC 输入点的通断情况,检查压接螺丝是否拧紧。如果仍然无法恢复,且确认故障出现在这里,说明 PLC 损坏。对于开关量输入模块,可以用一根长导线根据图纸提供的 PLC 接线方式,一端接在 +24 V(-24 V)接点上,另一端接到 PLC 输入点上,如果 PLC 面板上对应输入点指示灯亮,说明该输入点是好的,反之亦然。如果 PLC 损坏,则直接更换 PLC,问题即可解决。

(二)在上位机上无法实现远控或其他操作

1. 现场控制柜供电问题

泵站运行往往只有部分机组运行,运行值班人员在开机前准备时可能关闭控制柜某用电空气开关,导致相关监测设备离线,使上位机无法实现自动化操作。此类问题排查简单,处理方法为合上开关即可,合上后对现地数据和上位机数据进行比对,确认工作正常。

2. 逆变电源工作异常

逆变电源是确保监控系统运行稳定的重要设备,一般分为交-直流和直-交流两种运行方式。主要作用是把直流转换为稳定的交流电,供自动化设备使用。所以,在监控系统中保证自动化系统正常运行,一定要保证逆变电源正常工作。

3. PLC 异常导致的故障

PLC 是监控系统中最核心的元器件(有些泵站现场用 LCU,作用是一样的)。PLC 虽然品牌繁多,但其通信方式通常就两种:串口通信和以太网通信。PLC 上电后,如果上位机不能正常操作,可观察其通信指示灯是否正常闪烁,如果通信指示灯熄灭,说明 PLC 没有与上位机通信,需检查通信口是否正常。一般 PLC 的 CPU 模块内安装有锂电池,如果锂电池电压不足,PLC 的故障指示灯会亮,也会导致 PLC 通信故障。也有的 PLC 在电池用尽后,会丢失 PLC 程序,导致通信错误。对于 PLC 程序丢失,需要重新下载程序。

4. 交换机、工控机设备网口上的通信网线松动等问题(观察状态指示灯是否正常)

监控系统网线众多,尤其是在网闸、交换机等设备上插有几十条线路,拥挤的排线很容易使水晶头松动或产生接触不良。可将对应通信线路的两头水晶头拔出再重新插接,如果恢复正常,则交换机对应的指示灯会闪烁。

5. 现地控制柜内合闸继电器辅助触头接触问题

监控系统在上位机上合分闸的方式实际上是通过上位机与 PLC 通信,PLC 得到合分闸指令后输出一个开关量到对应 LCU 柜内的合闸、分闸继电器上,中间继电器动作,把操作电压送到断路器的操作线包上,断路器动作。如果中间继电器辅助触头故障,不能把操作电压送出,造成远控操作失败。其检测与处理办法和故障原因分析与"PLC 现场控制柜内对应故障状态中间继电器辅助触头问题"相同。

6. UPS 故障

排查到因 UPS 电源故障引起的上位机问题,可以先将负载断开,检查 UPS 是否能够合闸。如果可以合闸,则说明负载过大或负载产生短路。如果不能合闸,说明 UPS 开关或次级线路出现故障,对症进行常规排除即可。

7. 高压柜真空开关是否储能

高压真空断路器的分闸,是通过开关储能时压缩弹簧后利用弹簧的压力分开断路器开关的。如果真空断路器在合闸时没有储能,将导致无法分闸,此时必须手动储能分闸,并检查储能机构,修复后方能工作。储能状态在上位机中是可以看到的,如果合闸后没有储能,将会提示运行人员检查,及时排除故障,保障系统可靠运行。

五、巩固措施

针对上述故障分析可知,泵站监控系统上位机故障一般出现在通信机房和现地控制柜两个地方。对故障进行排除后,恢复上位机正常运行。仍需要做以下几个方面的工作,对处理的问题进行巩固,降低同类问题的发生概率。

(一)监控系统硬件

根据使用年限和工作状态,及时更换并升级通信设备。定期检查通信机、交换机、光电转换装置等设备。

(二)监控系统软件

监控系统上位机应当一备一用,当上位机故障时,在备用机上仍能进行远程控制。及时更新数据库和相应程序版本(老版本不能删除,须存档);定期检查各通信进程是否正常。

(三)人员和制度

根据自身监控系统使用率、作用等实际情况,制定相关规范制度,对上位机的操作、定检、更新等进行制度化,使上位机操作规范化,降低故障率。强化机房和现地控制柜日常巡检工作,对重要设备通信情况进行定检等。

六、案例启示

从本案例故障分析处置中可以看出,不断总结经验,找出故障发生规律,可对今后系统故障排查工作进行指导,提高系统恢复效率。

不仅在泵站监控系统上位机出现故障时要进行相应处置,其实在上位机正常运行时,根据系统报表,分析相关异常数据,将故障防患于未然也是运行人员须考虑的地方。例如,本案例中提到的某机组水导轴承温度传感器故障,导致上位机发生误报,首先应对温度传感器进行及时更换。受其他因素影响,温度传感器不能及时更换时,中控室值班人员仍须将上位机上的这个故障点视为潜在风险,提醒现场人员多加注意。如果做到这一步,当水导轴承温升真的发生时也能及时发现,提前处置。总之,泵站工作人员应当对上位机相关故障及时做出反应。

案例九　监控系统现地控制单元 PLC 模块故障

一、系统结构与原理

泵站监控系统是泵站的重要组成部分,一般由计算机监控系统(泵站控制层和现地控制单元层)、计算机继电保护系统、计算机直流系统(UPS)、计算机数据采集系统等构成,可以实现对泵站设备的数据采集和实时控制。

监控系统现地控制单元 PLC 模块是用于控制和监测系统各设备的一个关键部分。通过 PLC 模块实现自动控制和工作管理,可以大大提高设备的可靠性和工作效率。

PLC 模块的结构包括 CPU、输入/输出(I/O)模块、内存和通信接口等部分。其中,CPU 是整个 PLC 模块的核心部分,它接收来自传感器和控制器的输入信号,并按照预设的逻辑和程序进行处理得出控制信号,然后通过 I/O 模块向各设备输出信号进行控制。CPU 还通过内存存储和管理程序、数据和配置文件等信息。除此之外,PLC 模块还可以提供各种通信接口,如以太网、串口、USB 等,以便与其他设备进行通信和数据传输。

PLC 模块的工作原理基于工业控制、自动化和计算机技术,以逻辑控制为核心。当接收到输入信号时,PLC 模块会根据预设的逻辑和程序进行处理,得出相应的输出信号,控制闸门、电机、传感器等设备的工作,以实现自动化控制和管理。其中,PLC 模块的程序可通过各种编程语言进行编写和修改,而 PLC 模块的运行状态和数据则可以通过各种监测和模拟工具实时监测和测试。

可见,PLC 模块是监控系统现场控制和管理的核心部分,它可以通过自动控制和管理实现设备的高效、可靠运行,广泛应用于泵站各种监控和自动化控制领域。

二、常见故障现象

以某大型泵站的运行管理经验为例,监控系统现地控制单元 PLC 模块的常见故障一般有以下几个方面。

(一)软件故障

软件故障是 PLC 模块最常见的问题之一。如果程序中存在逻辑错误、循环引用、溢出等问题,则会导致 PLC 模块不能正常运行。解决软件故障的最常见方法包括检查程序代码、重新上传程序、进行备份恢复等。

(二)硬件故障

硬件故障也是 PLC 模块常见的问题之一。PLC 模块中最容易出故障的部分是 I/O 模块和电源模块。当 I/O 模块失效时,PLC 模块将无法读取或传输信号。当电源模块失效时,PLC 模块将无法正常工作。解决硬件故障的方法是更换故障部件。

(三)通信故障

当 PLC 模块无法与其他设备通信时,常常是由通信故障引起的。这可能是因为通信协议设置不正确、网络故障、传输噪声等。解决方法包括检查通信协议设置、检查网络连接、更换电缆等。

(四)维护问题

在使用 PLC 模块时,定期更换电池、清洁 PLC 模块内部、调整摆放位置等也十分重要。如果 PLC 模块经常处于高温、潮湿的环境中,或者由于内部老化而导致电路板和其他部件的老化,也将影响 PLC 模块的稳定性和可靠性。

三、常见故障处置措施

针对 PLC 模块的不同故障类型,有不同的处理方法。下面介绍具体的故障处理办法。

（一）软件故障处理

（1）检查程序代码。如果 PLC 模块程序中存在逻辑错误、循环引用、溢出等问题，则需要对程序代码进行检查，找到问题并进行更改。

（2）重新上传程序。如果程序损坏或丢失，则需要重新上传程序，恢复 PLC 模块的正常运行。

（3）备份恢复。定期备份 PLC 程序，以备不时之需。

（二）硬件故障处理

（1）更换故障部件。当 I/O 模块或电源模块失效时，需要更换故障部件。

（2）定期维护。定期更换电池、清洁 PLC 模块内部、调整摆放位置等，以延长 PLC 模块的使用寿命。

（三）通信故障处理

（1）检查通信协议设置。当 PLC 模块无法与其他设备通信时，需要检查通信协议设置得是否正确。

（2）检查网络连接。如果 PLC 模块所在网络故障，则需检查网络连接是否正常。

（3）更换电缆。当传输噪声较大时，可能需要更换电缆或变更传输距离。

（四）维护问题处理

（1）定期更换电池。PLC 模块中的备用电源往往是电池，需要定期更换，避免电池老化损坏导致 PLC 模块无法正常工作。

（2）清洁内部。

（3）调整摆放位置。

综上所述，PLC 模块的不同故障处理方法有所差异，但定期维护、备份恢复等都至关重要。如果 PLC 模块故障严重，无法自行处理，建议联系专业人员进行维修或更换部件。

四、巩固措施

（1）定期检查 PLC 模块，包括内部检查和外部连接等，避免出现故障。

（2）定期备份 PLC 程序，保证在意外情况下可以快速恢复程序。

（3）定期更换电池，防止电池老化导致 PLC 模块无法正常工作。

（4）定期清洁 PLC 模块内部，防止灰尘和脏污积聚在 PLC 模块内部导致短路甚至故障。

（5）定期调整 PLC 模块的放置位置，保持 PLC 模块处于适宜环境中，避免长期处于高温、潮湿等环境中导致内部老化。

（6）使用高质量的 PLC 模块和部件，可以延长 PLC 模块的使用寿命。

（7）建议 PLC 模块使用前，先阅读 PLC 模块的操作说明书，了解 PLC 模块的使用方法和注意事项，以避免因误操作导致故障。

（8）当出现故障时，可以参考 PLC 模块的相关手册进行排查，若无法解决，可以咨询厂家或专业人员进行处理。

五、相关法规依据

(1)《PLC 维护规范》:主要规定了 PLC 的日常维护和常见故障处理的方法和流程,制定了 PLC 维护的标准化要求和流程。

(2)《PLC 维护管理办法》:主要规定了 PLC 维护管理制度和管理程序,包括维护管理的组织架构、流程管理、资源配置、信息管理等方面。

(3)《工程项目 PLC 维护标准》:主要规定了工程项目中 PLC 维护保养的基本标准和规范,包括维护保养的周期、维护保养内容、检查和调试等方面。

(4)《工业控制系统 PLC 维护技术规范》:主要规定了工业控制系统 PLC 维护的技术规范和要求,包括维护保养、故障排查、维修、备份等方面。

(5)《机电设备 PLC 维护标准》:主要规定了机电设备中 PLC 维护的基本标准和维护流程,包括维护保养内容、维护保养周期、备份等。

以上相关规程规范对 PLC 维护进行了详细的规定和要求,建议在实际工作中认真遵守,确保 PLC 模块稳定、可靠和安全运行。

六、案例启示

(1)要养成定期检查、保养和调整 PLC 模块的好习惯,避免故障的发生。同时,对于一些易损件,如电池、电源等也应定期更换。

(2)定期备份 PLC 程序非常重要,一旦出现程序损坏或丢失,可以快速恢复程序,缩短故障恢复时间。

(3)对于 PLC 模块的运行环境也需要注意和把控,保持 PLC 模块处于适宜的环境中,同时避免 PLC 模块长时间处于恶劣环境下。

(4)当出现 PLC 模块故障时,要迅速找到故障原因,根据具体情况选择合适的解决方案和方法。同时,也需要注意 PLC 模块的维修要求,有些故障需要由专业人员进行处理。

(5)PLC 模块的维护和管理需要由专门负责的人员进行。建议定期进行培训和交流,了解 PLC 模块的性能特点和应用场景,提高 PLC 模块管理水平,有效预防故障的发生。

案例十　监控系统现场传感器故障

一、系统结构与原理

某大型泵站工程现场闸门装配有开度测控仪,以满足对闸门的开度、荷重等信息进行实时监控。该开度测控仪是根据泵站工程的实际需求定制的,闸门开度显示、控制之间独立工作,互不干扰。开度测控仪系统结构如图 4-26 所示。

采用微电脑控制技术,具有闸门开度、荷重 LED 显示;开度超限、荷重超载 110%、欠载继电器动作,继电器动作时相应的指示灯亮。

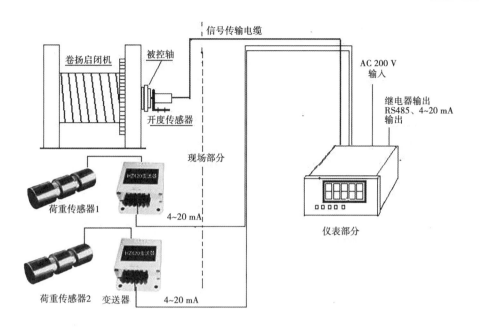

图 4-26 开度测控仪系统结构

二、故障现象

某日,值班人员在中控室上位机发现 8# 闸门荷重仪显示超载,以为闸门有卡阻,遂切除远控,到现场查看情况。经检查,并无明显卡阻现象。值班人员再次回到中控室对监控系统进行重启,发现超载报警仍然存在。随后,该名值班人员安排另一个值班人员在现场观察,本人在中控室进行远控点动,并通过对讲机沟通。在点动过程中,现场并未发现异常现象。在上位机上系统显示的超载报警变为时隐时现。

三、故障原因

上位机显示现场某传感器故障的原因有很多,通常分为现场出现异常情况、上位机控制系统软件问题、现场传感器本身问题和通信问题四大类。现场传感器本身异常情况引起的故障报警占比最大,也最好处理,只要消除隐患和现场异常情况即可恢复。其他三类故障原因虽然占比小,但排查起来相对困难和费时。

四、故障危害

上位机或现场控制柜显示传感器故障报警应引起足够重视。首先排查是否有引起报警的异常工况,如不及时排查而强行运行,将会给工程安全运行带来很大风险。当排查发现没有明显的异常工况时,也应当及时排除故障,使传感器报警恢复至正常。否则,感知设备监控将起不到保护作用,如果发生真实故障报警,操作人员仍然误以为是传感器本身问题,将会引起事故。

五、故障分析与处置

针对该工程出现的这个故障,维修人员首先在现场控制柜显示端与上位机端进行比对,发现荷重显示数据相同,同样出现超载报警。通过翻阅工程资料可知该型号荷重仪的基本参数如下:

(1)测量路数:2 路。

(2)测量范围:0~500 T。

(3)分辨率及误差:0.1 T;±5%FS。

(4)显示方式:2 路 4 位 LED 高亮度数码管显示。

(5)参数设定:欠载报警、预报警、超载报警、空载及满载设定。

(6)报警及输出:当载荷<预报警值时,仪表面板上相对应的指示灯亮,声光报警且控制继电器动作输出;当载荷>超载报警值时,仪表面板上相对应的指示灯亮,声光报警且控制继电器动作输出。

(7)远传接口:标准 MODBUS-RTU 协议 RS485 信号;4~20 mA 模拟量信号无源输出(4 mA 对应 0 m;20 mA 对应设定值)。

荷重变送器接线如图 4-27 所示。

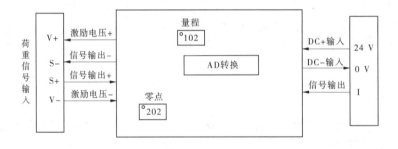

图 4-27　荷重变送器接线

(一)闸门卡阻故障排查

经现场观察无明显卡阻部位。维修人员用专业测量工具对闸门和门槽距离,以及闸门滚轮摩擦系数等进行测量,发现都符合设计要求。初步判定该故障不是由卡阻引起的。

(二)通信故障排查

维修人员根据显示情况判断下位机到上位机之间的通信是没有问题的,随后对传感器到 PLC 的通信线路进行了排查,判定线路完好。

(三)电磁干扰排查

维修人员增加了电磁抗干扰措施,发现超载故障报警仍然不能消除。

(四)更换变送器和开度仪

维修人员首先更换模数变送装置,然后用一套新的开度仪接入测试,仍然不能消除超载故障报警。

（五）更换荷重传感器

排查至此，维修人员虽然通过左右荷重传感器的工作数据得出传感器基本不会出现问题，但是故障未能解除，只能对左右两个荷重传感器进行更换，发现故障依然存在。

此类情况在以往的工程实践中是少见的。经过常规的排查，仍然不能解决问题，最后维修人员把目光投向了上位机控制软件。经过远控试操作，发现当单扇闸门逐个启闭时，8#闸门并未出现超载故障报警。成组启闭或超 4 扇闸门一起启闭远控操作时，8#闸门就会跳超载故障。排查到这里，应该可以判定是程序设计的问题了。维修人员将这个情况和该设备厂家沟通后最终发现，该厂家当年为该工程定制这套远控系统时，在程序设计上有一定的漏洞，即 8#闸门和其他闸门一起升降，且同时操作超过 4 扇闸门时，8#闸门就会超载误报。最终经过协商，结合现场操作规范，将此类故障用操作流程进行了规避，问题暂时得以解决。

六、巩固措施

现场感知设施及远控系统是泵站工程的眼睛和触觉系统，应当在平时的工作中予以足够重视。尤其对大型泵站工程，工程范围大，设备多，运行流程长，自动化系统更是扮演举足轻重的角色。针对现场传感器故障，应当做到以下几个方面的巩固措施。

（一）强化责任意识

泵站工程传感器种类和数量繁多，运行多年后或多或少会出现部分传感器离线、误报警等情况。但是在工作中仍然要责任到位，及时报告和处理故障报警的传感器。发现误报率高的，在彻底解决该问题前，可将该传感器退出系统，将这个点换为人工巡查。

（二）加强传感器巡检和维护工作

现场传感器属于设备末端，平常巡查中容易忽略，可将其按影响工程安全运行的等级进行划分。对高等级的传感器要加强检查和维护，确保在线率和稳定性。

（三）加强现场传感器管理

不同的传感器有其自身的工作环境要求及寿命周期。要掌握传感器的各种规律，根据器件的要求严格进行管理和使用。

七、案例启示

通过分析和处置该案例可知，在泵站工程运维中会发生一些意想不到的故障，为排查工作带来了很大困扰，同时影响了日常工作，甚至安全运行。例如本案例，如果不是管理单位高度重视监控系统的可靠性工作，锲而不舍地对问题进行跟踪督促整改，该案例或许就永远搁置一旁。但不能保证，某天荷重因为卡阻等情况真的超载，而误认为是误报警，那将会引起严重后果。

该案例也给予泵站管理和维护单位一个启示，在安装定制化产品时务必要严格进行质量把关、验收把关，严格与自身调度运用规范要求相一致，同时要充分考虑极端运行工况的情况。在设备投入运行后，保持和制作单位的稳定联系，做到随时能对接到当事人，否则像该案例这种非典型情况就难以解决，最终只能再次定制新设备，费时费力费财。

案例十一 视频监视系统故障

一、系统结构与原理

泵站常见视频监视系统结构主要有前端监控设备、传输设备、后端控制显示设备。其中,后端控制设备又可分为中心控制设备和分控制设备。前后端设备有多种构成方式,它们之间的传输系统可通过电缆、光纤或微波等多种形式来实现。

(一) 前端系统

前端系统由摄像机、监听头、对讲设备、报警探头和编解码器组成。当前端到中心的带宽足够且允许中心存储时,前端配置 EC 编码器;当带宽有限无法中心存储时,采用支持前端存储的 ECR 系列编码器;当前端需要解码还原图像时,配置 DC 系列解码器。

1. EC 编码器

支持接入摄像机和监听的视频、音频信号,并将其转换压缩为数字信号传送到监控中心。EC 支持移动侦测报警,支持通过 RS485 口对云台、球机的控制,支持接入对讲设备和报警输入输出设备,满足监视监听、云镜控制、对讲和报警接收联动的基本需求。EC 支持实时流和存储流双流输出,实时流可以通过交换机组分发到各客户端和解码设备,存储流则采用数据块方式端到端存储到中心 IPSAN 网络存储盘阵中,同时支持本地缓存,当网络故障时可以保存图像信息。

针对室内和室外环境可以选择不同编码器,在室内环境下可以根据摄像机的密度情况选择多路编码器,降低成本。针对室外应用,通过编码器配置丰富的通信接口,可以灵活采用各种传输方式,包括无线、以太网线、SFP 点对点光纤和 EPON 无源光网络。

2. ECR 编码器

同样支持接入摄像机和监听的视频、音频信号,并将其转换压缩为数字信号传送到监控中心。ECR 支持通过 RS485 口对云台、球机的控制,支持接入对讲设备和报警输入输出设备,可以提供高可靠的本地存储。ECR 还可以为局域网环境下的其他 EC 编码器提供 NAS 存储服务,通过 EC 编码器扩展 ECR 的编码能力。

3. DC 解码器

用于接收中心指令,可将系统中任何一路编码的图像解码还原成模拟的视频、音频信号接入现场电视机或其他影音设备,可用于用户展示实时视频信息或用于视频指挥。

(二) 网络系统

所有前端编解码器通过网络系统和监控中心相连,实现各种信息的传递,包括接入交换机、汇聚交换机、核心交换机和路由器。这些设备内嵌了丰富的安全特性并针对监控的需求对组播等应用进行了优化,同时可以为广域网组网提供完善的 VPN 解决方案,从而为监控系统提供了一个安全、可靠、灵活和高性能的基础网络平台。

(三) 监控中心

监控中心的核心是监视管理平台,包括视频管理服务器、数据管理服务器、媒体交换服务器和 VC 客户端等。除此之外,监控中心还可以分布式部署 NVR 网络视频录像系统和电视墙控制设备。

1.视频管理服务

监控中心的核心管理设备首先是 VM 管理服务器。作为整个系统的核心信令管理服务器,该服务器主要用于系统认证、配置、控制、报警等所有核心信令的处理。

2.数据管理服务

作为监控中心另外一个核心设备数据管理服务器,主要功能为对全系统分布式部署的 NVR 网络视频存储设备进行统一的资源管理、配置和故障检测,并对外提供备份转发和检索服务。

3.客户端

各级中心最主要的人机界面通过监视综合管理平台中的 C/S 架构客户端软件实现。视频管理客户端包括管理员版、用户版和告警台三部分,可以实现完善的监、控、查、管、用等日常业务操作和管理功能。系统也支持 B/S 架构的 WEB 客户端访问,该客户端只能实现基本的日常业务操作功能。

4.选配流媒体交换服务

监视综合管理平台可以提供流媒体交换服务器组件,在单播网络环境下,该服务器可以提供单播视频流的复制分发,同时对于外网访问,该服务器还可以提供内网组播转外网单播服务,以及面向外域和其他业务系统的 VOD 点播服务器功能。

5.选配的 DVR 代理服务器服务

当前端存在主流嵌入式 DVR 需要接入时,可以部署代理服务器软件,通过运行 DVR SDK,将 DVR 信令格式转化为系统的标准信令格式,实现对 DVR 设备的监视、控制、查询、报警、对讲等基本资源访问功能。

6.NVR 网络视频录像

直接通过 iSCSI 协议将压缩的数字视频信息以裸数据块的方式写入 NVR 的 IPSAN 盘阵中,VC 客户端可以直接访问 IPSAN 盘阵实现快速回放。这种端到端的 IPSAN 架构,无需传统方案的转存服务器,系统架构更加简洁高效和可靠。

7.电视墙

配置单路或多路解码器,接收监视客户端通过 VM 管理服务器发来的指令,实现将前端各种格式编码器传送过来的压缩图像还原解码成模拟图像接入中心电视墙,通过客户端的灵活控制和系统报警联动,实现数字矩阵的功能。

(四)远程访问

远程监控中心可以通过 VC 客户端访问监控中心的资源,在授权范围内实现基本监控功能,同时远程监控中心还可以是另外一套监视系统管理平台,通过多级多域架构实现系统扩容和多级监控。

二、常见故障现象

视频监视系统常见故障有软件无法打开、卡顿、卡死,传输上来的数据异常、画面异常等。监控软件卡顿、卡死现象在系统早期调试时,摄像头在线 80% 以上时,以及运行 2~3 年后发生频率较高。其中,画面异常、播放视频监控画面失败最为常见。

三、常见故障分析

视频监视系统故障分析及处置,第一步要检查系统配置问题,确保系统配置无误,针对不同问题进行分析排查,再进行有效处理。

(一)云台摄像机

如图 4-28 所示,图中标注的易出现问题的 7 个接点如下所述:

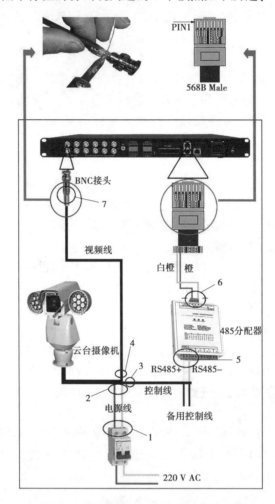

图 4-28　云台摄像机易出现问题接点图示

(1)总电源没电,造成无视频信号。

(2)摄像机杆上电源线与摄像机电源线之间断接,造成无视频信号。

(3)摄像机杆上控制线与摄像机控制线之间接反或断接,造成摄像机不能控制。

(4)摄像机杆上视频线与摄像机视频线之间虚接或断接,造成摄像机出现无视频信号、图像黑白或图像雪花现象。

(5)与 RS485 分配器连接的控制线接反或断接,造成摄像机不能控制。

(6)编码器与 RS485 分配器连接的控制线接反或断接,造成摄像机不能控制。

（7）BNC 接头没有焊实,出现虚焊现象,造成摄像机出现无视频信号、图像黑白或图像雪花现象。

（二）广角摄像机

如图 4-29 所示,图中标注的易出现问题的 2 个接点如下:

（1）图中所示的对接头即是现场使用的对接头,由于现场气候条件等因素,广角摄像机无法正常供电,信号无法正常通信,导致离线。

（2）电源适配器坏,无法给摄像头正常供电,导致离线。

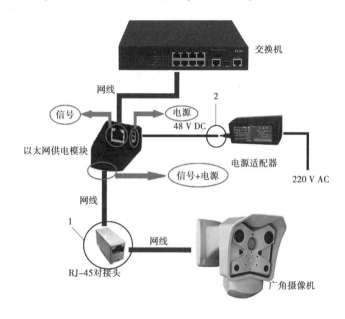

图 4-29　广角摄像机易出现问题接点图示

（三）功放

如图 4-30 所示,图中标注的易出现问题的 5 个接点如下:

（1）音响线断接,导致无法对讲和广播。

（2）音响与功放的接线柱断接、反接、错接,导致无法对讲和广播。

（3）编码器与功放相连的 AV 头虚焊、断接、短路,导致无法对讲和广播。

（4）功放至编码器的接线端子错接(注意四路与单路的区别),导致无法对讲和广播。

（5）未将音量调节打开(建议不要调到最大),可能导致无法对讲和广播。

（四）补光

如图 4-31 所示,图中标注的易出现问题的 4 个接点如下:

（1）电源未接好或无电,导致灯无法正常工作。

（2）时控开关设置错误或设备损坏,导致灯无法正常工作。

（3）交流接触器接线错误,导致灯无法正常工作。

（4）灯泡已坏(尾部发黑)或电路不通,导致灯无法正常工作。

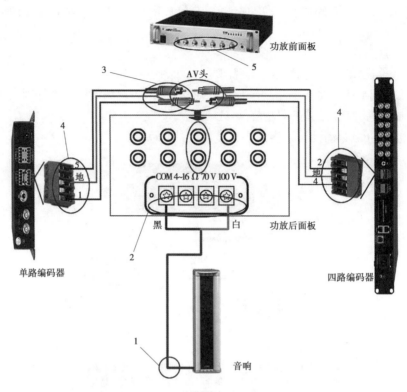

图 4-30　功放易出现问题接点图示

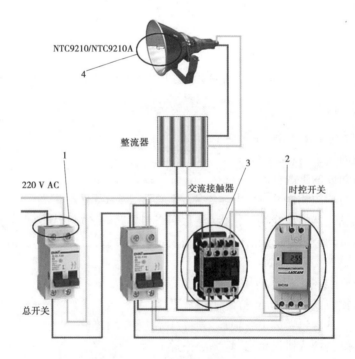

图 4-31　补光易出现问题接点图示

四、故障处置

常见的视频监控系统故障的处理方法如下所述。

(一)编码器离线

如图 4-32 所示,摄像头图标上有个叉号图标,这表明此摄像头所连接的编码器已经离线,即编码器与网络已经断开。

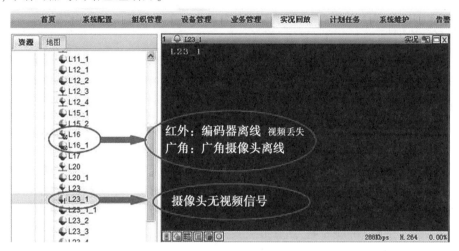

图 4-32 补光易出现问题接点图示

造成编码器离线的直接原因就是网络不通。网络不通的原因有多种,如光纤断,编码器到交换机的网线坏,交换机坏,或编码器插入交换机所在的网口不在 VLAN 划分内等。解决网络问题即可解决编码器离线问题。

(二)摄像机无视频信号

如图 4-32 所示,摄像头图标上有个感叹号图标,这表明此摄像头无视频信号输出。造成摄像头无视频信号输出的原因有:

(1)摄像头断电(未上电工作)。

(2)摄像头视频线与编码器未连接好,如 BNC 接头虚焊,或视频线断。

(三)摄像机长期处于自检状态

在刚上电时,摄像头会进行自转一周的自检。所谓的长期处于自检状态,即摄像头无法正常完成自检,可能会一直转不停,此时可尝试把摄像头重新上电进行自检即可。若发现仍然无法完成自检,可联系厂家。

(四)摄像机无法控制

现象:摄像机可正常完成自检,有图像,但无法控制。

解决办法:正确连接控制线,在保证线接好的情况下,主要是 RS485 线的正与负不能接反或接错。为保持摄像机 RS485 信号的运行稳定,许多摄像机的 RS485 线在连接到编码器时中间架设了 RS485 分配器,因此检查 RS485 分配器是否损坏也是排除摄像机不能控制故障的一个重要方面。

(五)图像黑白

即显示在系统上的图像是黑白的,造成黑白图像的原因可能是视频线虚接,如果视频线连接正常,可能是设备损坏导致的,可联系厂家。

(六)图像出现波浪或雪花

即显示在系统上的图像不清晰,有波浪或雪花现象,造成此类图像的原因可能是视频线虚接,或是外界电磁波干扰。若无以上现象,可联系厂家。

五、巩固措施

泵站视频监视系统是工程安防的重要一环,关系到安全生产,因此保障视频监视系统的稳定可靠运行是运行管理工作中极为重要的工作。根据自身视频监控系统维修记录进行定量分析,对易出现问题进行处理前后对照,查找系统的薄弱环节,进行针对强化。巩固措施和建议如下所述。

(一)定期进行全面检查和保养

视频监视系统涉及软件、硬件,分布广泛,器件复杂,对其进行有效的检查和保养工作是保证正常运行、降低故障率的最好办法。在定期检查和保养时应当重视故障概率高的地方和小概率大事故的地方。建议专门制定视频监视系统服务方案,划分抢险服务和常规服务2个级别,明确响应时间,划分抢险服务侧重响应时间的高效性上,常规服务侧重检查检修的全面性上。

(二)对设备更换进行登记跟踪

视频监视系统庞大复杂,包含大量设施设备,且系统在线时间要求高,造成零部件设备更换较为频繁,而市场上满足需求的产品品牌较多,更换后需进行详细登记,跟踪后期使用情况,对系统适配性、稳定性、故障率进行定性定量分析。

(三)加强管理员培训,稳定维护队伍

每家单位的视频监视系统都存在定制化问题,而且涉及升级维修事宜。

综上,建议固定系统管理人员,注重平时维修养护资料的归档。

六、相关法规依据

(一)《视频安防监控系统技术要求》(GA/T 367—2001)相关规定

视频安防监控系统一般由前端、传输、控制及显示记录4个主要部分组成。前端部分包括一台或多台摄像机及与之配套的镜头、云台、防护罩、解码驱动器等;传输部分包括电缆和/或光缆,以及可能的有线/无线信号调制解调设备等;控制部分主要包括视频切换器、云台镜头控制器、操作键盘、各类控制通信接口、电源和与之配套的控制台、监视器柜等;显示记录部分主要包括监视器、录像机、多画面分割器等。

(二)《水利视频监视系统技术规范》(SL 515—2013)相关规定

各级单位应重视水利视频监视系统的运行管理,落实管理人员,制定运行管理规章制度和操作规程,强化值班监视,做好系统日常维护、定期保养,并及时修复、更换故障设备,系统每年的运行维护管理费用应列入部门预算。

七、案例启示

视频监视系统涉及重要目标安防任务,同时在水利工程中辅助运行人员进行日常运行和巡视工作,在整个工程管理中扮演重要角色。把系统运维从注重处理问题向注重日常维护、防患于未然转变是必要的。在本案例分析中可以看出,系统故障点通常发生位置较固定,平时维护保养工作做足做细,故障率下降将会有立竿见影的效果。从整个系统维护角度出发,以下几点值得思考:

(1)水利工程监视系统维护团队普遍较弱。以本案例为例,维护基本外包给第三方,鉴于监视系统的复杂性和具备较强的专业技术性,维护考核指标难以定量,导致维护工作做得不到位,而往往工程业主单位的系统管理员都是兼职,难以投入精力去深入这块工作。两项叠加,导致视频监视系统建设完成后,故障率不断攀升,在系统某些方面形成顽疾,造成一时难以整改的困境。

(2)部分水利工程管理单位不设立专门的视频监视系统维护资金,可能带来常用备品备件匮乏的情况。这间接影响了系统故障抢修效率,对整个系统的稳定可靠性造成不良后果。

(3)缺乏较为完善的视频监视系统维护方案。视频监视系统相对庞杂,建设完成后在实际使用中又会不断扩容。但是部分单位并没有详细的维护方案,也没有针对性地开展专项工作,往往停留在日常简单巡查,"头痛医头、脚痛医脚"。日积月累下来,不仅使系统维护工作越来越难,而且降低了设备的使用效率。

(4)部分工程中视频监视系统建设之初就没有充分考虑到系统扩展问题及软硬件升级问题。这导致后期维修更换难以找到适配硬件,或设备兼容性差等问题,需要系统扩展时不得不再引入新系统等。这些也是导致视频监视系统故障频发的重要因素。

综上,视频监视系统是大中型泵站的重要组成部分,应当在建设之初给予充分论证和足够重视。建设完成转入运行后,要强化运行管理工作,投入专门维护资金,制定完善的适合本工程的维护方案。这样虽然在运维初期工作量大,但是时间效益会随着系统运行不断凸显。

案例十二 消防自动控制系统失灵

一、系统结构与原理

泵站常见的消防自动控制系统一般包含传感器(火灾探测器及其他环境传感设备)、控制器、报警显示器、灭火联动系统、操作终端等组成部分(见图4-33)。

(一)传感器

传感器是消防自动控制系统的核心部件,也是实现火灾监测和报警的关键环节。传感器种类有烟雾传感器、温度传感器、光学传感器、火焰传感器等,它们可以实时监测建筑内各个区域的环境因素,将检测到的数据发送给主控器。通过对传感器响应的分析处理,可以判断出火灾发生的位置和严重程度,再根据相应算法对火灾进行灭火控制,以更好地

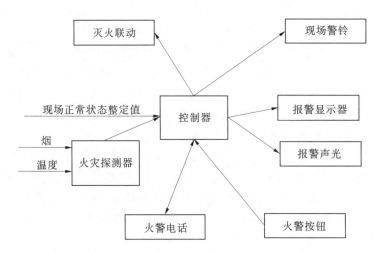

图 4-33 某大型泵站消防自动控制系统结构示意图

保护人身、住宅和财产安全。

(二)控制器

控制器是消防自动控制系统的核心,负责接收和处理传感器的信息信号,并发出相应的指令来控制和管理其他设备的运行。控制器上装有微控制器,能够对数据进行处理和分析,根据火灾情况实现报警、指挥、调度灭火设备等控制措施,从而及时有效地把火灾控制在较小范围,减少火灾所造成的人员伤亡和财产损失。

(三)报警显示器

报警显示器是消防自动控制系统的核心设备之一,主要为用户提供警示信息,并通知消防人员和周围居民进行疏散或其他安全自救措施。报警显示器通常是通过声音报警、灯光提示等方式实现火灾警报,有的消防自动控制系统将报警与现有的公共广播、LED屏幕相结合,以避免人员造成恐慌和混乱。

(四)灭火联动系统

灭火联动系统即消防自动控制系统联动灭火设施,可以自动起动水带、灭火器、自动喷水系统等,快速有效地对火灾发生的区域进行灭火。通过对火灾的类型和大小、烟雾的密度和温度等传感器信号的分析,可以精准地选择相应的灭火设备进行救援,特别是类似于化学工业、食品工业等高危行业。

(五)操作终端

此外,消防自动控制系统还包括操作终端等其他部分。消防自动控制系统的操作终端一般为计算机、智能手机、平板电脑等设备,可以通过数据链接网络与主控器进行信息互换和指令操作。操作终端主要包括控制面板、程序界面、历史数据记录等,通过程序界面可以实现警报设置、历史数据图表分析等功能,便于消防人员根据情况对系统进行调整和升级,扩大系统硬件功能。

二、常见故障现象

以某大型泵站的运行管理经验为例,消防自动控制系统的常见故障一般有以下几个方面。

（一）传感器故障

传感器不能正常工作,无法及时检测到火源、烟雾等环境因素,引起系统误判或误报警。

（二）主控器故障

主控器由于电路损坏、程序出错等原因无法正常工作,导致系统不能正常控制或处理火警报警信息。

（三）报警显示器故障

报警显示器无法正常发出声音或灯光提示,无法及时警示消防人员和工作人员。

（四）灭火联动系统故障

灭火联动系统无法正常起动或工作,无法及时灭火,或灭火效果不理想。

（五）操作终端故障

操作终端无法正常联网或不能正常操作,无法实现远程控制和系统监测等功能。

三、常见故障分析及处置措施

（一）故障分析

根据某大型泵站运维经验,灭火联动控制系统故障导致的消防自动控制系统失灵是关注的重中之重。可能导致灭火联动控制系统故障的原因有以下几个方面。

1. 电气故障

灭火联动控制系统中的电路系统非常复杂,包括各种传感器、控制器和执行器等,若电路存在短路、开路、电缆中的绝缘断裂或松动问题等,可能会导致系统出现故障。同样地,灭火联动控制系统中的各种接线头松动或腐蚀,也可能会导致电气故障。

2. 电源故障

灭火联动控制系统中需要一个可靠的电源来保证正常工作。电源不足或电源失效都会导致系统故障。例如,如果电池电量不够或蓄电池失效,控制器可能会出现故障。

3. 传感器故障

灭火联动控制系统中的传感器通常用于检测火灾或烟雾情况。如果传感器损坏或失效,可能导致系统无法正确检测火灾或烟雾情况,从而无法起动灭火装置。例如,光电式烟雾探测器可能被灰尘或污垢覆盖,导致其无法正常工作。

4. 控制器故障

控制器是灭火联动控制系统中的关键部件之一,负责检测传感器信号并输出控制信号。灭火联动控制系统中的控制器可能存在硬件或软件故障。例如,控制器的 CPU 出现死机、控制程序出现错误等问题,可能会导致系统出现故障。

5. 通信故障

灭火联动控制系统中的各种组件之间需要实现相互通信,这意味着任何一个组件出现通信故障都可能会影响整个系统的性能。例如,通信线路可能会损坏或受到外界电磁干扰,从而影响数据传输速度或导致通信错误。

(二)故障处置措施

针对上述故障原因,处置办法通常有以下几个方面。

1. 电气故障处置

对于电气故障,首先应该做的是对电路进行全面检查,查明电路中是否出现短路、开路或者绝缘故障等问题。如果这些问题是由于电线接头松动或腐蚀造成的,可以重新检查和紧固接线头,防止松动或腐蚀问题。对于电缆中的绝缘故障,可以使用万用表或红外线摄像头等工具进行检测,并对故障进行修复。

2. 电源故障处置

为了解决灭火联动控制系统中的电源故障,应该首先检查电源本身是否工作正常。如果电源失效,必须更换新的电源以确保系统正常运行。如果电源工作正常但是电量不足,可以添加更多的电池或添加更多的充电器来提供更多的电源。

3. 传感器故障处置

对于传感器故障,应该先检查传感器是否工作正常,是否能够正确捕捉火灾或烟雾的存在。如果传感器被灰尘或污垢覆盖,可以进行清洁。如果传感器本身存在故障,需要及时更换损坏的传感器。

4. 控制器故障处置

控制器是灭火联动控制系统中最关键的部件之一,应该对其进行定期维护和保养。如果控制器出现了故障,需要检查其硬件部分和控制程序。有时候需要重新编写控制程序,以确保控制器能够正常工作。

5. 通信故障处置

对于通信故障,可以使用专业的通信监测工具来检测通信线路是否有故障。如果通信线路受到外界电磁干扰,可以采用屏蔽通信线或更好的布线方式避免干扰。"扩大化"组件之间的关联,可以减轻组件之间的通信压力。

综上所述,需要通过维护和保养来确保灭火联动控制系统的正常运行。定期检查和维护各个组件,并及时修复有问题的部件,可以大大降低系统故障的出现概率。

四、巩固措施

为了避免以上故障,需要定期检查、维护和更新消防自动控制系统,及时更换老化设备,保证系统能够及时响应火警情况,有效避免火灾发生。同时,还需要加强专业培训和技能管理,提高消防设备维修保养水平,从源头上保障消防系统的安全性和稳定性。

五、相关法规依据

(一)消防设施故障修复的分类

消防设施故障通常分为一般故障和重大故障。一般故障指消防设施的某一部件或单元发生故障,不影响整体工作效率;重大故障指影响整个消防设施的使用效能或整个消防设施无法正常使用的故障。

(二)故障发现和处理流程

当消防设施发生故障时,应及时发现并归类处理,包括故障分析、故障排查和故障修复。在处理故障的过程中,应积极采取措施确保整个消防设施的正常运行,并定期检查维护其状态。

(三)故障修复的安排和执行

一旦消防设施故障被发现,相应的修复工作应该立即安排,并及时执行。在进行故障修复过程中,应根据故障的类型和等级采取相应的措施,以保障消防设施的正常工作和稳定运行。

(四)故障后的记录和报告

消防设施故障修复完成后,应及时做好故障记录和报告,包括故障原因分析、修复工作和结果报告等,以便于日后的检查和维护工作。

六、案例启示

消防自动控制系统与设备需要定期进行维护保养,以保证其稳定运转。对于具体的消防自动控制系统,以及管道、电缆、水泵及配件的检查、清洁和更换等,有着更详细、专业的维修保养细则和标准,消防部门和品牌商家也会提供相应的维修保养服务。为了确保每次火灾发生时,消防自动控制系统和消防水源能够有效使用,不出现各种问题,必须定期进行检查、清理和维护。这一过程不仅可以保障消防自动控制系统及时有效地完成消防任务,还可保障良好的居住环境。

总之,消防自动控制系统是集计算机技术、传感器技术、电力控制、电力供应、备用电源等于一体的智能化设备,在保障人身和财产安全、减少火灾事故的发生及损失方面发挥巨大作用。在具体的消防管控的实际过程中,加强专业人员的执行和维护能力,确保系统的各项功能和设备符合规范要求,这也是更好保证消防安全的重要措施。

案例十三 消防水泵无法起动

一、系统结构与原理

(一)系统结构

依据《水利工程设计防火规范》(GB 50987—2014),泵站灭火设施包括消火栓、自动灭火系统和消防器材等。自动灭火系统可分为喷水灭火系统、气体灭火系统和泡沫灭火系统等。其中,自动喷水灭火系统是由洒水喷头、报警阀组、水流报警装置等组件,以及管道、供水设施等组成,能在发生火灾时喷水的自动灭火系统。消防水泵是自动喷水灭火系统中供水设施的重要组成部分,其工作原理是利用电动机带动叶轮高速旋转,将叶轮叶片旋转产生的机械能传递给消防水池中的水,以增加管道中水流的压力,进而将消防水池中的水输送至洒水喷头。

根据洒水喷头的类型,可将自动喷水灭火系统分为开式系统和闭式系统。根据系统用途,可将开式系统分为雨淋系统和水幕系统。雨淋系统是由开式洒水喷头、雨淋报警阀组等组成,发生火灾时由火灾自动报警系统或传动管控制,自动开启雨淋报警阀组和起动消防水泵,用于灭火的开式系统;水幕系统是由开式洒水喷头或水幕喷头、雨淋报警阀组或感温雨淋报警阀等组成,用于防火分隔或防护冷却的开式系统。根据准工作状态时配水管道内填充情况,可将闭式系统分为湿式系统、干式系统和预作用系统。湿式系统是准工作状态时配水管道内充满用于起动系统的有压水的闭式系统;干式系统是准工作状态时配水管道内充满用于起动系统的有压气体的闭式系统;在准工作状态时配水管道内不充水,发生火灾时由火灾自动报警系统、充气管道上的压力开关联锁控制预作用装置起动消防水泵,向配水管道供水的闭式系统,能在扑灭火灾后自动关阀、复燃时再次开阀喷水的预作用系统,又称为重复启闭预作用系统。在闭式系统中,由闭式洒水喷头、湿式报警阀组等组成,发生火灾时用于冷却防火卷帘、防火玻璃幕墙等防火分隔设施的闭式系统,称为防护冷却系统。

(二) 系统原理

依据《火灾自动报警系统设计规范》(GB 50116—2013)和《自动喷水灭火系统设计规范》(GB 50084—2017)的有关规定,消防水泵的起动方式可分为三种,一是由消防水泵出水管上设置的压力开关、高位消防水箱出水管上的流量开关和报警阀组压力开关直接起动;二是消防控制室(盘)远程起动;三是消防水泵房现场应急操作。下面简单介绍湿式系统、干式系统和预作用系统的工作原理。

1. 湿式系统的工作原理

湿式系统在准工作状态时,由消防水箱或稳压泵、气压给水设备等稳压设施维持管道内充水的压力。发生火灾时,在火灾温度的作用下,闭式喷头的热敏元件动作,喷头开启并开始喷水。此时,管网中的水由静止变为流动,水流指示器动作送出电信号,在火灾报警控制器上显示某一区域喷水的信息。由于持续喷水泄压造成湿式报警阀的上部水压低于下部水压,在压力差的作用下,原来处于关闭状态的湿式报警阀自动开启。此时,压力水通过湿式报警阀流向管网,同时打开通向水力警铃的通道,延迟器充满水后,水力警铃发出声响警报,高位消防水箱流量开关或系统管网的压力开关动作并输出信号直接起动消防水泵。湿式系统的工作原理见图 4-34。

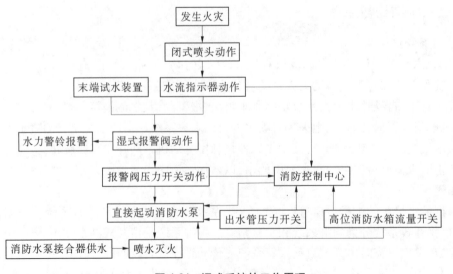

图 4-34　湿式系统的工作原理

2.干式系统的工作原理

干式系统在准工作状态时,由消防水箱或稳压泵、气压给水设备等稳压设施维持干式报警阀入口前管道内的充水压力,报警阀出口后的管道内充满有压气体,报警阀处于关闭状态。发生火灾时,在火灾温度的作用下,闭式喷头的热敏元件动作,闭式喷头开启,使干式报警阀出口压力下降,加速器动作后促使干式报警阀迅速开启,管道开始排气充水,剩余压缩空气从系统最高处的排气阀和开启的喷头处喷出。此时,通向水力警铃和压力开关的通道被打开,水力警铃发出声响警报,高位消防水箱流量开关或系统管网的压力开关动作并输出启泵信号,起动消防供水泵;管道完成排气充水过程后,开启的喷头开始喷水。干式系统的工作原理见图4-35。

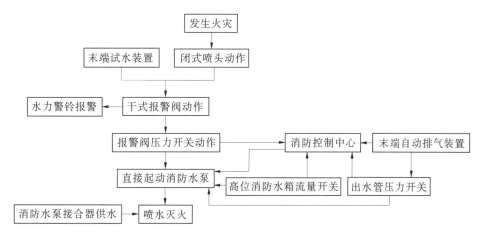

图 4-35　干式系统的工作原理

3.预作用系统的工作原理

预作用系统处于准工作状态时,由消防水箱或稳压泵、气压给水设备等稳压设施维持雨淋阀入口前管道内的充水压力,雨淋阀后的管道内平时无水或充以有压气体。发生火灾时,由火灾自动报警系统开启预作用报警阀的电磁阀,配水管道开始排气充水,使系统在闭式喷头动作前转换成湿式系统,系统管网的压力开关或高位消防水箱的流量开关直接起动消防水泵,并在闭式喷头开启后立即喷水。预作用系统的工作原理见图4-36。

二、故障现象

泵站在某次消防演习中,自动喷水灭火系统的消防水泵无法起动,自动喷水灭火系统无法正常工作。

三、故障原因

自动喷水灭火系统消防水泵无法起动的原因有很多,常见的原因主要包括以下几点:

(1)消防水泵控制箱(柜)的手动/自动转换开关置于手动状态或停止状态,此时消防水泵处于自动起动禁止状态,无法在发生火灾后自动起动。

(2)当采用消防联动控制时,联动控制器处于手动状态,消防水泵无法在发生火灾后

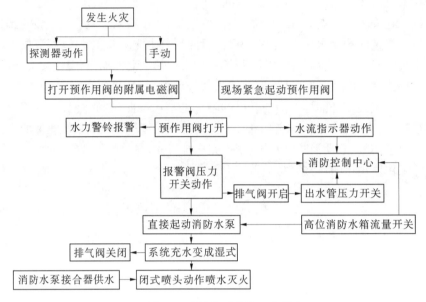

图 4-36　预作用系统的工作原理

自动起动。

（3）在消防控制室采用手动控制盘远程起动消防水泵时,消防水泵控制箱(柜)的手动/自动转换开关置于手动状态或停止状态,无法直接采用专用线路起动消防水泵。

（4）洒水喷头、报警阀组、水流指示器、压力开关、流量开关等组件故障失灵,管道存在堵塞,使得自动喷水灭火系统无法正常工作,导致消防水泵无法起动。

（5）自动喷水灭火系统控制线路或软件故障,弱点信号受到干扰,控制软件受到病毒侵入,导致消防水泵无法起动。

（6）消防水泵出水管上设置的压力开关、高位消防水箱出水管上设置的流量开关、报警阀压力开关设定值不准确,当喷头出水后管道中的压力或流量达不到开关动作的设定值时,开关未能动作,消防水泵亦未能起动。

（7）稳压泵设计流量过大,导致主消防水泵不能正常起动。

（8）消防水泵自身电源故障或结构损坏。

四、故障危害

火灾发生后,自动喷水灭火系统的消防水泵未能及时正常起动,消防水池中的水无法经过消防水泵加压,管道中的水压较小,无法达到设计要求,消防水池中的水无法输送至洒水喷头,待高位消防水箱中的水用尽后,已动作喷水灭火的喷头将停止喷水,无法有效控制火势并扑灭火灾,给泵站带来较为严重的损失。

五、故障处置

当消防水泵发生无法起动故障时,可采取如下处置措施:

（1）检查消防水泵控制箱(柜)的手动/自动转换开关是否置于自动状态,若自动喷水灭火系统采用联动控制,检查联动控制器是否处于自动状态。

(2)检查洒水喷头、报警阀组、水流指示器、压力开关、流量开关等组件是否能正常工作,若检查后发现组件存在损坏,应及时更换;检查系统管道是否存在堵塞现象,若存在则应对管道进行清洗和疏通。

(3)对自动喷水灭火系统控制线路和软件进行故障扫描,检查是否存在线路断路或病毒侵入情况,若存在则及时采取针对性的修复措施。

(4)根据相关规范要求,视系统实际情况,及时调整消防水泵出水管上设置的压力开关、高位消防水箱出水管上设置的流量开关、报警阀压力开关动作的设定值。

(5)若因稳压泵设计流量过大导致主消防水泵无法正常起动,则应更换设计流量较小的稳压泵,保证消防水泵在系统中能正常发挥作用。

(6)检查消防水泵电源是否可靠,开关接触是否紧密,保险丝是否断裂,三相电源是否丢失。若存在相应故障,应及时维修;检查消防水泵自身的机械故障,是否存在填料过紧,叶轮和泵体被杂物堵塞,消防水泵轴、轴承、减漏环边锈蚀,泵轴弯曲等缺陷,若存在相关问题,则应采取松开填料、疏通引水槽、清除泵体杂物及锈蚀和纠正泵轴或更换泵轴等处置措施。

六、巩固措施

为防止自动喷水灭火系统消防水泵发生无法起动故障,可采取以下几点巩固措施。

(一)加强日常检查、维护和试运行

依据《自动喷水灭火系统施工及验收规范》(GB 50261—2017),对自动喷水灭火系统组件进行日常检查、维护和试运行。

(二)实时监控消防水泵起动状态

为避免消防水泵控制箱(柜)的手动/自动转换开关置于手动状态或停止状态而导致消防水泵处于自动起动禁止状态无法起动,可采取技术手段,将消防水泵的自动起动允许/禁止状态通过消防监控系统实时反馈至消防控制中心。当消防水泵处于自动起动禁止状态时,能及时提示消防值班人员采取措施。

(三)优化消防水泵起动方式

不宜将高位消防水箱出水管上的流量开关单独作为直接启泵信号,可将其动作报警信号与报警阀保护区内的火灾报警信号组成"与"逻辑,由消防联动控制器联动控制起动消防水泵。

(四)配备应急起动钥匙

在消防控制室中手动控制盘上为每台消防水泵设置钥匙控制按钮以应急起动消防水泵。在消防控制室中手动控制盘上为每台消防水泵设置启停按钮,并通过中间继电器应急起动消防水泵。

七、相关法规依据

(一)《火灾自动报警系统设计规范》(GB 50116—2013)相关规定

需要火灾自动报警系统联动控制的消防设备,其联动触发信号应采用两个独立的报

警触发装置报警信号的"与"逻辑组合。

联动控制方式应由湿式报警阀压力开关的动作信号作为触发信号,直接控制起动喷淋消防泵,联动控制不应受消防联动控制器处于自动或手动状态的影响。

(二)《自动喷水灭火系统设计规范》(GB 50084—2017)相关规定

湿式系统、干式系统应由消防水泵出水管上设置的压力开关、高位消防水箱出水管上的流量开关和报警阀组压力开关直接起动消防水泵。

预作用系统应由火灾自动报警系统、消防水泵出水管上设置的压力开关、高位消防水箱出水管上的流量开关和报警阀组压力开关直接起动消防水泵。

(三)《自动喷水灭火系统施工及验收规范》(GB 50261—2017)相关规定

(1)每年应对水源的供水能力进行 1 次测定,每日应对电源进行检查。

(2)消防水泵应每月起动运转 1 次,当消防水泵为自动控制起动时,应每月模拟自动控制的条件起动运转 1 次。

(3)电磁阀应每月检查并应做起动试验,动作失常时应及时更换。

(4)每个季度应对系统所有的末端试水阀和报警阀旁的放水试验阀进行一次放水试验,检查系统起动、报警功能及出水情况是否正常。

(5)系统上所有的控制阀门均应采用铅封或锁链固定在开启或规定的状态。每月应对铅封、锁链进行一次检查,当有破坏或损坏时应及时修理更换。

(6)室外阀门井中,进水管上的控制阀门应每个季度检查 1 次,核实其是否处于全开启状态。

(7)自动喷水灭火系统发生故障需停水进行修理前,应向主管值班人员报告,取得维护负责人的同意,并临场监督,加强防范措施后方能动工。

(8)维护管理人员每天应对水源控制阀、报警阀组进行外观检查,并应保证系统处于无故障状态。

(9)消防水池、消防水箱及消防气压给水设备应每月检查 1 次,并应检查其消防储备水位及消防气压给水设备的气体压力。同时,应采取措施保证消防用水不作他用,并应每月对该措施进行检查,发现故障时应及时进行处理。

(10)消防水池、消防水箱、消防气压给水设备内的水,应根据当地环境、气候条件不定期更换。

(11)寒冷季节,消防储水设备的任何部位均不得结冰。每天应检查设置储水设备的房间,保持室温不低于 5 ℃。

(12)每年应对消防储水设备进行检查,修补缺损和重新油漆。

(13)钢板消防水箱和消防气压给水设备的玻璃水位计两端的角阀,在不进行水位观察时应关闭。

(14)消防水泵接合器的接口及附件应每月检查 1 次,并应保证接口完好、无渗漏、门盖齐全。

(15)每月应利用末端试水装置对水流指示器进行试验。

(16)每月应对喷头进行 1 次外观及备用数量检查,发现有不正常的喷头时应及时更换;当喷头上有异物时应及时清除。更换或安装喷头均应使用专用扳手。

八、案例启示

随着自动喷水灭火系统在泵站中的广泛使用,消防水泵无法起动的故障可能出现得越来越多。想要有效解决这一问题,需要加强学习研究,熟悉并掌握自动喷水灭火系统的工作原理、消防水泵无法起动故障的常见原因及处置措施。在日常工作中,应坚持"预防为主、防消结合"的方针,不断提升运行管理和维护水平,最大程度地降低火灾事故对泵站的影响。

案例十四 消防感应报警装置不动作

一、系统结构与原理

某大型泵站工程配备可寻址消防感应报警装置 1 套。该装置由控制器、警示灯、手动报警装置、电离型烟雾探测器、光散射型烟雾探测器、热探测器和一氧化碳探测器及回路隔离模块构成。消防感应报警装置结构如图 4-37 所示。

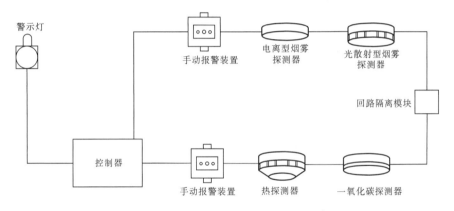

图 4-37 消防感应报警装置结构

警示灯用于发声或产生光亮,警告泵站管理人员可能有火灾发生,提醒相关人员立即撤离;消防控制面板是整套系统的大脑,它是所有探测器信号连接的中心和枢纽,并向用户提供状态指示。火灾报警系统的核心是检测设备,该系统包括手动报警装置、电离型烟雾探测器、光散射型烟雾探测器、热探测器和一氧化碳探测器。热探测器工作在固定的温度,也可以工作在一定的温度变化范围内,当温度超过预设值,它将触发警报。通常,热探测器的工作方式与电熔断器类似。探测器包含一种共晶合金,当达到特定温度时,该合金对热敏感,合金从固体变为液体,进而触发警报。该系统中还包含两种烟雾探测器,即电离型和光散射型。电离型烟雾探测器包含两个腔室,第一个腔室用作参考以补偿环境温度、湿度或压力的变化,第二个腔室包含一个放射源,通常是 α 粒子,让经过腔室的气体电离。电流在两个电极之间流动,烟雾进入腔室时,电流下降,从而触发警报。光散射型烟雾探测器的运行基于廷德尔效应,光电池和光源通过暗室相互隔开,使得光源不会落在光电池上。烟雾进入室内会导致光源发出的光散射并落在光电管上,光电管输出用于起动警报。一氧化碳探测器也称为 CO 火警探测器,是一种电子探测器,用于通过感测空气中的一氧化碳含量来指示火灾的爆发。一氧化碳是有机物燃烧产生的有毒气体。在这种情况下,该探测器与家庭中使用的一氧化碳探测器类似,但更灵敏,响应更快。一氧化碳探测器有一个电化学电池,可以感应一氧化碳,但不能感应烟雾或任何其他燃烧产生物。手动报警器或破碎玻璃报警器是一种使人员能够通过破坏面板上的易碎元件来发出警报的装置。

该报警系统通过拨码开关为每个检测器分配了一个设置地址,其后控制面板可以准确定位哪个检测器或呼叫点起动了警报,检测电路连接成一个回路,回路中可根据需要扩展其他设备。回路配备回路隔离模块,以便将回路分段,以确保短路或单一故障只会导致系统的一小部分损失,允许系统的其余部分正常运行。

二、故障现象

某日,运行人员在例行巡视检查过程中发现,控制室机柜有明火出现,产生大量烟雾,声光报警部件未动作,火灾报警控制器发出故障报警,故障指示灯亮,系统显示位于控制室的电离型烟雾探测器产生故障。电离型烟雾探测器的结构见图 4-38。

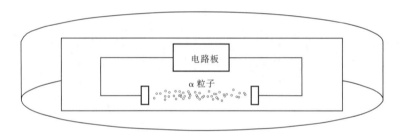

图 4-38　电离型烟雾探测器的结构

三、故障原因分析

造成消防感应报警装置不动作的原因有很多,水利工程中常见的原因主要包括以下几点。

(一)探测器故障

(1)产品技术指标达不到要求,稳定性比较差,使用环境非火灾因素如温度、湿度、灰尘、风速等引起的灵敏度漂移得不到补偿或补偿能力低。

(2)探测器长时间使用后积灰严重,或内部电子元件参数漂移,造成探测器性能劣化。

(3)探测器设计选型不当,灵敏度选择不合理,灵敏度高的火灾探测器能在很低的烟雾浓度下报警,灵敏度低的探测器只能在高浓度烟雾环境中报警,如在会议室等易集烟的环境选用高灵敏度的感烟探测器。

(4)未严格按照相关规范要求,正确布置探测器的安装位置。

(5)探测器与底座脱落、接触不良。

(6)机械振动等造成报警总线与底座接触不良;报警总线开路或接地性能不良造成

短路。

（7）探测器本身损坏,探测器接口板故障。

（二）手报故障

（1）按钮使用时间过长,设备参数下降。

（2）按钮人为损坏。

（三）电源故障

（1）主电源故障:市电停电;电源线接触不良;主电源熔断丝熔断等。

（2）备用电源故障:备用电源损坏或电压不足;备用电池接线接触不良;熔断丝熔断等。

（四）通信故障

（1）区域报警控制器或火灾显示盘损坏或未通电、未开机。

（2）通信接口板损坏。

（3）通信线路短路、开路或接地性能不良造成短路,导致控制器损坏。

（五）强电串入消防感应系统

主要是弱电控制模块与被控设备的起动控制柜的接口处,如卷帘门、水泵等处发生强电的串入。

四、故障危害

在泵站工程中,火灾的特点就在于突发性和多源性,且多以电气火灾为主,危害巨大。就突发性而言,泵站现场设备较多,电气线路负荷大且较为复杂,火灾源隐秘、发展速度快,加之泵站现场以自动控制和远程视频监控为主,作业人员很难在第一时间发现起火点。而火灾的多源性进一步加大了防范和扑灭的难度,所以必须在泵站工程中保证消防感应装置的可靠性。

就危害来看,若火灾发生时消防感应装置不动作,不仅会错过火灾的最佳扑救时间,干扰工程的正常运行,导致设备损坏,甚至有可能影响区域供水或防洪安全,最终导致巨大的经济损失和人员伤亡。

五、故障处置

（一）探测器故障

（1）重新调查安装环境,通过反复试验和调试,在满足技术指标和稳定性的条件下,优先选用带补偿能力的探测器。

（2）定期检查和调试,根据实际情况清洗灰尘和更换探测器。

（3）根据不同的环境选择适当灵敏度的探测器。

（4）根据相关规范要求,设置探测器的位置和间距。①在宽度小于 3 m 的内走道顶棚上设置点型探测器时,宜居中布置。感温火灾探测器的安装间距不应超过 10 m;感烟火灾探测器的安装间距不应超过 15 m;探测器至端墙的距离,不应大于探测器安装间距的1/2。②点型探测器至墙壁、梁边的水平距离,不应小于 0.5 m;点型探测器周围 0.5 m 内,不应有遮挡物;点型探测器至空调送风口边的水平距离不应小于 1.5 m,并宜接近回风口安装。③探测器宜水平安装,当必须倾斜安装时,倾斜角不应大于45°。④探测器的报警确认灯,应朝向便于人员观察的主要入口方向。⑤一氧化碳火灾探测器可设置在气体能扩散到的任何部位。

(5)重新拧紧探测器或增大底座与探测器卡簧的接触面积;重新压接总线,使之与底座有良好接触;查出有故障的总线位置,予以更换;更换探测器;维修或更换接口板。

(二)手报故障

定期检查测试,防止报警按钮进水,及时更换损坏的按钮,以免影响系统正常运行。

(三)电源故障

(1)连续停电8 h时应关机,主电源正常后再开机;重新接主电源线,或使用烙铁焊接牢固;更换熔断丝或保险管。

(2)开机充电24 h后,备用电源仍报故障,更换备用蓄电池;用烙铁焊接备用电源的连接线,使备用电源与主机良好接触;更换熔断丝或保险管。

(四)通信故障

检查区域报警控制器与集中报警控制器的通信线路,若存在开路、短路、接地接触不良等故障,更换线路;检查区域报警控制器与集中报警控制器的通信板,若存在故障,维修或更换通信板;若因为探测器或模块等设备造成通信故障,更换或维修相应设备。

(五)强电串入消防感应系统

根据现场环境,在控制模块与受控设备间增设电气隔离模块。

六、巩固措施

为防止类似故障再次出现,运行人员采取了以下几点巩固措施。

(一)明确管理责任

泵站管理单位要明确消防报警系统的管理责任,制定系统的维护管理制度,并委托物业管理机构或设置专职机构统一管理。

(二)每日巡视

值班人员每日在交接班时应严格检查火灾报警控制器的功能,并按要求填写相应的记录。

(三)定期维护

定期组织对系统进行维护保养。设有火灾自动报警系统的单位每年应委托具有维护保养资格的企业对系统进行检测、维护,确保火灾自动报警系统正常运行。

(四)教育培训

安排经过专门培训的人员负责系统的管理操作和维护,定期组织培训学习,提高系统的运行和排查水平。

七、相关法规依据

(一)《水利工程设计防火规范》(GB 50987—2014)相关规定

大中型水力发电厂、泵站、水闸及其通航设施等水利工程,应设置火灾自动报警系统。系统设计应符合现行《火灾自动报警系统设计规范》(GB 50116—2013)的规定。

设备的选择应符合下列规定：

(1)根据火灾特点和使用环境选用火灾自动报警系统设备。设备在强电磁干扰、油雾或潮湿环境中应能长期正常工作。

(2)主厂房各层各机组段及副厂房的主要通道、出口处应至少设置1个手动火灾报警按钮，按钮可结合消火栓配置。

(3)手动火灾报警按钮应设置在明显和便于操作的部位，且应有明显的标志。

(二)《火灾自动报警系统设计规范》(GB 50116—2013)相关规定

火灾自动报警系统可用于人员居住和经常有人滞留的场所、存放重要物资或燃烧后产生严重污染需要及时报警的场所。

火灾自动报警系统应设有自动和手动两种触发装置。

火灾探测器的选择应符合下列规定：

(1)对火灾初期有阴燃阶段，会产生大量的烟和少量的热，很少或没有火焰辐射的场所，应选择感烟火灾探测器。

(2)对火灾发展迅速，可产生大量热、烟和火焰辐射的场所，可选择感温火灾探测器、感烟火灾探测器、火焰探测器或其组合。

(3)对火灾发展迅速，有强烈的火焰辐射和少量烟、热的场所，应选择火焰探测器。

(4)对火灾初期有阴燃阶段，且需要早期探测的场所，宜增设一氧化碳火灾探测器。

(5)对使用、生产可燃气体或可燃蒸气的场所，应选择可燃气体探测器。

(6)应根据保护场所可能发生火灾的部位和燃烧材料的分析，以及火灾探测器的类型、灵敏度和响应时间等，选择相应的火灾探测器。对火灾形成特征不可预料的场所，可根据模拟试验的结果选择火灾探测器。

(7)同一探测区域内设置多个火灾探测器时，可选择具有复合判断火灾功能的火灾探测器和火灾报警控制器。

八、案例启示

本案例泵站工程建成于2000年，事故发生时采用的电离型烟雾探测器型号参数、布置方式均满足要求。但由于泵站管理人员疏漏，该位置的探测器年久失修，探测器孔口被大量灰尘和昆虫尸体堵塞，导致该位置发生局部火情时，消防感应装置未动作。

诸如此类，大多数水利工程，特别是泵站工程，因为建成已久，运行期间对设备维修养护不到位的情况时有发生，工作人员松懈、麻痹的意识也悄然滋生。对广大的水利工程管理者而言，须进一步提高安全意识，把每一次检查和试运行落到实处，不给安全隐患留有任何余地。

参考文献

[1] 范世玮,张斌.浅谈水泵叶轮平衡孔扩大及水泵故障处理[J].中国石油和化工标准与质量,2013(4):85.

[2] 张殿福,邢翠华.怎样正确排除深井水泵的振动故障[J].农业装备技术,2002(4):30.

[3] 张焕洲.水泵叶轮松动故障的试验分析研究[J].制造技术与工艺,2007(11):71.

[4] 黄振富,张纯栋.水泵部件脱落等秦淮新河抽水站水泵叶片折断分析[J].江苏水利,2011(5):29-31.

[5] 张艳,张霁菁,王印培.某海水泵叶片断裂失效分析[J].金属热处理,2007(增刊1):377-380.

[6] 师红旗,等.304型铬镍不锈钢水泵叶片断裂失效分析[J].水泵技术,2009(5):33-35.

[7] 徐庆华,石裕财.水泵叶片磨损失效分析及研究[J].流体机械,2008,36(7):49-51.

[8] 韩小奔.循环水泵叶片断裂的原因分析与处理[J].电力安全技术,2006(8):36-37.

[9] 李行.循环水泵叶片断裂故障实例分析[J].科技资讯,2007(9):9-10.

[10] 匡朗初,谢利宗.仙桃泵站同步电动机起动失败的原因分析[J].湖南水利水电,2002(3):47-48.

[11] 王亚乒,杨金忠.泵站6 kV系统改造后机组不能起动的原因分析与故障排除[J].电工技术,2021(21):115-116.

[12] 刘澜文.大型泵站同步电机起动方式综合分析[J].水利水电工程设计,2006(4):31-34.

[13] 昌泽舟.轴流式通风机实用技术[M].北京:机械工业出版社,2005.

[14] 商景泰.通风机实用技术手册[M].北京:机械工业出版社,2005.

[15] 黄燕壮,甘瑞霞,周壮林.轴流式通风机叶轮疲劳断裂的故障分析及对策[J].制冷与空调,2020(11):18-21.

[16] 宋生钰.旋转机械设备常见故障诊断[J].湖南工程学院学报(自然科学版),2008(3):41-45.

[17] 李海强,黄建华,李晓配.离心通风机常见故障原因分析及解决措施[J].现代制造技术与装备,2022(7):132-135.

[18] 许根源.变压器呼吸器堵塞导致轻瓦斯保护动作故障分析与预防[J].机电信息,2020(21):66-67.

[19] 龙贵云,贺浩.35 kV站用变压器轻瓦斯动作原因[J].云南电力技术,2016(44):36-38.

[20] 安愿.110 kV油浸式电力变压器轻瓦斯频繁动作原因排查[J].设备管理与维修,2020(14):93-95.

[21] 郑伟钦,等.一起220 kV主变压器轻瓦斯保护动作原因分析及处理[J].电工电气,2021(10):35-38,43.

[22] 易鹏飞,等.一起断流阀误动作引起的变压器轻瓦斯动作[J].变压器,2020(8):85-87.

[23] 侯为林,等.500 kV变压器瓦斯继电器误动作原因分析与处理方案[J].水电与新能源,2022(3):45-48.

[24] 吴学文.600 MW机组主变压器重瓦斯保护动作原因分析及防范措施[C]//全国火电600 MW级机组能效对标竞赛第十七届年会论文集,2013(5).445-449.

[25] 黎卫国,等.一种弹簧操作机构合后即分故障分析[J].高压电器,2021(6):246-252.

[26] 张艳飞,等.110 kV断路器弹簧操作机构凸轮组合部件断裂原因分析[J].广西电力,2021(6):87-91.

[27] 王作慧.KFLF11可控硅励磁装置常见故障处理[J].工业技术,2013(10):47.

[28] 王政,等.可控硅励磁系统起励故障原因排查分析[J].现代商贸工业,2011(6):276.

[29] 杨建全,等.励磁系统电子开关并联可控硅不同时导通原因及处理[J].吉林电力,2002(12):48-50.

[30] 王智慧,金国平.可控硅励磁系统中的故障分析[J].科技风,2010(7):232.

[31] 赵党辉.同步电动机与可控硅磁装置常见故障原因分析及新技术应用[J].科技资讯,2014(9):66.

[32] 陆斌.阀控式铅酸蓄电池寿命降低原因分析及预防策略[C].2022年电力行业技术监督工作交流会暨专业技术论坛论文集,2022:709-714.